KARL PRODINGER

Feuchte Gebäude dauerhaft sanieren

stv

Karl Prodinger

Feuchte Gebäude dauerhaft sanieren

Richtig und nachhaltig trockenlegen
Ein Praxis-Ratgeber

Leopold Stocker Verlag
Graz – Stuttgart

Umschlaggestaltung: DSR Werbeagentur Rypka GmbH, 8143 Dobl, Thomas Hofer, www.rypka.at

Bildnachweis: Umschlagabb. Vorderseite (3): Dr. Alexander Schmiderer, www.weiterbauen.at |
Umschlagabb. Rückseite: Archiv des Autors
Abb. Innenteil: S. 25, rechts, S. 44, 148: Dr. Alexander Schmiderer; alle anderen Abb.: Archiv des Autors

Bibliografische Information der Deutschen Nationalbibliothek
Die Deutsche Nationalbibliothek verzeichnet diese Publikation in der Deutschen Nationalbibliografie; detaillierte bibliografische Daten sind im Internet unter http://dnb.d-nb.de abrufbar.

Hinweis:
Dieses Buch wurde auf chlorfrei gebleichtem Papier gedruckt. Die zum Schutz vor Verschmutzung verwendete Einschweißfolie ist aus Polyethylen chlor- und schwefelfrei hergestellt. Diese umweltfreundliche Folie verhält sich grundwasserneutral, ist voll recyclingfähig und verbrennt in Müllverbrennungsanlagen völlig ungiftig.

Auf Wunsch senden wir Ihnen gerne kostenlos unser Verlagsverzeichnis zu:

Leopold Stocker Verlag GmbH
Hofgasse 5/Postfach 438
A-8011 Graz
Tel.: +43 (0)316/82 16 36
Fax: +43 (0)316/83 56 12
E-Mail: stocker-verlag@stocker-verlag.com
www.stocker-verlag.com

ISBN 978-3-7020-1658-6

Druck: FINIDR, s. r. o., Český Těšín

Inhalt

Vorwort

Jeder kennt die unschönen Bilder bei Gebäuden: Der Putz bröckelt ab, löst sich in ganzen Flächen, und nach etlichen Jahren schauen die Ziegel hervor. Damit ist der natürliche Abbau allerdings noch nicht zu Ende: Salze und Feuchte zerlegen die Ziegel weiter, selbst Natursteine können angegriffen werden.

Zur Behebung dieses Prozesses werden viele Lösungen angeboten, verschiedene Trockenlegungsverfahren, Durchtrennen der Wände, Sperrschichten, Tränkungen, Zementputze bis zu Sanierungsputzen, die nach einigen Jahren indes wieder ein ähnliches Bild bieten. Versuche, das Wasser durch Bleche oder Verkleidungen abzuhalten, bringen auch keine nachhaltigen Erfolge. Kurz gesagt: Die Sockelzone von Gebäuden gilt als ewiger Sanierungsfall, ständig gibt es etwas zum Ausbessern.

Der Beitrag soll vor allem einen Einblick in die vielfältigen Aufgabenstellungen und Lösungen geben; er versteht sich als eine erste Orientierungshilfe für Betroffene. Der Inhalt reicht in keiner Weise für eine zuverlässige Beurteilung oder als Anleitung für Maßnahmen. Die Arbeit soll aber Betroffenen helfen, die Situation genauer zu beurteilen, um aus den vielen Vorschlägen für Verbesserungen die günstigsten auswählen zu können.

Die oft gewünschte vollständige Sanierung mit einer hoffentlich preisgünstigen Maßnahme gibt es nicht. Meistens ist eine Mehrzahl von Maßnahmen notwendig, um den Zustand eines Gebäudes zu sanieren. Die Arbeit soll helfen, die verschiedenen Maßnahmen in ihrer Wirkung, in ihren Kosten und im Aufwand abzuschätzen. Weiter soll sie dazu beitragen, eine brauchbare Mischung der Maßnahmen zusammenzustellen.

Vor allem etliche der Altbauten in Stadt- und Ortszentren weisen Probleme auf. Eine Sanierung gilt als sehr teuer und wenig aussichtsreich; mit der Folge, dass die Häuser verfallen und mit ihnen die Ortszentren. Der Wert der Gebäude wird nur mehr von der Lagegunst bestimmt, das Objekt selbst gilt als Problemfall, weil die Sanierung oft nur geringe Verbesserungen erwarten lässt und der Betrieb, vor allem die Heizung, sehr teuer wird. Auch aus diesem Grund kommt es immer öfter zu Neubauten am Stadtrand bzw. am Rand von Siedlungen, weil die Altbauten die Wohnqualität nicht mehr sichern können.

Obwohl in den Ortszentren eine komplette Infrastruktur mit allen Erschließungen wie Straßen, Wasser, Kanal, Strom, Gas, Telekommunikation, Datennetze etc. vorhanden ist, werden die Bauten aufgegeben und verfallen langsam. An den Ortsrändern müssen all die genannten Strukturen wieder geschaffen werden; sie verteuern die Baukosten enorm, aber diese Ausgaben werden anscheinend gern in Kauf genommen, anstatt sich mit der vorhandenen Bausubstanz zu befassen.

Ziel dieses Buches ist es, zum einen das Verständnis für die Probleme der Feuchte in Gebäuden zu wecken und die wichtigsten Zusammenhänge einfach darzustellen und zum anderen auch Mut zu machen, die Fakten mit preiswerten eigenen Mitteln zu analysieren. Mit einigen hundert Euro kann man schon sehr gute Aussagen treffen und die Effektivität von Maßnahmen anhand von Messwerten kontrollieren.

Sind die Mechanismen einmal offengelegt, dann ist es meistens nicht mehr schwer, eine zielführende Verbesserung anzustreben. Eines sollte der Leserin/dem Leser indes klar sein: Gerade bei Altbauten kann man die Situation oft verbessern, aber die Ursachen nur selten zur Gänze beseitigen, wie es bei einem Neubau der Fall ist. Auf der anderen Seite haben Altbauten durch ihre massive Bauweise eine Wohnqualität, die bei neuen Gebäuden fehlt.

Gliederung des Buches

Das Buch gliedert sich in 8. Hauptkapitel, die folgende inhaltliche Schwerpunkte setzen:

- Das **1. Hauptkapitel** beschäftigt sich mit den Funktionen einer Wand, mit der Schutzfunktion für die Bewohner sowie dem Schaffen und Halten eines angenehmen

Raumklimas mit den wichtigsten Parametern Wärme (Temperatur) und Feuchte. Die Bauphysik und die Klimatologie liefern ausreichende Methoden, um ein Raumklima zu gestalten. Auch die aufsteigende Feuchte wird sich als banales physikalisches Phänomen zeigen, das sich mit ebenso logischen Methoden beeinflussen lässt.

- Die Analytik bzw. Messtechnik zur Kontrolle der Feuchte und des Raumklimas, die Gegenstand des **2. Hauptkapitel**s sind, kann mit geringem Aufwand beschafft werden. Die Messungen selbst sind einfach, aber dabei auch von Laborqualität, wenn sauber gearbeitet wird. Die Beschreibung soll auch die Scheu vor den Messgeräten nehmen und zu eigenen Analysen anregen.
- Die Wege für die Sanierung, die im Mittelpunkt des **3. Hauptkapitel**s stehen, sollen auch den Blick auf die zahlreichen Feuchtequellen lenken, die bei einem Gebäude zu Schäden führen können. Sind die Ursachen bekannt, dann können die entsprechenden Entscheidungen und baulichen Maßnahmen getroffen werden. Gelegentlich kann für die Sanierung schon ein geringer Aufwand ausreichen, wenn die Ursachen bekannt sind. Es können auch aufwändige Verfahren versagen, wenn z. B. die klimatischen Bedingungen oder die Lebensgewohnheiten mehr Nässe in das Gebäude bringen, als mit den Verfahren wieder entfernt werden kann.
- Das **4. Hauptkapitel,** das sich Temperatur und Feuchte dreht, dient zur Vertiefung der wissenschaftlichen Grundlagen. Zu feuchten Wänden gehört auch die Luftfeuchte und die Wassermenge, die in der Luft enthalten ist. Das Thema soll auch den Einstieg in die zutreffende Fachliteratur erleichtern.
- Mit den Lebensprozessen und der Feuchte geht es im **5. Hauptkapitel** wieder in die Praxis zurück: Einfache Rechnungen zeigen, wie groß z. B. der Luftwechsel sein müsste, um feuchte Wände nur durch verstärktes Lüften wieder zu trocknen.
- Oft unterschätzt, weil nicht direkt sichtbar, ist die Kondensation von Wasser, Thema des **6. Hauptkapitels,** aus der Luft und in den Bauteilen. Einzelne Beispiele weisen auf die Schäden und die verursachenden Mechanismen hin.
- Lüften bedeutet auch einen Energieverlust, weshalb auch die geltende Energiepolitik und die Energiebilanz, um die es im **7. Hauptkapitel** geht, bei feuchten Bauten zu beachten sind. Mit bislang kaum beachteten Lösungen lassen sich selbst feuchte Bauten im Energiehunger deutlich zähmen.
- Eine Beispielsammlung mit Checkliste, Gegenstand des **8. Hauptkapitels,** soll zu eigenen Analysen anregen.

Die eher nüchterne Darstellung der Zusammenhänge soll nicht darüber hinwegtäuschen, dass trotz aller Technik auch viel Liebe zu den alten Bauten vorhanden war und ist. Der Autor und der Verlag wünschen Ihnen, als Leser[1], viel Erfolg bei Ihren Projekten.

Die Leser mögen dem Autor verzeihen, dass er die Adressen der Objekte nicht angibt, aber ein Schadenstourismus liegt nicht in der Absicht dieser Arbeit. Das Ziel ist, Schäden und ihre Hintergründe zu erkennen und, mit den verschiedenen Möglichkeiten, auch zu vermeiden.

1 Die einzelnen Bezeichnungen im Text gelten für weibliche und männliche Leser in gleicher Weise. Die Probleme mit kranken Gebäuden machen keine spezifischen Unterschiede und die Informationen sollen allen Leserkreisen offenstehen.

I. Funktion einer Wand

Die **Funktionen einer Wand** oder besser die Anforderungen, die der Bauherr oder Besitzer an die Wand stellt, sind ziemlich vielfältig und konträr: Die Wand soll den Innenraum möglichst gut vor dem Außenklima schützen, doch widersprechen die einzelnen Funktionen immer wieder den Vorstellungen:

- Die Wand soll die Wärme und eine ausreichende Luftfeuchtigkeit im Raum halten.
- Die Wand soll im Sommer kühlend wirken, also eine große Speichermasse für Wärme aufweisen.
- Die Außenluft ist im Sommer feuchter als die Wand, sie wird daher im Sommer Wasser durch Kondensation aufnehmen.
- Im Winter ist die Innenluft durch die Heizungen sehr trocken, die Wand soll die fehlende Feuchte abgeben.
- Die Wand soll ausgleichend wirken: Bei viel Feuchte in der Raumluft soll sie das Wasser aufnehmen, bei wenig aber nach innen abgeben. Die klassische Ziegelwand kann dank der vielen Poren diese Aufgabe sehr gut erfüllen.
- Die Wand soll überschüssiges Wasser aus dem Innenraum durch Diffusion nach außen transportieren. Eine reine Ziegelwand kann das ganz gut, aber bei jeder Veränderung, innen und/oder außen, wird dieser Transport gravierend beeinflusst.
- Die Wand soll von selbst abtrocknen, wenn Wasser von innen oder außen vorhanden ist. Dieser Vorgang ist notwendig, um die Baufeuchte abzuleiten, weshalb ein Rohbau bis zu einem Jahr leerstehen soll. Es sollen immerhin einige Kubikmeter an Wasser verdunsten.
- Eine moderne, „aktivierte" Wand soll gleichzeitig heizen und kühlen. Damit treten alle Prozesse in wesentlich verschärfter Form auf, die bislang passiven Prozesse werden durch die Wärme oder Kälte massiv verändert, das ganze System muss neu bewertet werden.

Die Wand eines Gebäudes bestimmt das Innenklima. Alte Bauten mit Ziegelwänden weisen – sofern sie gesund sind – ein ausgeglichenes Klima auf. Die Bezeichnung „alte Bauten" wurde absichtlich gewählt, weil bei diesen Gebäuden sehr oft ein Verhältnis von Fußbodenfläche zur Fensterfläche von etwa 10 : 1 gegeben war. Damit war der Anteil der Außenwände relativ hoch, im Gegensatz zu den modernen Bauten mit viel Glas in der Außenfassade. Glas speichert weder Wärme noch Feuchtigkeit, so wie es bei vielen modernen Baustoffen der Fall ist.

Porenreiche Baustoffe wie Ziegel können erhebliche Mengen an Wasser speichern, was einen mehrfachen Effekt zur Folge hat:

- Wird die Feuchtigkeit aus der Luft von der Wand aufgenommen, dann wird durch die Kondensation auch Wärme frei (Kondensationswärme[2]). Diese Wärmeentwicklung ist bei Ziegeln wegen der langsamen Vorgänge nicht sehr ausgeprägt, bei Zeolithen kann die Temperatursteigerung auch jenseits von 100 °C liegen.
- Gibt die Wand Feuchte wieder ab, dann braucht das Wasser Wärme für den Verdunstungsprozess. Die Wand kühlt den Raum, wenn trockene und warme Luft vorhanden sind – und bewirkt damit eine Befeuchtung der Luft mit leichter Kühlung.

Andere Baustoffe, die kein Wasser speichern können, wie Glas oder diverse Platten, können aufgrund verschiedener Konstruktionen hervorragende Werte beim Wärmeschutz aufweisen – z. B. weniger als 0,2 Watt je m^2 und Kelvin –, aber das Klima dahinter, im Raum, bleibt unangenehm. Zwar kann der

2 Die freiwerdende Kondensationswärme kennt jeder, der kocht: Der Dampf ist ziemlich heiß, kondensiert auf der Haut zu Wasser und üblicherweise meidet man dem Dampfstrom aus einem kochenden Topf. Medizinisch hat dieser kondensierende Dampf beim Inhalieren große Bedeutung, weil sehr viel Wärme in die Bronchien gebracht werden kann – mit einer zusätzlichen Befeuchtung der Schleimhäute.

Wärmedurchgang, früher mit k-Wert bezeichnet, heute mit u-Wert (für Techniker: gemessen wird in Watt je m^2 und Kelvin Temperaturdifferenz), durch isolierende und reflektierende Schichten unter die Werte einer modernen Ziegelwand gebracht werden, es fehlen aber die Speichereffekte für Wärme und Feuchte.

Jeder Wechsel in der Energieversorgung des Raumes, mit Heizung, Sonne, Licht, Geräten etc., schlägt sofort auf die Temperatur durch; die Luftfeuchte wird nicht stabilisiert oder ausgeglichen. Man spricht von einem „Barackenklima".

Die wichtigsten Funktionen einer Außenwand sind: Schutz vor dem Außenklima und Schaffen eines angenehmen Raumklimas.

Ein „Barackenklima" zeichnet sich durch eine geringe Feuchte- und Wärmespeicherung aus. Der Innenraum ist sehr schnell aufgeheizt, aber genauso schnell wieder kalt. Die Luftfeuchte geht mit den Bedingungen von außen mit, im Sommer sehr schnell schwül, im Winter, beim Heizen, extrem trocken mit Werten um 20 % Feuchte. Klassische Wände mit einer Speicherfähigkeit für Wärme und Wasser gleichen diese Vorgänge meist innerhalb eines Tages oder über mehrere Tage aus, bei historischen Bauten können es auch mehrere Wochen sein.

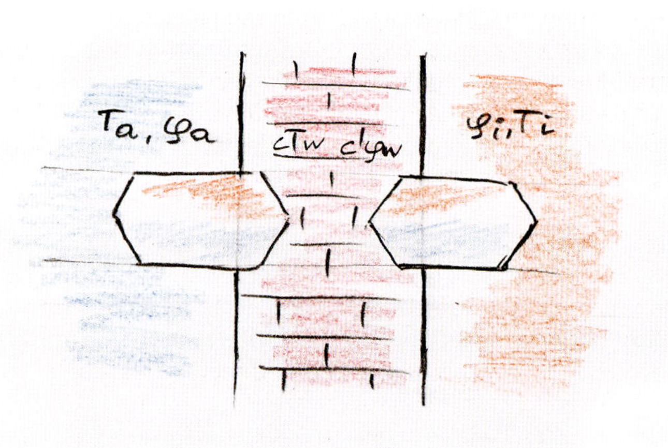

1-1
Funktionen einer Außenwand: Die Bezeichnungen T und φ betreffen die Luftzustände außen (Index a) und innen (Index i). Die Wand dazwischen dient auch als Speicher für die Wärme (cTw) und für die Feuchte (cφw). Durch die Speicherfähigkeit einer geeigneten Wand kommt es zu einem Temperatur- und Feuchteausgleich, was sich im Innenbereich sehr vorteilhaft, als angenehmes Wohnklima, bemerkbar macht.

Der Feuchtegehalt in einer Wand – und auch die Temperaturverteilung – berichten immer von allen Einflussfaktoren in Summe. Es liegt in der Hand des Sachverständigen, die wesentlichen Einflüsse zu erkennen und die notwendigen Maßnahmen vorzuschlagen. Die Formelzeichen sollen auf die Wirkungen bezüglich Temperatur T und die relative Feuchte φ hinweisen, dem Techniker sind sie geläufig.

Die Konsequenz aus diesen Eigenschaften lassen sich in der Haustechnik ablesen: Bei Gebäuden mit einer guten Speicherfähigkeit reichen die klassischen Heiz- und in geringem Ausmaß Kühltechniken aus, während bei den modernen, hochgedämmten Bauten ein beachtlicher Aufwand zur Klimatisierung betrieben werden muss. Das Heizen und vor allem das Kühlen übernehmen jetzt meist energie- und pflegeintensive Anlagen.

Die unterschiedlichen Philosophien beim Bau führen somit zu zwei konträren Richtungen:

- hochmoderne Gebäude mit sehr viel Technik, um ein angenehmes Klima zu erhalten, oder
- Gebäude mit wenig Technik und naturnahen Werkstoffen wie Stein, Ziegel, Holz und Lehm.

Natürlich ist es verlockend, mit hochdämmenden Bauelementen den Energiebedarf herunterzusetzen und damit die Heizkosten zu verringern. Nur das Ergebnis für das Raumklima entspricht nicht immer den Vorstellungen, zusätzliche Technik muss die Defizite ausgleichen. Details zum Klimabereich gibt es im Kapitel Lebensprozesse und Feuchte.

Nach dieser Einleitung in die Funktionen einer Wand im Wohnbau soll nun zum eigentlichen Thema übergeblendet werden.

Ursachen der Feuchteprobleme

Die Ursachen für eine Durchfeuchtung sind sehr vielfältig: sie können mit Problemen bei den Installationen, mit undichten oder verrosteten Ableitungen, mit gebrochenen Rohren, mit in die Rohre eingewachsenen Wurzeln, mit Isolierungen, die nicht mehr existent oder defekt sind, mit aufsteigender Bodenfeuchte, mit einem schwankenden Grundwasserspiegel, mit Fehlern im Wärmeschutz, mit Kondensat, mit zu geringer Wärmedämmung, mit zu feuchter Luft im Inneren, mit fehlendem Luftwechsel, mit fehlenden Ableitungen für die feuchte Luft, mit zu vielen Zimmerpflanzen oder mit übermäßigem Kochen oder Waschen von Wäsche zusammenhängen. Die Schadensbilder können sich von Schimmelflecken an den Wänden über lockeren bis herabfallenden Putz bis hin zu Schäden an der Einrichtung erstrecken, obwohl die Ursachen völlig unterschiedlich sein können.

Um diese Schäden zu verstehen, müssen die dahinterliegenden Ursachen aufgedeckt werden. Und derer gibt es viele, wie die folgende Übersicht deutlich macht:

- Aufsteigende Bodenfeuchte, die häufig dunkle Flecken mit Salzablagerungen verursacht.
- Kältebrücken bei Defekten im Wärmeschutz, verursacht durch fehlerhaften Einbau von Fenstern und Türen oder durch Schäden oder Fehler beim Wärmeschutz.

- Zu hohe Raumluftfeuchte, die zu Kondensationseffekten an kühleren Teilen führt.
- Kondensation entlang der Fenster und Fensterrahmen oder bei Außentüren.
- Fehler und Schäden bei den Installationen, verursacht durch defekte Ableitungen, Tauwasser bei Kaltwasserleitungen oder undichte Verbindungen.
- Kondensation in Rohrleitungen für elektrische Systeme, z. B. Antennenkabel, Außenbeleuchtung.
- Kondensation bei Abluftleitungen.
- Feuchtetransport durch Pflanzen oder Pilze.
- Staunässe.
- Niederschlagsfeuchte wie Regen, Schnee, feuchter, nässender Nebel, Schlagregen oder Hagel.
- Spritzwasser, wie es z. B. mit Blick auf die Dachkante oder durch defekte Traufen, Verkehr oder Bewässerungen auftreten kann.
- Gießwasser, Pflanztröge im Bauverbund: Hier können Defekte in der Wanne, unsaubere Ableitungen des Wasserüberschusses an der Unterseite oder Staunässe für Probleme sorgen.
- Flachdächer, die undichte Stellen oder auch fehlende Hinterlüftungen und Kondensatbildungen an der Unterseite aufweisen können.
- Fehlerhaft eingebaute Dampfsperren.
- Weiterleitung von Feuchte und Nässe in Installationsrohren der Elektroinstallation, die häufig Kondensationsfeuchte mit sich bringt, die sich z. B. bei einem innenliegenden Ende unangenehm bemerkbar macht.

Schon diese unvollständige Aufzählung zeigt die mannigfaltigen Feuchteprobleme, mit denen bei jedem Bau gerechnet werden muss. Viele der Schäden und Effekte treten nur zeitweise auf, bei bestimmter Nutzung, speziellen Witterungslagen oder in der kalten Jahreszeit. Dazu kommen noch die Eigenschaften der Baustoffe und ihre eventuellen Schwächen, verursacht z. B. durch falsche Lagerung oder falschen Einsatz.

Die Folgen nicht erkannter oder nicht behandelter Feuchteprobleme sind für das Gebäude gravierend: Die Natur baut alle organischen Teile im Bereich der Feuchte ab: Holz, Papier, Stoffe, Leim von Farben, alles zerfällt, unter Mitwirkung von Kleinlebewesen und Pilzen, in die Ausgangssubstanzen. Nach einigen Jahren können die Schäden in die tragenden Bereiche übergreifen, Holz wird vom Pilz oder Schwamm aufgelöst und Deckenbalken können ihre Tragefunktion verlieren. Selbst gebrannte Ziegel und Natursteine werden abgebaut, wobei die Vorgänge sehr komplex ausfallen können. Nur dichteste Baustoffe wie metamorphe oder magmatische, sehr dichte Steine oder sehr dicht gebrannte Klinker überstehen diese Prozesse über Jahrzehnte und Jahrhunderte hinweg.

Ebenso massiv werden die Bewohner bzw. Benutzer beeinträchtigt: Durch die Feuchte wird der Heizenergiebedarf erhöht, weil das Wasser aus den Wänden und anderen Bauteilen verdunsten soll und weil die Wärmeleitung bei feuchten Bauteilen gleich um einige 100 Prozent „verbessert", sprich: erhöht wird. Feuchte Wände sind in der Regel kalte Wände; mit der Folge, dass das Gebäude nie richtig warm wird. Es bleibt immer der Eindruck, dass es „zieht", auch wenn alle Fenster und Türen luftdicht sind. Dieses Phänomen wird auch mit „**Strahlungszug**" bezeichnet und verringert die Behaglichkeit sehr.

Feuchteschäden bei einer Wand können viele Ursachen haben.

Der Wärmeschutz feuchter Wände ist massiv verringert. Die Effekte verstärken sich von selbst, wenn nicht eingegriffen wird.

Gebäude mit feuchten Wänden weisen beim Heizen oft eine hohe Raumlufttemperatur auf, um diesen Strahlungszug mit warmer Luft zu kompensieren. Das hat allerdings den Effekt, dass zwar der Kopf warm ist, aber die Füße kalt bleiben. Außerdem nimmt die warme Luft viel Feuchtigkeit auf, um sie dann an den verschiedensten Stellen wieder abzugeben.

Gleichzeitig bewirkt die warme Luft im Wohnbereich ein verstärktes Verdunsten des Wassers an den Wänden: Die Luftfeuchte steigt, es entsteht selbst im Winter ein schwüler Eindruck. Als Merkmal kann festgestellt werden, dass die Fensterscheiben schon bei positiven Temperaturen, ab 10 °C außen, Kondenswasser zeigen.

Schimmel und Pilze bis hin zu Algen bevorzugen dieses schwül-feuchte und warme Klima. Trotz der Beheizung kommt es zur Schimmelbildung an den Wänden. Die Lebensmittel verderben rascher und die Bewohner leiden, selbst bei ausreichender Wärme, an den Folgen dieser Prozesse.

Jedes Feuchteproblem sollte, im eigenen Interesse, umgehend abgeklärt werden. Eine Besserung durch Wegsehen gibt es nicht.

Die blauen Pfeile in **Bild 1-2** zeigen die aufsteigende Feuchtigkeit in einer Ziegelwand. Die Feuchteschäden treten trotz Unterkellerung sogar im Obergeschoss auf. Die Ursachen sind unschwer zu erkennen:

- Die Dachableitung ist unterbrochen, das Regenwasser kann die Mauern durchfeuchten.
- Wurzeln wachsen in das korrodierte Rohr in der Erde ein und stauen den Wasserablauf.
- Eine Feuchtesperre zum Erdreich existiert schon lange nicht mehr; ist einfach verrottet.

1-2
Typische Prozesse bei einer feuchten Wand

Wasser und Salze fördern das Steigen der Feuchte in einem porösen Baustoff.

- Als Schutz gegen das Niederschlagswasser wurde außen ein Sperrputz angebracht (gekreuzte Schraffur).
- Weil es im Keller immer feuchter wurde, kam es hier auch zu einem Sperrputz.
- Die Feuchte steigt jetzt, wie in einem Kanal, bis in das Obergeschoss, weil sie erst oberhalb der Sperrputze verdunsten kann.
- Da der Keller auch zum Abstellen von Pflanzen genutzt wird, kommt es hier zu weiteren Feuchteeinträgen.
- Die Feuchte steigt bis zur Kellerdecke und gefährdet die Konstruktion durch Korrosion.
- Im Obergeschoss kommt es zur Schimmelbildung, vor allem hinter der Einrichtung, weil die Außenwand zu feucht ist.
- Das Raumklima wirkt unangenehm durch die Schimmelbelastung, die Kälte im feuchten Bereich und die Heizkosten steigen, weil die feuchte Wand die Wärme ähnlich gut leitet wie eine Betonwand ohne Wärmeschutz.
- An der Außenwand zeigen sich die üblichen Feuchtespuren mit den charakteristischen Bögen und abfallendem Putz oberhalb der Sperrschicht.
- Die Luftfeuchte in den Wohnräumen steigt wegen der feuchten Wände.
- Im Winter tritt Kondenswasser an den Scheiben der Fenster auf.

Dochtmodell

Zur Erklärung der Feuchteprobleme kann ein Dochtmodell wie in **Bild 1-3** herangezogen werden, bei dem der Docht unten im Wasser steht. Das Wasser wird durch die Kapillarwirkung transportiert und oben verdunstet die Flüssigkeit. Es braucht keine unbekannten Kräfte für die Erklärung, Pflanzen verwenden die Kapillarwirkung, seitdem sie am Land wachsen.

Die Bilder der Feuchteschäden weisen auf eine Gesetzmäßigkeit hin: Im durchfeuchteten Bereich, in dem der Putz meistens schon geschädigt ist, kann mit allen Verfahren der Messtechnik ein höherer Wassergehalt im Mauerwerk festgestellt werden. Die Untersuchungen zeigen eine Abnahme der Feuchtigkeit mit der zunehmenden Distanz vom Boden. Gleichzeitig steigt der **Salzgehalt** im Wasser an, bis eine Ablagerungsschicht mit Ausblühungen erreicht wird. Oberhalb ist der Feuchtegehalt signifikant niedriger, weil das Salz erhebliche Wassermengen binden kann.

Die Beispielwand weist im Boden eine große Durchfeuchtung 1 mit einem hohen Wasseranteil w in Gewichtsprozenten auf.

Mit zunehmender Höhe h über dem Boden wird der Feuchtegehalt niedriger, weil die transportierte Wassermenge über die Kapillaren durch die Trocknung 2 verringert wird. Mit der Trocknung steigt der Salzgehalt im aufsteigenden Wasser, hier durch drei Linien dargestellt. Durch den Wasserverlust reichert sich das Salz nach oben an, und zwar bis zum Ausfällen in der folgenden **Versalzungszone 3**.

In der Versalzungszone 3 kann das Wasser die gelösten Salze nicht mehr halten, die Salze bilden Kristalle an der Oberfläche und in den Zwischenräumen bzw. Poren aus.

Oberhalb der Versalzungszone 3 liegt der Feuchtegehalt sprunghaft niedriger, weil das Salz 4 erhebliche Wassermen-

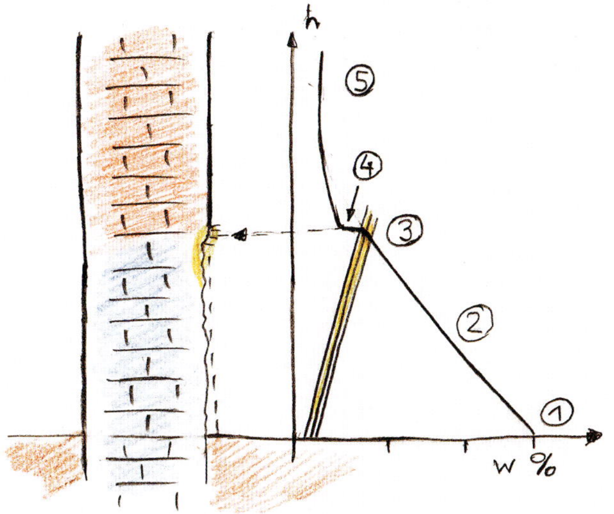

1-3 Wandschäden, Wassertransport und Salzablagerungen

gen bindet, wenn es wieder in Lösung geht. Diese Grenze kann leicht mit einem Strahlungsthermometer berührungslos festgestellt werden. Die **Temperatur im feuchten Bereich** unterhalb der Salzzone liegt meistens um 1 bis 2 Grad niedriger als das obere Wandteil. Dieser Effekt kann nur dann beobachtet werden, wenn die Durchfeuchtung schon länger stattfindet und sich ausreichende Salzmengen im Mauerwerk oder im Putz abgelagert haben.

Oberhalb der Salzzone beginnt die Ausgleichsfeuchte 5, die sich zwischen der Wand und der Luft einstellt. Der Feuchtewert in der Wand hängt jetzt nur mehr von den Bedingungen der umgebenden Luft ab.

Auch nach einer erfolgreichen Trockenlegung sind die Salze im Mauerwerk noch immer vorhanden. Sie können mit der Luftfeuchte oder Niederschlagswasser auf lange Zeit ein eigenes „Leben" entwickeln.

Der Abbau der Salze kann sehr aufwändig durch einen Austausch der Putze bis zu einem neuen Mauerwerk erfolgen. Gelegentlich gelingt es, die Salze mit Hilfe einer feuchten Packung an der Wand zu lösen und mit der Trocknung der Packung aus der Wand herauszuziehen. Dieses Verfahren hat den Vorteil, dass der Baukörper erhalten bleibt. Eine osmotische Entsalzung über den positiven Pol sollte wegen der möglichen Elektrolyse sehr gut geplant werden.

Steighöhe des Wassers

1-4 Eine freistehende Säule wurde vor ca. 20 Jahren wegen der Feuchteschäden mit Fliesen abgeklebt. Jetzt zeigt sich die Feuchte oberhalb der Fliesen und ist dabei, das darüberliegende Geschoß zu erreichen.

Die Steighöhe der Feuchte hängt von der Transportleistung der **Kapillare** ab. Die unterste Schicht bei einem durchgehenden Mauerwerk gibt die maximale Saugleistung vor, wenn ein ausreichendes Wasserangebot vorhanden ist. Wird das Wasser über den Bodenhorizont nach oben transportiert, dann kann es an der Luft verdunsten. Die **Steighöhe** hängt somit von der begrenzten Wassertransportfähigkeit und der Verdunstung in die Luft ab. Ist die Luft sehr trocken, kann das Wasser nicht hoch steigen, weil es schneller verdunstet. Wird hingegen die Verdunstung durch dichte Schichten behindert, kann das Wasser sehr wohl über ein paar Meter in die Höhe steigen.

Das Dochtmodell erklärt auch die Wirkung von **Feuchtesperren** hinreichend. Sie sind nichts anderes als künstliche Engstellen für das aufsteigende Wasser, wie immer diese Schichten auch beschaffen sein mögen. Damit wird das Gleichgewicht von Wassertransport und Verdunstung an der Oberfläche verschoben und die Wand wird – wenn die Sperre richtig wirkt – trockener bis trocken.

In der Elektrotechnik gibt es ein analoges Modell der sogenannten Stromeinprägung. Anstelle des Wassers wird ein konstanter Strom bereitgestellt, der unter sonst gleich bleibenden Bedingungen nicht überschritten werden kann. Auch dieses Modell entspricht den Beobachtungen bei feuchten Wänden.

Kapillare und Feuchtetransport

Der Transport der Feuchte findet in Kapillaren statt. Das übliche Bild einer Kapillare mit Feuchte wird, als sichtbare Ausprägung von Wasser und Kapillaren, mit einem Flüssigkeitsfaden verbunden. In den klassischen Modellen wird ein Oberflächenpotenzial, das Zeta-Potenzial, als Ursache für diesen kapillaren Wassertransport genannt. Tatsächlich gibt es unerwartete Effekte, wenn Wasser in einem Glas in ein Hochspannungsfeld gestellt wird. Das Wasser kriecht die Wand des Glases empor, und zwar dorthin, wo die Feldstärke am größten ist. Dieses Makrosystem kann – sehr grob – auf die Verhältnisse in der Kapillare umgesetzt werden. Mit den unterschiedlichen Ladungen der Oberfläche der Kapillare und der Wassersäule gilt dieses im molekularen Bereich wirkende elektrische Feld als der Antriebsmotor für den Wassertransport.

Elektroosmose

Die Messung des Zeta-Potenzials ist ein eigenes Kapitel der Elektrochemie oder der Physikalischen Chemie, das mit vielen Einflussfaktoren behaftet ist. Dieses Verhalten des Wassers

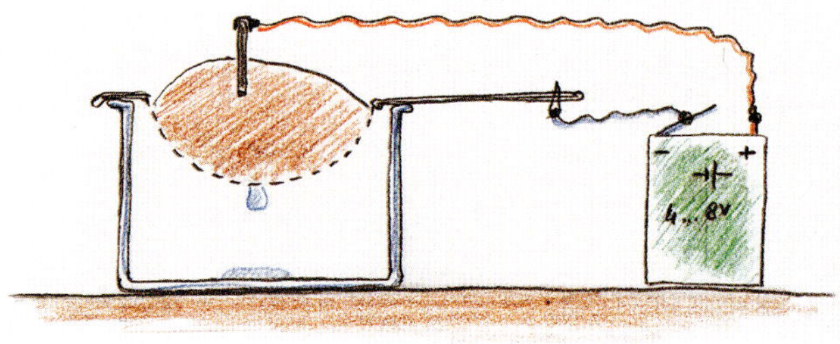

1-5 Versuch Elektroosmose

Die Elektroosmose bewirkt in sehr dichten Materialien wie Ton einen Wassertransport. Der Effekt lässt sich mit einem Sieb als negativer und einer positiven Elektrode im Ton nachweisen.

in der Kapillare wird in der Elektroosmose ausgenutzt: Durch das Anlegen eines elektrischen Feldes wird dieses Zeta-Potenzial überlagert und das Wasser kann sich nicht mehr an den Wänden der Kapillare festhalten. Der Effekt lässt sich nur in Werkstoffen mit sehr kleinen Poren zeigen, wie es bei Lehm, Ton oder in Ziegeln der Fall ist. In grobporigen Materialien wie Fertigbetonteilen findet fast kein Transport statt, abgesehen davon, dass der Zement auf den Strom isolierend wirkt.

Bei dem Versuch wird knetbarer, reiner Ton oder Lehm verwendet, um die Bewegung des Wassers in diesem Material unter Einfluss eines elektrischen Feldes zu zeigen: In ein gewöhnliches Teesieb aus Draht und mit einem Drahtgitter wird eine Portion Ton oder Lehm gedrückt. Die Fläche des Siebes soll einen guten Kontakt zum Ton haben. In die Mitte des Materials wird eine Elektrode aus Metall oder Kohlenstoff gedrückt. Die Elektrode in der Mitte wird mit dem positiven Pol einer Spannungsquelle verbunden, das Sieb selbst mit der negativen Elektrode.

An die Elektroden wird eine Spannung von 4…8 Volt angelegt, der Strom beträgt nur wenige Milliampere.

Nach etwa 1–3 Stunden sollte der erste Wassertropfen in die Schale gefallen sein, am Sieb sollten weitere Tropfen hängen. Der Ton oder Lehm wird im Bereich der positiven Elektrode deutlich heller und fester, nicht mehr knetbar. Gleichzeitig findet ein Massenverlust statt; um die Elektrode zeigen sich erste feine Risse, weil das Wasser in der Matrix fehlt.

Dadurch wird das Zeta-Potenzial gestört, weil das Wasser im Material zur negativen Elektrode getrieben wird, wo es flüssig austritt und sogar abtropft. Nachteil dieses Verfahrens ist die Sensitivität auf verschiedene Salze in den Baustoffen und der massive Abbau vor allem der positiven Elektrode durch den elektrochemischen Angriff. Selbst Edelmetalle werden abgebaut, weshalb nur spezielle Elektrodenkonstruktionen, Materialien und Stromquellen über längere Zeit hinweg eine sichere Funktion gewährleisten können.

Kapillare und Feuchtetransport durch die Luft

Tatsächlich sind die Verhältnisse etwas komplexer: Jede Oberfläche eines Festkörpers wird mit Atomen und Molekülen aus der Luft bedeckt. Da nun Wasser eine ganz gute Benetzungsfähigkeit auf vielen Werkstoffen hat, spielt der Wasserfilm auf Festkörpern eine große Rolle. Die Haftung kann so fest sein, dass selbst im Weltraum, im Vakuum, Wasser auf den Oberflächen haftet. Nur durch die Zufuhr von Energie (Wärme) können die Moleküle angeregt werden, die Oberfläche zu verlassen.[3] Ist jedoch genug Wasser an einer Oberfläche vorhanden, dann lösen sich die Wassermoleküle recht leicht. Der Prozess heißt „verdunsten".

In den Physikbüchern wird dieser Vorgang mit Verdampfungswärme bezeichnet. Zwei technische Werte spielen hier eine wichtige Rolle: die **Abtrennarbeit** für die Wassermoleküle mit 2088 kJ je kg und die **Verschiebungsarbeit** mit 1013 mbar gegen den Luftdruck (hPa) mit 169 kJ je kg. In Summe sind beim Verdunsten je kg Wasser 2,257 MJ (627 Wh) an Energie notwendig. Wird diese Energiemenge nicht zur Verfügung gestellt, dann wird das Objekt nie trocknen.[4]

Für unsere Betrachtungen sind die beiden Werte interessant:

3 Gase können sehr fest auf den Oberflächen haften. Bei der Herstellung von Radioröhren wurde das gesamte Elektrodensystem unter Vakuum mit rund 600 °C geglüht, um die letzten Spuren von störenden Gasen durch die Wärme zu entfernen.

4 Bei der Elektroosmose wird Wasser mit viel weniger Energie verschoben, aber in flüssiger Form. Hier sind diese energetischen Überlegungen nicht zutreffend, weil ein anderer Mechanismus angewendet wird.

- Die Abtrennarbeit muss geleistet werden, um Wasser in Einzelmoleküle zu überführen, und zwar als Dunst (wenn Luft dabei ist) oder als Dampf.
- Die Verschiebearbeit ist dann aufzubringen, wenn Wasser von einer Oberfläche in die freie Atmosphäre austreten soll. Jetzt muss der Dampfdruck der Verdunstung zumindest gleich hoch sein wie der Druck in der Atmosphäre, sonst würde das Wasser an der nächstbesten Oberfläche, z. B. in einer Kapillare, kondensieren.

Warum diese Haarspaltereien wegen einer Kapillare? Die Antwort ist recht einfach: In einer Kapillare herrschen über die meiste Zeit konstante Verhältnisse, sprich: der relative Feuchtegehalt und der Luftdruck sind gleich. Damit scheint die Verschiebearbeit geringer zu sein, wie der sehr schnelle Transport der Feuchte unter Einfluss eines schwachen Wärmestromes zeigt. Die Verschiebearbeit ist nur dann aufzuwenden – oder wird als Wärme wieder frei –, wenn sich der Dampfdruck des Wassers in der Luft ändert. Zur Erläuterung: Mit dem Verdunsten von Wasser wurde die Verschiebearbeit auch schon geleistet, sie kann daher beim Feuchtetransport durch Gase auch zur Gänze entfallen. Wenn die Feuchte wieder kondensiert, wird die Verschiebearbeit ebenfalls wieder frei, und zwar als Wärme.

Die Versuche zur Trocknung von feuchten Wänden (mit kapillaren Baustoffen) und mit Wärme haben immer wieder zu unerwartet raschen Trocknungseffekten geführt: Wo vergleichbare Bauten wegen der Feuchte monate- bis jahrelang unverputzt stehen müssen, damit die Feuchte geringer wird, konnte bei Anwendung von Wärme in den Bauteilen binnen weniger Monate auch durch einen vorhandenen Putz etc. eine ausreichende Trocknung erreicht werden. Aufgrund dieser Beobachtungen ist das **thermische Feuchtetransportmodell** entstanden: Wegen der annähernd konstanten Zustände in einer Kapillare reichen anscheinend geringe Wärmeströme aus, um die Feuchte in die Richtung des Wärmestromes zu lenken.

Ein **Wärmestrom** kann nur dann entstehen, wenn eine Temperaturdifferenz vorhanden ist. Der Wasserdampf kondensiert an der etwas kühleren Seite einer Kapillare – hier geht es um tausendstel Anteile eines Grads – und verdunstet ebenso leicht an der etwas wärmeren Seite. Dieser Prozess bewirkt, dass das Wasser mit sehr wenig Energie durch den porösen Baustoff „geschoben" wird, und zwar in teils flüssiger und teils in gasförmiger Form.

Das Bild zeigt den Wärmestrom von links nach rechts, mit der üblichen Bezeichnung $\dot{Q}$ als Fließgröße. Entscheidend für den unerwartet raschen Transport des Wassers ist die Rückführung der Kondensationsenergie $\dot{Q}k$ zurück zur Verdunstungsseite $\dot{Q}v$. Damit reicht ein schwacher äußerer Wärme-

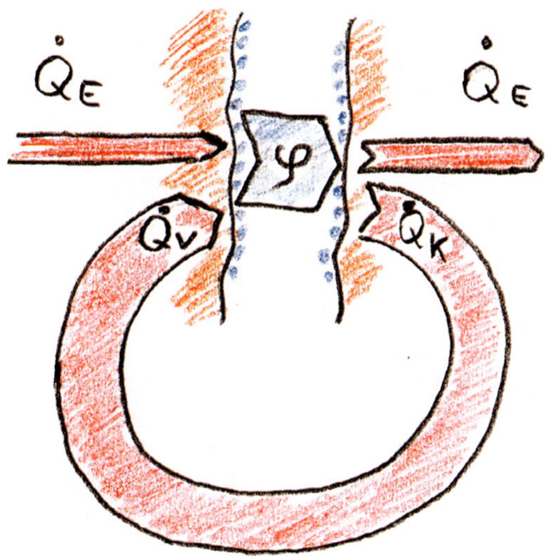

1-6 Wassertransport durch eine Kapillare, unter Einfluss eines Wärmestromes

Wird die Feuchte in derselben Richtung transportiert wie der Wärmestrom, dann erfolgt die Bewegung viel schneller gegenüber einer normalen Verdunstung.

strom aus, um diesen inneren Transportmechanismus über die Rückführung der Kondensationsenergie zu starten. Der äußere Wärmestrom $\dot{Q}E$ liefert dabei nur die Hilfsenergie, damit der Wärmekreislauf im Baustoff entstehen kann bzw. aufrecht erhalten bleibt.

Ein einfacher Versuch wie in **Bild 1-7** deutet auf dieses Verschieben von Feuchte durch ein Bauteil hin. Wird eine PET-Flasche mit ganz wenig Wasser gefüllt, verschlossen und an ein kaltes Fenster – oder eine kühlere Wand – gestellt, dann zeigt sich das **Kondensat** bald als Niederschlag in der Richtung zur kalten Fläche. Eine Kunststoffflasche ist für den Versuch günstiger als eine Glasflasche, weil die Rückführung der Kondensationswärme durch die Flaschenwand sehr gering ist und ein statisches Bild entsteht.

Auf alle Fälle entsteht das Kondensat bei thermischen Leistungen, die weit unter einem Watt liegen, was eigentlich zu wenig ist, um die Wassermenge zu transportieren.

Exakt diese Prozesse finden in einer Kapillare statt: Wo es wärmer ist, lösen sich die Wassermoleküle leichter und der Dampfdruck steigt. Wo es kühler ist, dort lagern sie sich wie-

1-7 Anzeigen des Wärmestroms Q̇ in einer PET-Flasche

Anstelle sehr teurer Messgeräte kann eine einfache PET-Flasche mit etwas Wasser den Wärmestrom zeigen.

der an. Der Feuchtetransport braucht also keine wassergefüllte Kapillare, es reicht der Quertransport durch die Luft.

Die Feuchtigkeit der Luft kann an kalten, dichten Oberflächen auch kondensieren. Das Kondensat läuft in Tropfen herab.

Betrachtet man die Flasche als eine Art große Kapillare, dann lässt sich der Feuchtetransport an den folgenden Phänomenen feststellen:

- Wo Wärme auf eine Wand auftrifft, wird Wasser verdunsten.
- Die Feuchtigkeit in der Luft der Kapillare geht zur kühlsten Zone und kondensiert dort.
- Bleibt der Wärmestrom aufrecht, dann wird die Feuchte weiter zur nächsten Kapillare getrieben, kondensiert dort und wird wieder verdunsten.
- Bei diesen Prozessen spielt die Übertragung von Wärme durch langwellige Infrarotstrahlung, wie sie von Boilern, Kesseln, Rohrleitungen, aber auch von entsprechenden Heizsystemen etc. abgegeben wird, eine erhebliche, unterstützende Rolle.[5]

5 http://www.hs-lausitz.de/fileadmin/user_upload/public/zentral/Wissenschaftstage/2010/Beitraege/Maschinenbau/RichterW_Infrarottechnik.pdf

Aus dem einfachen Modell lassen sich auch wesentliche Hinweise für die Anwendung des Verfahrens ableiten, wie in **Bild 1-8** gezeigt:

- Wird Wärme in der Form warmer (und in der Regel feuchter) Luft aus der Atmosphäre [1] an eine kalte Wand [2] gebracht, dann wird die Feuchtigkeit an der Oberfläche [3] der Wand kondensieren. Das Trocknen feuchter Wände durch warme und meistens feuchter Luft im Sommer wird somit nicht die gewünschten Ergebnisse bringen, da die Bauteile feuchter bis nass werden.
- Ist im Winter das Erdreich oder der Sockelbereich [1] eines Gebäudes wärmer als die Luft der Atmosphäre [2], dann kommt es zu einer Verringerung der Feuchtigkeit im Bauteil. Die im Inneren gespeicherte Energie (Wärme) treibt die Feuchte an die Oberfläche [3].
- Im Frühjahr dreht sich das System um: Der Kern der Wand ist kalt, „saugt" daher die Feuchte durch **Kondensation** von allen Seiten auf. Somit hat das Lüften zum Erwärmen eines Gebäudes, vor allem großer, kulturhistorischer Bauten, exakt die gegenteilige Wirkung: Die Feuchte wird dadurch in der Wand konzentriert.
- Die kontrollierte und überlegte Steuerung der Wärmeflüsse in einer Wand kann somit, bei geringem Aufwand, einen großen Effekt erzielen.

1-8 Kondensation von Wasser bei kalter Steinwand

Diese Spielregeln sind schon länger bekannt bei der richtigen Belüftung von Kellern: Im Winter durchlüften, damit die Feuchtigkeit durch die gespeicherte Wärme ausgetrieben wird, und im Sommer sehr mäßig lüften: Hält man sich an diese Regeln, kann mit einem trockenen Keller gerechnet werden. Ähnli-

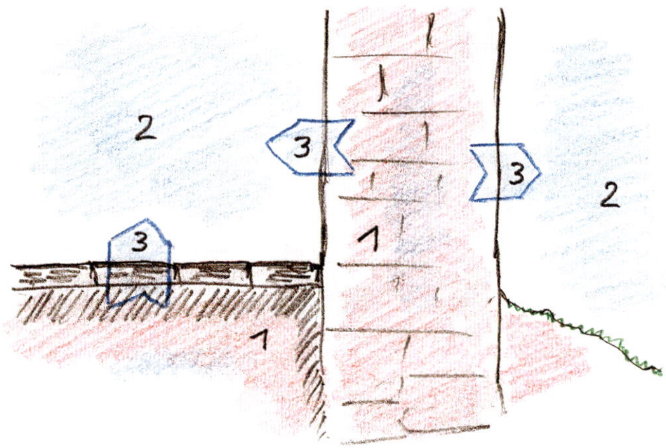

1-9 Trocknung warmer Wände bei kalter Luft

ches gilt für kulturhistorische Bauten: Auch ein sorgfältiger Umgang mit dem Luftwechsel trägt dazu bei, Schäden zu vermeiden. Gerade leicht zu beeinflussende, organische Gebilde wie Bilder, Holzkonstruktionen, Stoffe etc. reagieren sofort auf Feuchteeinflüsse mit Quellen und Schrumpfen, womit der Zusammenhalt der Teile über die Jahrhunderte verloren geht.

Ausgleichsfeuchte und Bauteilfeuchte

Natürlich reagiert der Transport auf die Distanz, sprich Durchmesser, zwischen den Wänden einer Kapillare. Je größer der Durchmesser ist, umso schlechter lässt sich das Wasser transportieren, weil die Luft doch einen Diffusionswiderstand μ bietet. Diese Unterschiede im Durchmesser der Poren oder Kapillaren sind dafür verantwortlich, dass die Messung der Ausgleichsfeuchte in einer Wand nur bedingt eine Aussage über die tatsächliche Wassermenge (**absolute Messung**) abgibt. Sie ist trotzdem wertvoll als **relative Aussage**, ob das Bauteil trockener oder feuchter geworden ist. Und sie hat noch eine Bedeutung: Der Vergleich der Ausgleichsfeuchte an einer Wand und der Luftfeuchte gibt Aufschluss über die Richtung des Feuchtetransports, nämlich in die Wand hinein oder von ihr weg.

Bei den Messungen ist zu beachten, dass sich die Ausgleichsfeuchte von Baustoffen, über die Luft gemessen, meistens in einem Bereich zwischen 80 und 100 Prozent relativer Feuchte bewegt. Ausgerechnet in diesem Bereich werden die elektronischen Feuchtesensoren ungenau. Vergleichende Messungen müssen daher immer mit demselben Messgerät durchgeführt werden. Oder man misst die Feuchte mit einem kapazitativen Meßgerät.

Wesentlich erschwert wird das Verständnis der Vorgänge bei inhomogenen Baustoffen mit völlig unterschiedlichen thermischen und feuchtetechnischen Eigenschaften. Hier lässt sich kein einfaches Modell erstellen, es muss jede Bauweise einzeln analysiert werden.

Unterschiedliche Wandkonstruktionen weisen völlig unterschiedliche Eigenschaften bezüglich der Feuchte auf.

Bauarten von Wänden

Bevor die Vorgänge in feuchten Wänden behandelt werden können, sollen für ein besseres Verständnis einige Bauarten von Wänden mit ihren Eigenschaften dargestellt werden.

Ziegelwand mit Außen- und Innenputz

Die Ziegelwand mit Außen- und Innenputz ist weit verbreitet. Ziegel haben sich über die Jahrtausende wegen der Porosität und der großen Aufnahmefähigkeit von Feuchte bewährt. Feuchte Luft im Sommer wird von einer Ziegelwand trockener gehalten, die Feuchte aus der Luft kondensiert in den Kapillaren oder Poren des Ziegels. Wassergehalte von 0 bis 6 Gewichtsprozent gelten als trocken, der Ziegel zeigt keine Verfärbung. Ab 10 % Feuchte wirkt der Ziegel dunkler, das Bohrmehl beim Bohren in den Ziegel staubt nicht mehr. Bei größeren Feuchtegehalten klebt das Bohrmehl auf dem Bohrer und bei noch etwas höheren Werten kann es vorkommen, dass sich durch die Arbeit des Bohrers Dampf bildet und die klebrige Masse aus dem Bohrloch herausgetrieben wird.

Offen ist bei dieser Beschreibung, woher die Feuchte kommt. Es kann aufsteigende Bodenfeuchte sein, ein Rohrbruch, Wasser aus der feuchten Luft im Inneren oder auch von außen, aber auch Kondensationsfeuchte. Vor jeder Maßnahme müssen die Ursachen geklärt sein, dann kann der Zustand der Wand verbessert werden.

Die Ziegelwand wird uns im Übrigen noch länger begleiten, da sich an ihr alle Vorgänge gut zeigen lassen.

Steinwand aus Natursteinen

Steine werden seit vielen Jahrtausenden als Baumaterial für Gebäude und Keller verwendet. Viele Natursteine, vor allem diejenigen, die magmatischen Ursprungs oder in der Tiefe der Erde umgewandelt worden sind, sind sehr dicht und nehmen praktisch kein Wasser auf. Der Wassergehalt reicht von praktisch 0 bis 2 %, wobei die 2 % bereits der Sättigung mit Wasser entsprechen. Die Steine haben dann eine nasse Oberfläche.

Natursteine wurden bei hochwertigen Bauten sehr oft im Keller- und Sockelbereich verwendet, da sie mit einer

Höhe und/oder Dicke von bis zu einigen Metern eine natürliche Wassersperre ergeben. Die noch kapillar aufsteigende Wassermenge ist, bei fachgerechter Ausführung, zu gering, um Schäden im obenliegenden Mauerwerk zu verursachen. Dazu kommen häufig innen, im Mauerwerk [1], liegende **Lüftungskanäle** [2], die auch die aufsteigende **Restfeuchte** [3] abtransportieren sollen, wie in **Bild 1-10**. Das **Bild 1-11** zeigt ein Lüftungsgitter vor einem Lüftungskanal.

Ältere Bauten weisen öfters in der Mitte einer Wand liegende Lüftungskanäle für die Trockenhaltung der Wände auf.

1-10 Lüftungskanäle im Mauerwerk

Mit Natursteinen ist es möglich, sehr beständige Bauten zu errichten, z. B. die Wasserleitungen der Römer, Brücken oder auch Schlösser und Gebäude, die im Wasser stehen. Ihr Nachteil besteht im hohen Preis und der oft schlechten regionalen Verfügbarkeit. Da Natursteine sehr teuer sein können, wurde auch bei Schlössern und Prunkbauten mit einem Blendmauerwerk gearbeitet: Steinplatten täuschen einen soliden Sockel vor, während dahinter eine Ziegelwand die Last trägt. Im Extremfall müssen diese Blendwände wie ein Sperrputz angesehen werden; eine Sperre, die die Feuchte in die Höhe treibt.

1-11 Lüftungsgitter von einem Feuchtekanal

Steine auf der Basis von Kalk und Kalkmischungen werden von den in der Luft vorhandenen Säuren angegriffen. Die Prozesse werden, sehr vereinfacht, im Kapitel Kalksandputze (► S. 29) beschrieben; sie sind in der Realität wesentlich komplexer. Diese Steine sind auf alle Fälle vor Feuchte zu schützen, weil sie sich sonst auflösen und zerfallen. Ein wasserabweisender Überzug an der Oberfläche bewirkt bei kalkhaltigen Steinen sehr oft das Gegenteil: Der Zerfall darunter wird beschleunigt, weil das Wasser und die Säuren nicht mehr abtrocknen können.

Steinwand aus Natursteinen mit wasserfestem Dichtmörtel

Eine Variante der Mauern mit Natursteinen weist Mörtel in den Fugen auf. Anstelle der hochwertigen Einpassungen, ohne Fugen, werden die Steine in einem Mörtelbett verlegt. Aus der Antike bekannt sind Trassmörtel, die fast kein Wasser aufnehmen, oder Zemente mit ähnlichen Eigenschaften. Moderne Mörtel sind oft nicht geeignet; sie sind häufig dazu ausgelegt, Feuchte durch die Kapillaren zu transportieren. Die Mörtel sollten im Schadensfall näher untersucht werden, um ihre Zusammensetzung und ihre Eigenschaften zu bestimmen.

Schalenwände, Fertigteilbauten, Strohbauten

Wegen der höheren Wärmedämmwerte werden oft zweischalige Wände gebaut: Zwischen zwei Hartschalen aus Ziegel, Holz, Platten und anderen Materialien liegt eine bis zu mehrere Dezimeter dicke Wärmedämmung aus mineralischen oder auch organischen Stoffen. Schalenwände sind Sonderkonstruktionen und müssen, vor allem bei organischen Baustoffen, trocken gehalten werden.

Aufgrund der vielen Konstruktionen mit eingebauten Dampfsperren, Kanälen für die Installationen und den sehr unterschiedlichen Anschlüssen an die Bodenplatte und an die Decke kann bei Feuchteproblemen nur eine gründliche Untersuchung helfen. Ein allgemein brauchbares Rezept für eine Sanierung bei Problemen mit Feuchtigkeit gibt es nicht, nur eine eingehende bauphysikalische Analyse.

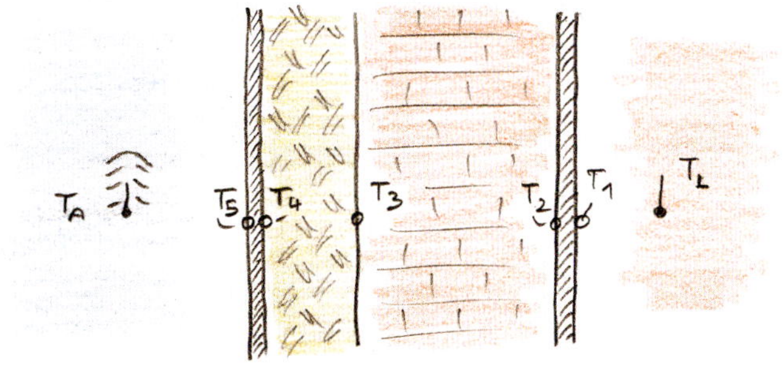

1-12 Querschnittsmethode

Bei den Schalenwänden und Sonderkonstruktionen kann wie in **Bild 1-12** für eine Untersuchung die sogenannte **Querschnittsmethode** hilfreich sein. Dazu werden, ausgehend von der Innenatmosphäre T_L bis zur Außenatmosphäre T_A, in allen interessanten Zonen **Temperatur- und Feuchtesensoren** eingesetzt. Typische Bereiche für die Messung sind die Innenluft, die Oberflächentemperatur innen, die Temperaturen an den Grenzschichten, Lufttemperatur und Feuchte in der Dämmzone sowie, falls möglich, auch Strömungen in dieser Zone. Dieses Messschema wiederholt sich bis zur Außenatmosphäre. Die Messungen werden über ein Jahr durchgeführt und die Messwerte mit einem Datenlogger elektronisch aufgezeichnet.

Diese gründliche Messmethode hat sich bei kulturhistorischen Bauten sehr bewährt, es konnten völlig unerwartete Gebäudeeigenschaften gefunden und behoben werden.[6] Die detaillierten Ergebnisse sind nicht öffentlich verfügbar, sie gehören den Auftraggebern.

6 Kalte-Wand-Problematik in Museen, verdeckte Luftkanäle, undichte Anschlüsse und dergleichen.

Nachträgliche oder zusätzliche Außen-Wärmedämmungen

Klassische Wärmedämmung

Ein nachträglicher Wärmeschutz wird an Außenwänden angebracht, um den Wärmebedarf der Bauten zu verringern. Die thermische Wirkung der Wärmedämmungen ist unbestritten, doch wird häufig der Abtransport der Feuchte, die durch die Wand geht, unterschätzt. (Für Profis indes war diese Ansammlung von Feuchte im Bereich der Außenwärmedämmung keine Überraschung, gab es hierauf doch schon Hinweise durch das Glaser-Diagramm) (► S. 24).

Auch beim Wärmeschutz gibt es eine größere Anzahl von Ursachen wie Schimmelbildung und/oder Dampfblasen beim Außenputz, die außen und innen schließlich zu Feuchtigkeitsproblemen führen können.

Bei verschiedenen Wandaufbauten kann die Messung von Temperaturen entlang eines gedachten Querschnitts gute Hinweise liefern.

Ein sehr gutes Beispiel für den Wärmeschutz außen bietet das viel verwendete Styropor. Greift man es an, hat man sofort ein warmes Gefühl, das Styropor verhindert durch die vielen Schichten und Blasen den Wärmeabfluss. Aber dasselbe Styropor reagiert binnen Sekunden mit einer ebenso kalten Oberfläche, wenn etwas Kaltes daraufgelegt wird. Als weiterer Nachteil muss die Dichtheit gegenüber Wasserdampf gesehen werden; darauf nämlich weist der relative hohe Diffusionswiderstand μ hin.

Die möglichen Verläufe der Temperatur und der Feuchte sind in **Bild 1-13** zu sehen.

Die **Temperaturlinie T** zeigt den gewünschten Wärmeschutz, die Wärme wird im Gebäude gehalten, der Wärmedurchgang ist durch die Dämmung geringer geworden.

Was macht aber die Feuchte φ? Hier gibt es vier Möglichkeiten: **Variante 1:** Der Diffusionswiderstand durch die Wand ist deutlich geringer als in der Dämmschicht (1). Das Ergebnis führt zu den Varianten 2 und 3. **Variante 2:** Die Feuchte muss an oder in der Dämmschicht (2, 3) abgebaut werden. Speziell bei der Variante 2 ist leicht nachvollziehbar, dass es zu einer Wasseransammlung unter dem Außenputz kommt (häufig Kunststoffputze, die auf dem Styropor gut haften). Kommt Frost dazu, sprengt das Kondensat den Außenputz flächig ab; es entstehen die bekannten Blasen.

Bei der **Variante 3** wird die **Feuchtediffusion** im Dämmstoff abgebaut, irgendwo entsteht die sogenannte **Kondensationszone**. Die Variante 3 kann nur dann auftreten, wenn der Außenputz sehr atmungsaktiv ist und den Feuchtedurchgang nicht behindert oder eine hinterlüftete Vorsatzschale vorhanden ist. Ein typischer Dämmstoff für diese Konstrukti-

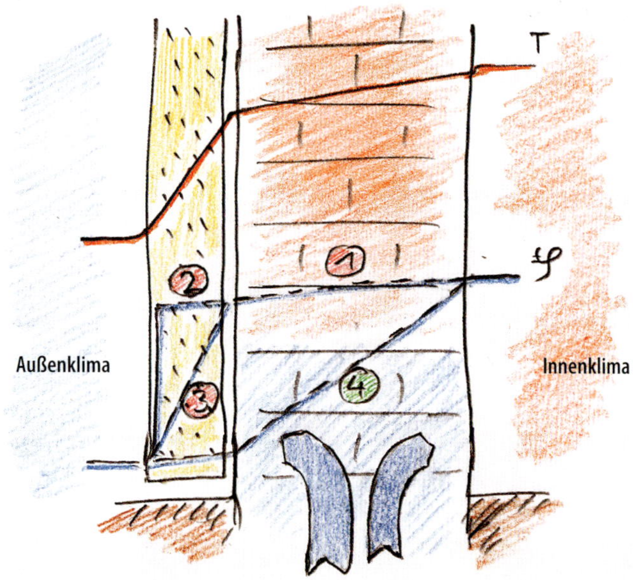

1-13
Feuchtedurchgang durch eine Wand mit einer zusätzlichen Außendämmung

Die Feuchte kann nicht bei jeder Wandkonstruktion sicher abgeleitet werden.

on ist Glas- oder Mineralwolle, auch andere Dämmstoffe auf organischer Basis, von Fasern angefangen bis zu Papierschnitzel, werden verwendet. Das Risiko der lokalen Kondensationszone sollte aber nicht unterschätzt werden, auch wenn der Dämmstoff einen geringen Diffusionswiderstand μ aufweist.

Die günstigste Lösung bietet die **Variante 4:** Der Feuchtedurchgang wird in der Wand abgebaut, an der Wandoberfläche außen besteht nur mehr ein geringer Dampfdruck durch die Feuchte. Die Wärmedämmung wird von der Feuchte nicht belastet, es werden keine Schäden auftreten. Dieses Verhalten liegt aber – bei den heute üblichen Methoden der Außendämmung – nahe am Wunschdenken. Auf alle Fälle hat die Industrie diese Notwendigkeit bereits erkannt und bietet auch Dämmplatten mit durchgehenden Kanälen für die Feuchte an.

Wesentlich verschärft indes wird die Situation, wenn **aufsteigende Bodenfeuchte** – blaue Pfeile – dazu kommt: Die Belastung der Wärmedämmung durch Wasser wird sehr groß, weshalb im Sockelbereich extrudiertes Polystyrol vorgeschrieben wird; ein Material, das mit großer Sicherheit keine Feuchte aufnimmt oder durchlässt. Womit der gleiche Effekt wie bei einem Sperrputz gegeben ist: Da die aufsteigende Feuchtemenge nicht verändert wird, kann sie nur mehr nach innen gehen. Der Raum ist dann zwar wärmer, aber muffig-feucht. Die Heizkosten sinken wie erwartet etwas, die Lebensqualität wird sich aber nicht verbessern. Die Ergebnisse der theoretischen Berechnungen können in der Praxis nicht immer verifiziert werden, Messungen der tatsächlichen Verhältnisse sind überzeugender. Der Aufwand dafür ist nicht sehr groß, wie sich noch zeigen wird.

Hinterlüftete Wärmedämmung

Diese Überlegungen haben zur hinterlüfteten Wärmedämmung geführt: In den Verlegevorschriften für die Wärmedämmung steht, dass die Platten völlig dicht mit einem Kleberrand auf das Mauerwerk aufzusetzen sind. Damit wird jede Luftzirkulation unterbunden, die Feuchte kann nur durch die Dämmplatten gehen – oder sie staut und durchfeuchtet langsam die Wand, weil sie nicht abgeleitet werden kann. Die Prozesse können sich über viele Jahre hin entwickeln, weil nur geringe Feuchtemengen pro Jahr dazukommen und eine Ziegelwand bis zu 300 l Wasser je Kubikmeter aufnehmen kann. Die Durchfeuchtung entsteht auch unabhängig von eventueller Bodenfeuchte in jedem Stockwerk. Kommen Kältebrücken durch Balkone, Decken, Dachkonstruktionen hinzu, dann ist ein Feuchteschaden programmiert.

Die hinterlüftete Wärmedämmung geht hier einen Kompromiss ein: Anstelle der dichten Verlegung nach Norm werden die Platten nur mit Kontaktpunkten an die Wand geklebt. Der Abstand zur Wand beträgt zwischen 10 bis 20 mm, einzelne Lüftungsöffnungen gestatten einen langsamen Luftwechsel, womit auch die Feuchte abtransportiert werden kann. Bei dieser Verlegung gab es bisher noch keine Problemstellen, obwohl das System bei einem feuchten Haus eingebaut worden ist, mit normalem, nicht geschlossenporigem Styropor im Sockelbereich.

Die hinterlüftete Wärmedämmung lässt den Baustoffen ihre Eigenschaften: Die Wand soll Wind und Feuchte abhalten, die außenliegende Wärmedämmung soll eine warme Haube, aber mit leichtem Luftwechsel, über das Gebäude setzen. Damit wird der Wärmedurchgang verringert, die Feuchte jedoch geregelt von den außenliegenden Konstruktionen abgeleitet.

Die hohe Durchlässigkeit mancher alternativer Dämmstoffe für Feuchtigkeit, wie Schafwolle, Papierschnitzel, Werg, Hanffasern und dergleichen, dürfte auch zu ihrer baubiologisch günstigeren Bewertung geführt haben. Die bereits vorhandene Feuchte kann durch diese Konstruktionen nach außen abgeleitet werden. Häufig weisen diese Wärmedämmungen auch keine Kunststoffputze auf, sondern Außenabdeckungen mit Holz oder anderen Platten, mit Fugen für die

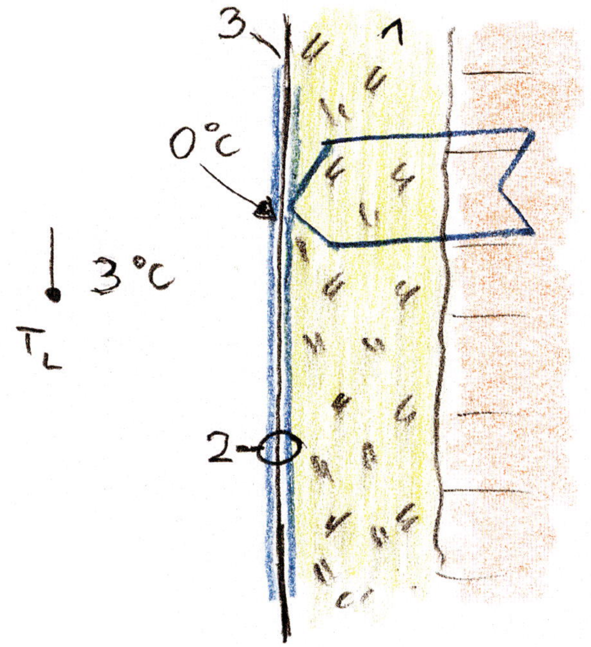

1-14 Kondensatbildung an und in einer Fassade

Luft. Sollen Ansammlungen von Wasser in den Dämmstoffen [1] vermieden werden, dann ist eine geregelte **Ableitung des Kondensats** [2] von der Außenabdeckung [3] notwendig. **Bild 1-14** zeigt die außen- und innenfeuchten Flächen. Dabei darf der saugfähige Dämmstoff die kalte Außenhaut nicht berühren, um ein Rücksaugen des Kondensats in die Dämmung zu vermeiden. Ein belüfteter Spalt von einigen Zentimetern wäre sehr zu empfehlen.

Zur Erläuterung: Eine Plastikfolie oder Kunststoffbeschichtung im äußeren Bereich dieser Wärmedämmungen, die vor Regen, Nebel, Schnee etc. schützt, würde zu sehr unerwünschten Überraschungen führen. Die Feuchte aus der Wand kondensiert an der Schicht und das ganze biogene Material verrottet in kürzester Zeit. Hier ist, wie schon bei den mehrschaligen Wänden beschrieben, eine sehr sorgfältige Planung und Ausführung notwendig, um die kondensierende Feuchte aus allen Bereichen fernzuhalten. Kunststoffe wie Styropor sind gegen Feuchte weniger anfällig. Sie werden in der Natur allerdings auch nicht oder nur sehr langsam abgebaut. Hinterlüftungen, auch für Wärmedämmungen, werden in der Patentliteratur seit mehr als 100 Jahren beschrieben.

Bild 1-15 zeigt das Ergebnis einer nicht hinterlüfteten Wärmedämmung mit massiver Schimmelbildung im Dämmstoff.

1-15 Schimmel in einer Wärmedämmung (Quelle: Schmiderer)

Einfluss der Strahlungstemperaturen

Die Außenhaut einer Wärmedämmung weist eine weitere, bislang kaum beachtete Eigenschaft auf: Wie bei den Pkw-Glasscheiben bildet sich häufig Tau an der Oberfläche, der dank der meist körnigen Struktur der Oberfläche nicht unmittelbar sichtbar wird. Die Wand ist nur kalt und feucht.

Messungen mit einem Strahlungsthermometer zeigen in der Nacht überraschende Werte, wie **Bild 1-16** zeigt:

Das Gebäude weist eine Wärmedämmung aus Styropor mit 80 mm Stärke für das Erdgeschoss auf; oberhalb wurde mit dem Ausbau des Dachbodens eine innenliegende Wärmedämmung eingebaut.

Die Messungen wurden in mehreren Nächten Ende Oktober 2014 durchgeführt, bei sternenklarem Himmel. Die **Taubildung** war in den Nächten stark, der Tau ist von den Dächern und den in der Nähe geparkten Autos abgelaufen. Selbstverständlich war das Dach des Gebäudes nass vom Tau. Gemessen wurden Werte, die überraschten:

- gedämmte Wand 50 cm über dem Boden: + 1 °C
- gedämmte Wand in 2,5 m Höhe: 0 °C
- nicht außen gedämmte Giebelwand im Bereich der innenliegenden Stütze: + 3 °C
- Fenster: + 10 °C
- Dachfläche: –1 °C

Bildet die Fassade eine dichte Schicht, dann können sowohl außen als auch innen die Tropfen vom Kondensat herablaufen.

Bei einer dichten Schicht außen, ohne Abbau der Feuchte in der Wärmedämmung, wird Schimmel entstehen.

Im Fahrzeugbau gibt es seit Jahrzehnten sichere Lösungen, um das Kondensat in der Karosserie abzuleiten. Seither haben die Rostschäden stark abgenommen.

Die Oberflächentemperaturen können bei einem Gebäude sehr unterschiedlich sein, mit Folgen: Auch bei völlig klarem Himmel nachts kann die Fassade nass sein.

Dieser Kondensationseffekt auf kalten Oberflächen wird seit Jahrtausenden von Wüstenvölkern für die Gewinnung von Wasser genutzt.

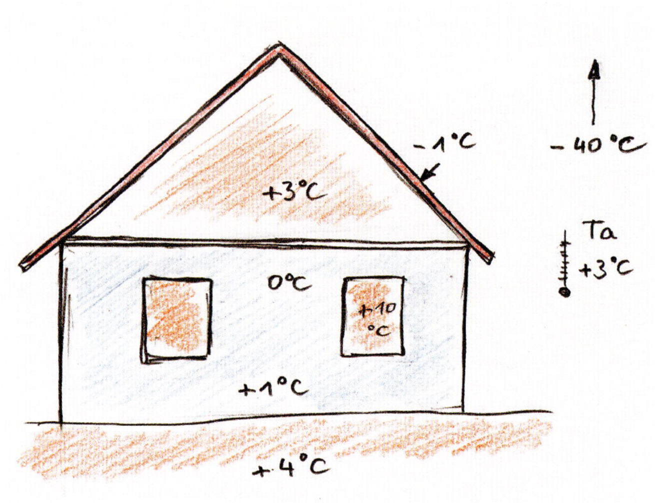

1-16 Strahlungstemperaturen bei einem wärmegedämmten Gebäude

- Lufttemperatur : +3 °C
- Strahlungstemperatur des Himmels: –40 °C

Die Blätter der Bäume haben eine Temperatur von +2 °C gezeigt, die Scheiben der Autos zwischen +1 und +2 °C.

Die geringen Unterschiede der Oberflächentemperaturen lassen keine besonderen Auswirkungen vermuten, aber das täuscht: Nachts weist die Luft an die 100 % relative Feuchte auf, sie ist bei 3 °C mit Wasser gesättigt. Sinkt die Temperatur nur um 1 °C, dann kondensiert die Feuchte an der kühleren Oberfläche.

Kondensieren bedeutet aber, dass Wärme frei wird, und zwar mit 2257 kJ je kg Wasser ziemlich viel Wärme. Eigentlich müsste der **Kondensationsvorgang** wegen der Wärme von selbst aufhören, aber die Taubildung geht weiter, bis die Sonne aufgeht. Motor für die Taubildung ist die **Strahlungskälte** des unbedeckten Himmels, die mit –40 °C gemessen worden ist.[7] Die gemessenen –1 bis +2 °C beschreiben also ein Fließgleichgewicht zwischen dem Wärmeverlust an den kalten Nachthimmel und dem Wärmegewinn durch die Kondensation des Wassers an einer Oberfläche, die selbst keine Wärme speichert.

Wie empfindlich das System reagiert, zeigen auch die Messwerte in den verschiedenen Bereichen der Wand: In der Nähe des Erdbodens lag die Temperatur wegen der Bodenwärme um 1 °C höher im Vergleich zum oberen Bereich. Bei dem nicht gedämmten Teil zeigt sich eine Temperatur im Bereich der Lufttemperatur mit + 3 °C; das ist die Restwärme des vergangenen Tages. Dieser Wandbereich weist auch keine Kondensation auf.

Das Dach ist nass, die Temperatur von –1 °C entspricht nicht der realen Oberflächentemperatur. Wird mit einem Emissionswert der Oberfläche von 0,95 gerechnet, dann drücken die verbleibenden 5 % die Strahlungstemperatur wegen des sehr kalten Nachthimmels in den negativen Bereich. Ähnliche Einschränkungen gelten für alle Messungen mit dem Strahlungsthermometer, einige Werte können um ein paar Zehntelgrad höherliegen. Für die Betrachtungen haben diese physikalischen Eigenschaften der Messung der Strahlungstemperatur jedoch keine Bedeutung. Die Oberflächen sind, ohne Regen und Nebel, bei einer klaren Nacht einfach nass, und zwar mit sehr reinem Wasser, wie **Bild 1-17** zeigt.

1-17 Wärmegedämmte Fassade mit Kondensat: Das Kondensat läuft nachts an der Fassade ab.

Eine Konsequenz aus diesem Kondensat an den Wänden betrifft das verstärkte Lösen von Mineralsalzen aus der Oberfläche. Die Farben an den wärmegedämmten Teilen sind nach einem Jahrzehnt ausgewaschen, während die Giebelwand oberhalb noch die ursprüngliche Färbelung aufweist.

Während die Innentemperatur Ti konstant bei 20 °C gehalten wird, können außen verschiedenste Temperaturen auftreten, siehe **Bild 1-18**. Für die statische Berechnung des Temperaturprofils wird nur eine mittlere Außentemperatur von z. B. 0 °C angenommen, der tatsächliche Bereich von –20 °C bis mehr als 50 °C bei Sonne wird nicht beachtet.

7 In diesem Temperaturbereich sind Abweichungen von einigen Prozent möglich.

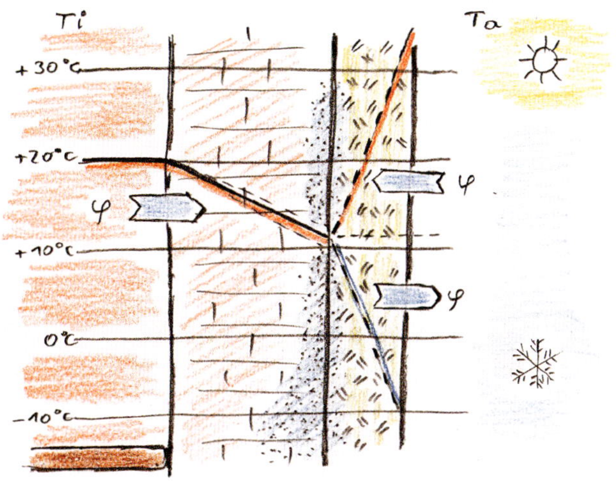

1-18 Temperaturen an einer wärmegedämmten Außenwand

1-19 Wärmegedämmte Fassade mit 50 mm Dicke; Sonne und Schatten auf der Fläche

1-20 Fassade um 16 Uhr: Im sonnigen Bereich wird eine Temperatur von 10,5 °C gemessen. Der Schatten eines Nachbargebäudes ist links erkennbar.

1-21 Fassade um 16 Uhr: Im schattigen Bereich wird eine Oberflächentemperatur von nur mehr 1,7 °C gemessen, bei 6 °C Lufttemperatur.

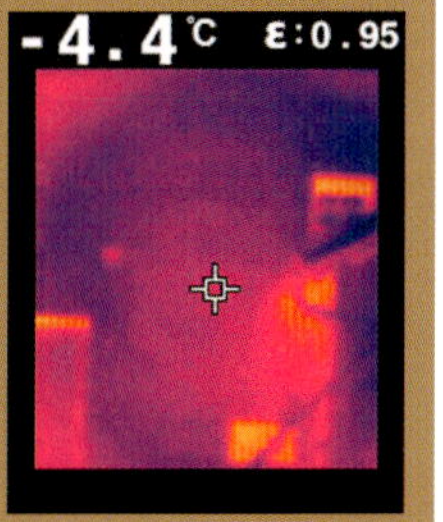

1-22 Dieselbe Fassade um 21 Uhr, bei 0 °C: Die Oberfläche weist nur mehr –4,4 °C auf.

Bei einer Wärmedämmung können an der Oberfläche Temperaturen unter oder auch deutlich über der Lufttemperatur liegen.

Diese Eigenschaften haben eine Konsequenz: Wegen der Wärmedämmung bildet sich an der Grenze zwischen der Wand und der Dämmschicht eine Mitteltemperatur aus, die sich nicht allzu sehr bewegt. Der Wärmestrom von innen bleibt ziemlich konstant, aber außen ändern sich die Bedingungen stündlich. Scheint die Sonne, dann treten Temperaturen jenseits der 50 °C auf, gibt es Frost bei einer klaren Nacht, dann schafft die Außenfläche Temperaturen unter der Lufttemperatur. Für den Frostfall ist die Wärmedämmung gut gerüstet, sie schützt die Wand vor den Einflüssen der Kälte und verringert den Wärmestrom nach außen. Auch die Feuchte φ strömt von innen nach außen.

Beim Sonnenschein verändert sich die Situation völlig, wie **Bilder 1-19** bis **1-22** zeigen: Die Oberflächentemperatur der Dämmung wird höher, selbst im Winter können 20 °C auftreten. Damit entsteht ein Problem: Im Kern der Wand, an der Grenze zur Wärmedämmung, beträgt die Temperatur vielleicht 12 °C, wenn es draußen schon lange um die Null Grad Lufttemperatur hat.

Die Sonne von außen strahlt wie ein Heizkörper und wirkt auch auf die Feuchtigkeit, die durch die Wand hinaus diffundieren soll. Die **Strömungsrichtung der Feuchte** φ wird umgedreht in Richtung zur Grenzschicht zwischen der Wand und der Dämmung. Gleichzeitig wird die Feuchte von innen durch die Wand transportiert, ebenfalls in diese Kernzone oder Grenzschicht. Und dort bleibt sie, mangels Angebote für die weitere Bewegung. Die Punktewolke im **Bild 1-18** zeigt die Anreicherung.

Der verstärkte Anfall an Kondensat an der Außenwand, wie im **Bild 1-17** gezeigt, hat aber eine weitere Bedeutung für das ganze System: Im Glaser-Diagramm geht man von einem Feuchtegefälle zum Außenklima aus und begründet damit das Austrocknen des Systems im Winter. Tatsächlich hat die Feuchte von innen in den klaren Nächten eine zusätzliche Hürde zu passieren: eine kalte und nasse Oberfläche außen. Die Folgewirkungen können völlig unterschiedlich sein: von einem Feuchtegewinn der Wandkonstruktion bis zu einem Funktionieren des Wärmeschutzes, weil alle Elemente gut miteinander harmonieren. Jedenfalls scheinen hier noch einige Aufgaben zu warten, um zu sicheren Lösungen zu kommen.

Einen Hinweis auf die wenig beachteten Zusammenhänge liefern wärmeliebende Pflanzen: Gern werden Obstbäume in kalten Lagen an den Hauswänden gezogen, weil die Wände im Winter etwas Wärme abgeben und auch den Wind abhalten. Entlang einer nach den geltenden Richtlinien errichteten Wand mit Wärmedämmung haben die Pflanzen einen schweren Stand: Gerade in den klaren Frostnächten, vor allem mit Strahlungsfrost, geht die Temperatur der Oberfläche der Wand noch unter die Lufttemperatur, und zwar bis zum Kondensations- oder Sublimationspunkt, wenn sich die Feuchte als Reif niederschlägt. Kommt die Sonne in der Frühe, dann heizt sich die Wand auf Temperaturen auf, die leicht um 20 oder auch 40 Grad höher liegen als in der Nacht. Damit bekommen die Pflanzen den Impuls, ihren Stoffwechsel zu starten, obwohl alle anderen Bedingungen fehlen und in der Nacht die Kälte wiederkommt. Beides, nämlich die übertriebene Kälte in der Nacht und die gleich darauf folgende Wärme wollen Pflanzen nicht, sie quittieren deshalb gelegentlich ihren Dienst.

Am 27. Februar 2016 konnten erste IR-Bilder über das Verhalten von Fassaden mit/ohne Wärmedämmung aufgenommen werden. Die Luft hatte bei den Aufnahmen am Tag + 6 °C, bei den Nachtaufnahmen 0 °C. Die Wärmedämmung beträgt bei den **Bildern 1-19** bis **1-22** 50 mm. Das Kreuz in der Mitte der Bilder ist die Zone, in der die Temperaturen gemessen werden, die am oberen Bildrand zu lesen sind. Der schwache Kontrast in manchen Bildern kommt von der Automatik der IR-Kamera, die darauf ausgelegt ist, alle Temperaturwerte abzubilden.

Im **Bild 1-23** sieht man die Fassade eines hochgradig wärmegedämmten Gebäudes unter Sonne und in der Nacht. Das Haus ist zur Gänze beheizt und bewohnt. Bei Sonne beträgt die Oberflächentemperatur 25,3 °C, wie in **Bild 1-24** und nachts –4,8 °C, bei 0 °C Lufttemperatur.

In den **Bildern 1-26** bis **1-29** wird die Fassade eines nicht bewohnten und nicht beheizten Gebäudes, ohne Wärmeschutz gezeigt. Die Wand besteht aus ca. 20…40 cm Ziegel, der Baukörper ist weitgehend trocken.

Auffallend ist, dass ein altes, unbewohntes und nicht beheiztes Gebäude ziemlich ähnliche Oberflächentemperaturen aufweist wie die Gebäude mit hoher Wärmedämmung.

Die Bilder zeigen einige Eigenarten der Messtechnik wie die großen Temperatursprünge in den **Bildern 1-26** bis **1-29**. Die Temperaturwerte der Fassade reichen von fast 13 °C bis –2 °C in kürzester Zeit, wobei die Emissionszahl 0,95 eine geringe Schwankungsbreite der gemessenen Temperaturen zulässt. Auf alle Fälle sollten hier noch weitere Untersuchungen angesetzt werden, um z. B. den Einfluss der Strahlungskälte bei klarem Himmel, mit Werten von –30 °C im Sommer und –60 °C im Winter, auf die Gebäude weiter abzuklären.

Die Messungen zeigen, dass Wärmedämmungen durchaus zweischneidig sein können: Zum einen halten sie wie erwünscht die Wärme im Gebäude, zum anderen verhindern sie den Wärmegewinn durch Sonneneinstrahlung.

Auch bei anderen Wandkonstruktionen treten erhebliche Temperatursprünge außen auf.

1-23 Haus mit Holzfassade und einer Wärmedämmung von 15 cm

1-24 Die Oberflächentemperatur beträgt 25,3 °C bei einer Lufttemperatur von 6 °C. Der Wärmegewinn durch die Sonne geht nach außen, in die Luft.

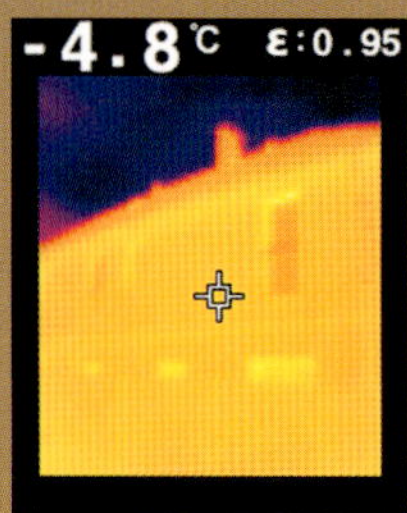

1-25 Dasselbe Haus um 21 Uhr, dieselbe Fassade: Die Oberflächentemperatur beträgt jetzt –4,8 °C bei einer Lufttemperatur von 0 °C. Die Oberfläche ist kälter als notwendig.

1-26 Fassade eines nicht bewohnten Hauses, 16 Uhr, mit Sonne und Schatten

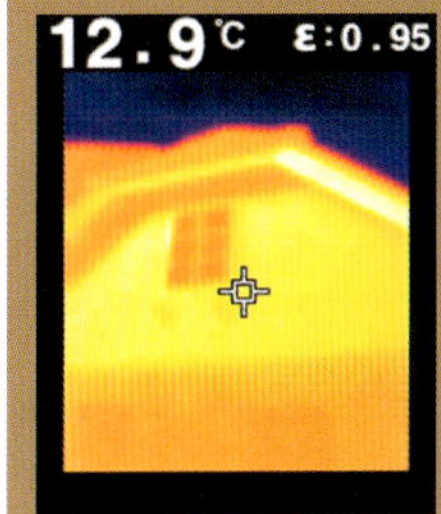

1-27 Fassade eines nicht bewohnten, nicht beheizten Hauses mit Sonne: Die Wand heizt sich, bei 6 °C Lufttemperatur, von selbst auf 12,9 °C auf.

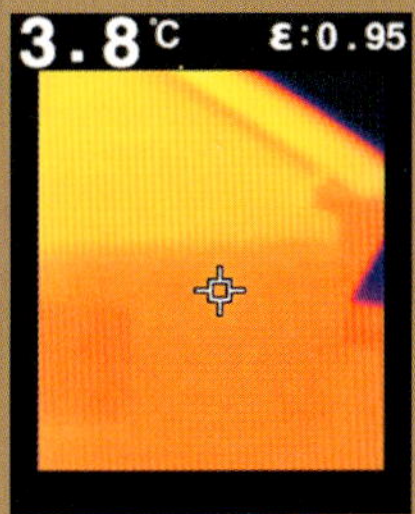

1-28 Dieselbe Fassade im Schatten eines Nachbarhauses: Die Oberflächentemperatur liegt, bei 6 °C Lufttemperatur, nunmehr bei 3,8 °C.

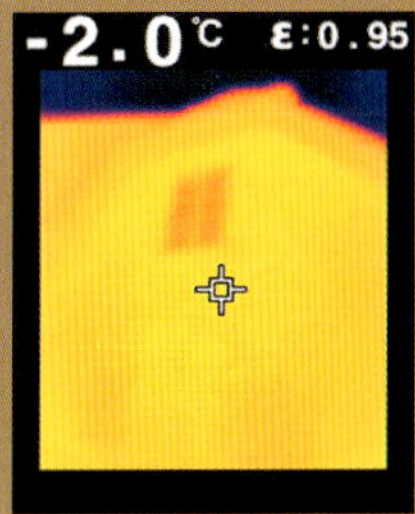

1-29 Dieselbe Fassade um 21 Uhr, bei 0 °C: Die Oberflächentemperatur beträgt jetzt ziemlich einheitlich –2 °C.

Putze

Kalksandputze

Kalksandputze für innen und außen sind weit verbreitet. Kalk hat die Eigenschaft, sich im sauren und feuchten Milieu (Kohlensäure in der Luft!) zu Kalziumhydrogenkarbonat ($Ca[HCO_3]_2$) umzuwandeln, womit die Eigenschaften des festen Kalziumkarbonats verloren gehen. Kalziumhydrogenkarbonat ist wasserlöslich, womit sich die Bindung im Putz auflöst.

Falls Schwefel (SO_2, SO_3, H_2SO_3 etc.) von Brennstoffen oder anderen Energieträgern in der Luft sind, reagiert Kalk zu Kalziumsulfat, auch Gips genannt. Damit gehen die Eigenschaften des Kalks verloren. Gips ist wasserlöslich und quillt bei Zutritt von Wasser erheblich auf.

Als Besitzer eines Gebäudes darf man nicht verwundert sein, wenn die eben genannten Effekte bei Feuchtigkeit zwar langsam, aber stetig stattfinden. Kommt aufsteigende Bodenfeuchte mit Salzen aus dem Boden dazu, dann wird das Porenvolumen im Putz schrittweise aufgefüllt. Wasser aus der Luft oder aus dem Boden sorgt für ein Quellen der Salze; der Kalk im Putz wird langsam umgebaut oder auch ausgelöst, der Putz liegt stellenweise hohl (Klopfprobe). Nach einigen Jahren können die Sandkörner im Putz oder Mörtel die Bindung völlig verlieren, weil der Kalk fehlt.

Der Temperaturunterschied zwischen Sonne und Schatten liegt hier bei 9,1 Grad.

Die jahreszeitlichen Schwankungen im Feuchtehaushalt rund um eine Wand bewirken, zusammen mit dem Abbau des Kalks, dem Quellen von Gips und der Einlagerung von Salzen in alle Hohlräume, ein stetes Arbeiten rund um die Sandkörner, bis sie keinen Zusammenhalt mehr haben. Der Putz weist Beulen nach außen auf, rückt von der Wand ab und fällt zum Ende des Prozesses ab. Es entstehen die bekannten Löcher und Flecken im Putz.

Zementputze

Putze auf Zementbasis sind unempfindlich gegen Wasser und widerstehen chemischen Angriffen auch besser als Kalkputze. Sie werden oft als Maßnahme gegen Spritzwasser und Ähnlichem eingesetzt, vor allem im Nassbereich. Bei der Sanierung von feuchten Wänden sperren diese Putze den Feuchtetransport nach außen ab, die Situation wird dadurch indes nur optisch, für ein paar Jahre, verbessert.

Interessant sind auch die Vorgänge in einer Ziegelwand, die mit einem Zementputz versehen worden sind: Hatte die Wand ursprünglich 10 % Wassergehalt, also noch unterhalb der Wahrnehmungsschwelle, so akkumuliert sich das Wasser hinter der Sperrschichten im Ziegel bis zu einem Maximalwert von 300 Liter je Kubikmeter. Dieser Prozess dauert etliche Jahre bis Jahrzehnte, bis sich die Feuchte oberhalb der Putzgrenze sehr unangenehm bemerkbar macht.

Die Pflanze und die Risse im **Bild 1-30** zeigen die tatsächliche Entwicklung: Der Zementputz hat anscheinend nicht ausreichend Haftung am Ziegel gefunden. Die Wand ist so feucht, dass im Riss von der Absprengung bereits Pflanzen wachsen können. Eine Feuchtemessung würde nur die zu erwartenden hohen Werte bestätigen.

Zementputz ist sehr dicht und lässt keine Feuchtigkeit durch. Die Feuchte steigt in den Wänden hoch und selbst Pflanzen wissen das Angebot zu nutzen.

1-30 Zementputz im Sockelbereich und Verblechung als Schutz gegen Regenwasser, vor ca. 20 Jahren ausgeführt

Der Wärmeschutz einer trockenen Ziegelwand geht unter diesen Bedingungen natürlich verloren. Der Heizenergiebedarf steigt und das Klima im Raum wird unangenehm, weil die Wände nicht mehr warm werden. Den gleichen Effekt kann man auch mit Verfliesungen und dichten Farbsystemen auf Kunststoffbasis oder Ölfarben erreichen.

Lehmputze

Lehmputze werden als naturnah, technikfern, atmungsaktiv und ausgleichend beworben und öfters eingesetzt. Besonders die ausgleichende Wirkung zwischen der Raumluft, Luftfeuchte und dem Baukörper wird als Argument für Lehmputze genannt. Lehmputze reagieren fast nicht auf die Angriffe der in der Umwelt vorhandenen chemischen Substanzen (z. B. Kohlendioxid oder Schwefeloxide). Durch die große innere Oberfläche werden viele Schadgase langsam absorbiert und bleiben im Inneren liegen.

Die Putze werden mit einer Stärke von mehreren Zentimetern bis über einen Dezimeter aufgetragen. Allerdings sollte der hohe Feuchtegehalt dieser Putze schon beim Auftragen beachtet werden, der Wassergehalt beträgt nämlich bis zu 40 Gewichtsprozent. Dicke Schichten von Lehmputz benötigen daher eine entsprechend lange Trocknungszeit, da mehrere 10 Liter Wasser je m^2 Putzfläche verdunsten müssen.

Der Verdunstungsprozess wird durch die extrem feine Körnung des Lehms drastisch verzögert, da nur sehr feine Kapillare vorhanden sind. Eine oberflächliche Trockenheit kann noch erhebliche Feuchtemengen im tieferen Bereich verdecken. Die Schwindung des Putzes beim Trocknen hinterlässt Trocknungsrisse an der Oberfläche, die aus optischen Gründen mit frischem Lehmputz (und Wasser) wieder zugestrichen werden.

Bei feuchten Wänden müssen Lehmputze als weitgehend dicht angesehen werden. Sie fördern das Trocknen in geringem Ausmaß, was auch von der Stärke der Schicht und der Zusammensetzung des Putzes mit Sand und Magerungsmitteln wie Stroh, Fasern etc. abhängt.

Gipsputze

Häufig werden im modernen Wohnbau Putze auf der Basis von Gips verwendet. Die Mischung ist oft gegen Feuchte stabilisiert, ein Einsatz bei feuchten Wänden oder höherem Feuchteandrang wie in Bädern oder Küchen sollte nicht erwogen werden. Gipsputze tendieren bei Feuchte gegenüber Kalkputzen oder Lehm auch leichter zu Schimmel.

Farbschichten, Oberflächenschichten

Die bisherige Beschreibung zeigt, dass viele Wände einen regen Austausch mit ihrer Umgebung durchführen. Feuchtigkeit wird bei Überschuss aus der Luft aufgenommen oder bei Mangel abgegeben, aufsteigende Feuchte kann nach außen und innen verdunsten.

Gerade bei alten Bauten sollte diese Eigenschaft der Wände erhalten werden. Nur eine offenporige Wand kann auch Schadgase wie CO, CO_2 und viele andere aufnehmen und neutralisieren.

Bei einem intakten Bauwerk, vor allem bei einem älteren, besteht immer ein Gleichgewicht zwischen dem Zugang an Wasser in das Mauerwerk und der Abgabe von Feuchte in die Umgebung. Wird dieses Gleichgewicht durch z. B. dichte Schichten [1] wie Kunststofffarben oder Fliesen im **Bild 1-31** behindert, dann sammelt sich dahinter die Feuchte [2] in der Wand, weil sie nicht mehr an der Oberfläche abtrocknen kann. Mit einer einfachen Farbschicht an der falschen Stelle beginnt ein Durchfeuchtungsprozess mit oft schlimmen Folgen: Die Feuchtigkeit steigt nach oben, sie sammelt sich nach dem Glaser-Diagramm an den kühlsten Stellen unter der Schicht; bei Frost z. B. wird diese Schicht vom Untergrund abgesprengt. Es entstehen die bekannten Blasen [3] an der Außenseite, das Hohlliegen der Putze oder ein unerwünschter Schaden, obwohl alles gut gemeint war.

Das Farbsystem muss zum Gebäude passen, aber nicht in der Tönung, im Aussehen, sondern von der Funktion her.

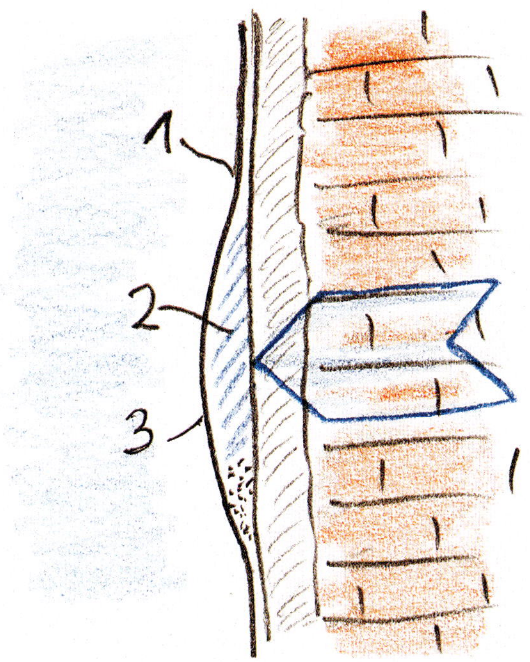

1-31 Blasenbildung an der Außenwand

Dichte Kunststofffarben sollten, außer für Sonderzwecke wie Dichtwannen nicht eingesetzt werden; sie bewirken nämlich die Bildung von Hohlräumen.

Gelegentlich werden auch **Sanierputze**, die ohnehin schon durch die Vorgänge in der Wand belastet werden, wegen Regen oder Spritzwasser mit einer dichten Farbschicht versehen. Damit kann der Sanierputz aber seine Aufgabe nicht mehr erfüllen, nämlich die Feuchtigkeit nach außen abzuleiten, und es kommt in kürzester Zeit zu den genannten Schäden.

Die folgenden **Bilder 1-32** und **1-33** zeigen wie in einem Lehrbuch alle Effekte:

- Oben wurde eine dichte Farbe aufgetragen, wahrscheinlich auf Kunststoffbasis, da sie sich in elastischen Flächen ablöst. Die Farbschicht fällt flächig ab, weil das Mauerwerk darunter keinen Zusammenhalt mehr hat.
- Das Mauerwerk selbst weist im oberen Bereich feine inselartige Strukturen auf, die durch die eingelagerten Salze entstehen. Sie reichern sich unter den Rissen in der Farbschicht an, weil dort das Wasser verdunsten kann. Der Putz löst sich durch das Wasser, die Salze und das Quellen der Kristalle wegen des wechselnden Feuchtegehalts auf, der Kalk wird schrittweise ab- und umgebaut sowie ausgetragen. Es bleiben die Salzkristalle und die Sandkörner übrig, allerdings ohne Zusammenhalt, wobei das Salz immer wieder in Lösung geht, je nach Witterung und Feuchtegehalt der Wand.
- Der hellere Putz auf den Sockel war vermutlich ein Sanierputz auf Zementbasis. Er wurde ziemlich dünn auf den Bestand aufgetragen, so dünn, dass im unteren Bereich bereits der alte Putz wieder hervorschaut. Die nur wenige Millimeter dicke Lage an Putz konnte dem Angriff von Feuchte von der Rückseite nicht lange standhalten. Der Sanierputz löst sich flächig vom alten Putz ab.
- Das dunklere Band darunter zeigt Reste einer Färbelung des Sockels, vermutlich ebenfalls auf Kunststoffbasis. Die Farbe geht flächig ab, wird vom Wind und Spritzwasser abgetragen. Die Wasserdampfdiffusion durch den Sanierputz ist größer als durch die Farbschicht aus Kunststoff, weshalb sich im ersten Schritt des Abbaus ein „Dampfpolster“[8] zwischen dem Putz und der Farb-

Feuchtigkeit, Salze und Frost hinterlassen die unerwünschten Blasen im Außenputz. Abdichtungen in mehreren Lagen werden in der Reihenfolge der Dichtheit gegen Dampfdiffusion abgebaut. Je dichter, desto früher erfolgt der Abbau.

1-32 Typische Feuchteschäden nach einer Sanierung

8 Genau genommen ist es mit Feuchte gesättigte Luft, die nachts an der Außenseite kondensiert, den Kalk anlöst oder Zement zusammen mit den Salzen abbaut, bis die Farbschicht die Haftung verliert. Den Rest besorgen die Salze im Mauerwerk, die auskristallisieren und dabei eine beachtliche Kraft entfalten.

1-33
Optisch perfekte Sanierung mit dichten Putzen, nach 20 Jahren

Der Putz ist dicht, die Feuchtigkeit weicht nach oben aus.

schicht bildet. Zusätzlich löst das Wasser, zusammen mit den Salzen, auch den Zement auf.

- Trotz der Diffusion der Feuchte durch den Sockel hat der Sanierputz die Feuchte weiter in die Höhe getrieben, wie der deutliche Schaden oberhalb der Sockellinie zeigt.
- Wesentlich verschärfend wirkt die Asphaltdecke von der Straße, die jede Trocknung unterhalb der Bodenniveaulinie verhindert und die Bodenfeuchte in das Mauerwerk treibt. Eine trockene Straßenoberfläche sagt gar nichts über die Bedingungen darunter aus. Die scheinen jedoch sehr gut zu sein, wie die häufigen, oft massiven Wurzelschäden unter asphaltierten Geh- und Radwegen zeigen, wenn Bäume in der Nähe sind.

Nach einigen Jahren zeigen sich die Effekte einer Sanierung mit dichten Schichten wie im **Bild 1-33**: Erst kommt die Farbschicht herunter, später löst sich die härtere und dichte Deckschicht. Der Putz darunter wird entmineralisiert, der Kalk löst sich durch das Wasser und die Salze auf.

Der Sanierputz hält auf der Wand, nur die Feuchte hat sich oberhalb eine **Verdunstungszone** geschaffen. Der originale Putz ist bereits bis auf die Ziegel abgefallen. Der Sockel zeigt schon stärkere Verwitterungsspuren und **Ausblühungen** der Salze.

Das Haus selbst ist, wenn nicht bald eine Sanierung getroffen wird, nahe am Verfall, weil im nächsten Schritt die Holzteile durch Pilzbefall abgebaut werden.

Salze im Mauerwerk

Salze spielen bei Feuchteproblemen eine große Rolle. Jeder Baustoff hat einen meist geringen Anteil an wasserlöslichen Salzen, der bei Wasserzutritt in Lösung geht. Wasserzutritt heißt nicht, dass Wasser in flüssiger Form an oder in die Wand kommt. Es reicht die Kondensation aus der Luft aus, um erhebliche Probleme zu verursachen. Die wesentlichen chemischen Elemente für verschiedene Salze sind im normalen Mauerwerk vorhanden: Kalzium vom Kalk, Chlor von der Salzstreuung der Straßen, Magnesium aus dem Boden, Stickstoff- und Schwefelverbindungen aus der Verbrennung und aus dem Boden sowie Kohlensäure. Mit diesen Elementen ergibt sich eine Spielwiese von Salzen, die bei 25 °C ab 29 % rel. Luftfeuchte bereits flüssig sind.[9]

Kalk reagiert z. B. mit Schwefelsäure zu Gips, und zwar mit einer Zunahme des Volumens um fast das Doppelte. Damit haben sich die ursprüngliche Zusammensetzung und die Eigenschaften des Putzes grundlegend geändert, die neue Mischung ist wasserlöslich und nicht so fest. Allein die Wasseraufnahme von Kalziumoxiden und verwandten Baustoffen

1-34 Flächige Ausblühungen von Salzen und Absprengungen bei den Farbschichten

bis zum Eisen sorgt stets für eine Zunahme des Volumens, was sich in Absprengungen bemerkbar macht.

Wenn die Gebäude einst als Stall genutzt wurden oder an der Hauswand Mist gelagert wurde, dann ist auch **Nitrat** in die Wand eingedrungen. Diese Salze sind Verbindungen der Salpetersäure und wurden lange Zeit als **Saliter** bezeichnet. Dünger können ebenso in die Wand eindringen und Schäden verursachen.

Die Kristalle üben auf die Umgebung eine Kraft aus, die mit mehreren 1000 kg je cm^2 angegeben wird. Beim **Auskristallisieren** nimmt die Substanz an Größe zu, wobei alle im Weg stehenden Körper weggeschoben werden. Auf dieser Wirkung beruhen auch die Quellsprengstoffe, die mit Wasser angerührt werden und im Bohrloch langsam, aber sehr nachhaltig massive Felsen sprengen können. Im **Bild 1-34** sieht man, wie die Kristalle die Farbschicht einfach wegdrücken.

Nur bei sehr trockener Luft zu sehen: einer der Verursacher von Mauerwerksschäden, die Salze in der Wand

1-35 Struktur von Kristallen am Mauerwerk: Die Risse mit verstärkter Verdunstung sind klar zu erkennen, in der Mitte ist bereits ein flächiges Ausblühen zu sehen.

Die Kristalle lösen sich sehr leicht bei erhöhter Luftfeuchte wieder auf und sind dann als Lösung im Mauerwerk vorhanden. Bei nächster Gelegenheit, wenn die Luft trockener wird, bilden sie sich wieder neu und sprengen dabei weitere Teile vom Putz ab.

Die Nahaufnahme in **Bild 1-35** zeigt anhand der dort massiven Kristallbildung deutlich die feinen, nur mit dem Mikroskop sichtbaren Risse, aus denen die Kristalle wachsen. Bei jedem Kristallisationsvorgang werden die Sandkörner nur um Mikrometer bewegt, aber in kurzer Zeit ist die Verbindung zum Untergrund gelöst: sie fallen heraus, es entsteht ein Loch. Die Mauersalze sind nicht immer zu sehen: Regen und feuchte Luft lassen sie binnen Minuten in Lösung gehen und sie sind nicht mehr sichtbar.

9 Hygroskopizität der Salze und Gleichgewichtsfeuchte; siehe Salzwiki: http://193.175.110.91/salzwiki/index.php/Hygroskopizit%C3%A4t_der_Salze_und_Gleichgewichtsfeuchte (zuletzt eingesehen im November 2016).

1-36 Feststellen von Mauersalpeter

Mit dem Feuerzeug lässt sich Mauersalpeter, das häufigste Salz, leicht nachweisen. Die Kristalle verbrennen als Sauerstoffträger ohne Rückstände.

Zwischen Schimmel und Mauersalzen kann sehr einfach mithilfe eines Feuerzeugs unterschieden werden: Die Salze sind oft Sauerstoffträger und „verbrennen" ohne Asche und Geruch, beim Schimmel bildet sich ein schwarzer Kohlenstoffrest; es riecht nach verbranntem organischem Material. Auch beim Berühren zeigen sich wesentliche Unterschiede: Die Salze zerfallen ohne großen Widerstand sofort, während sich ein Schimmelpolster ähnlich wie Watte anfühlt. Optisch sind die Salze immer weiß bis weißlich; die Schimmel können alle Farben von Weiß im Frühstadium bis Schwarz aufweisen, je nach Pilzart und Substrat, das befallen wird.

Die häufigsten Salze werden aus Baustoffen und Umwandlungsprodukten gebildet; es handelt sich hier z. B. um Kalzium mit Wasser und Schwefel zu Gips mit dem doppelten Volumen, Kalzium und Chlor vom Abtauen der Straßen im Winter sowie Nitrate. Damit ist die Liste noch lange nicht zu Ende; sowohl im Boden als auch in den Baustoffen können die unterschiedlichsten wasserlöslichen Salze vorhanden sein.

Wegen der **Sprengwirkung** sollte jedes Mauerwerk auch auf Salze untersucht werden. Über das Jahr hinweg bilden sich bei gleichförmigen Bedingungen an der Wandoberfläche die bekannten Salzbögen aus. Darunter ist es feucht, oberhalb der Salzzone wird es in der Regel sprunghaft trockener.

Wertung der Durchfeuchtungsprozesse

Der Transport von Feuchte nimmt eine zentrale Rolle bei jedem Gebäude ein. Jeder Besitzer eines bewohnten Bauwerkes muss sich deshalb mit dem Problem der Feuchte auseinandersetzen, sei es mit großem technischem und finanziellem Aufwand für Be- und Entlüftungssysteme, sei es mit dem stillen, bislang kaum beachteten Feuchtetransport durch die Außenwände, wie dieser seit Jahrtausenden praktiziert wird.

Bei den historischen Baumethoden mit Stein, Ziegel, Mörtel und Putzen wurden die Werkstoffe oft sehr weise eingesetzt, um aufsteigende Feuchte zu sperren. Im aufgehenden Mauerwerk war nur mehr der Feuchteüberschuss der Lebensvorgänge zu beachten, der in historischen Zeiten gegenüber der heutigen Lebensweise wesentlich geringer war. Die offenporigen Ziegel, Mörtel und Putze konnten den Transport nach außen leicht durchführen, weshalb diese Bauten lange Zeiträume überdauern konnten.

Mit der industriellen Bauweise hat sich die Situation grundlegend geändert. Anstelle dichter Steine für Fundamente wurden die preiswerteren Ziegel verwendet, womit ein Docht für die Feuchtigkeit geschaffen worden ist. Falls überhaupt eingebaut, konnten Zwischenlagen von Teerpappe die Durchfeuchtung einige Zeit behindern, doch sind bei den Altbauten diese Dichtungen inzwischen verrottet; sie zerbröseln wie schlechte Braunkohle oder Torf. Die Bodenfeuchte wird vom trockenen Ziegel angesaugt und immer weiter transportiert, bis ein Gleichgewicht zwischen der Wasseraufnahme und der Verdunstung erreicht wird. Die Verdunstungszonen zeigen dann die üblichen Bilder mit Salzrändern und abfallendem Putz.

1-37 Abschlagen des Sanierputzes nach ca. 15 Jahren: Die Feuchtigkeit in der Ziegelwand ist durch die dunkle Färbung deutlich zu erkennen.

Eine der üblichen Maßnahmen besteht darin, den Putz abzuschlagen, wie im **Bild 1-37** die Mauern freizustellen und

1-38 „Erfolg" der Sanierung nach einem Jahr: Es bilden sich erste Blasen und auch Ablösungen sind bereits erkennbar.

über viele Monate bis Jahre trocknen zu lassen. Das Gebäude sieht in dieser Phase nicht gerade vorteilhaft aus, die Nutzung ist behindert und, falls bewohnt, steigen die Heizkosten, weil der Außenputz fehlt und die Verdunstung Wärme braucht. Reicht die Trocknung aus, dann wird der Sanierputz aufgetragen und für die nächsten Jahre, vielleicht für ein, zwei Jahrzehnte, herrscht scheinbare Ruhe. Scheinbar deshalb, weil die Feuchte langsam wieder in das Mauerwerk steigt und damit den nächsten **Sanierungszyklus** wie im **Bild 1-38** notwendig macht.

Zahlreiche Fehlinterpretationen wie Regenwasser, Spritzwasser etc. als Ursache führen bis heute zu Fehlentscheidungen bei der Sanierung. Anstelle einer Verbesserung des Verdunstens wird mit schlimmen Folgen für die weitere Nutzung der Gebäude mit dichten Materialien über die Feuchtegrenze verputzt, verfliest, eingefärbt etc. Das Ergebnis: Die Feuchte steigt höher, die Räume werden kälter, an der Dichtschicht im Inneren bildet sich sogar sichtbares Kondensat. Schimmel und Verfall sind die Begleiter dieser Sanierungen. Um die Katastrophe perfekt zu machen, fehlt nur mehr eine dichte Styroporschicht außen **(Bild 1-39)**, um ein muffig-feuchtes Klima in jeder Etage zu erreichen.

Weil die preiswerteren Maßnahmen nichts geholfen haben, müssen nun teurere her: Durchschneiden der Gebäude, Einschieben von Edelstahlblechen [1], chemische Sperrschichten und ähnliche Maßnahmen sollen der Feuchte ein

1-39 Vollsanierung und Leiten der Feuchtigkeit

Bringt die thermische Vollsanierung eine für die Feuchte dichte Schicht mit sich, dann kann das Trocknen nur nach innen erfolgen.

Ende bereiten. Naheliegende Überlegungen, nämlich wie z. B. die Feuchte in die Wand kommt [2], werden oft nicht mehr angestellt; auch ausreichende Analysen des Baukörpers sind selten zu sehen. Gedanken, in welche Richtung [3] die Feuchte gelenkt werden soll, gibt es im Regelfall nicht. Es wird nicht geklärt, ob sie nach außen abtrocknen soll oder nach innen. Sie soll nur „verschwinden", was bei bis zu 300 Liter Wasser je Kubikmeter Ziegel ein interessantes Vorhaben darstellt. In diesem Fall kann nur mehr ein Luftentfeuchter helfen.

Die Feuchtigkeit hat auch großen Einfluss auf die **Wärmeleitfähigkeit der Ziegel**. So gibt Wikipedia unter dem Schlagwort „Wärmeleitfähigkeit" für Vollziegel einen Wert λ von 0,5 bis 1,4 W/mK an. Diese Zahlen lassen mittels des Artikels „Wärmeleitfähigkeit von Ziegelmauerwerk im historischen Wandel"[10] exakter definieren: Pro 1 % Feuchtezunahme (bezogen auf die Masse) verbessert sich die Wärmeleitfähigkeit um 3 %. Wird eine Sättigungsfeuchte für Ziegel von 30 % angesetzt, dann deckt sich diese Zahl mit dem Wert in Wikipedia.

10 http://www.unipor.de/sites/default/files/amz_bericht_08_2005.pdf (zuletzt eingesehen im November 2016).

Für die Praxis bedeutet der erhöhte Wärmedurchgang, dass bereits von Feuchte betroffene Stellen die Wärme bis zu drei Mal besser nach außen leiten. Dieser Effekt lässt sich auch mit dem Temperaturprofil einer Wand, das mit einem Strahlungsthermometer ermittelt werden kann, deutlich nachweisen. Eine tiefere Oberflächentemperatur bedeutet aber, dass die Feuchte aus der Raumluft früher kondensiert und die Durchfeuchtung somit weiter gefördert wird. Für die **Energiebilanz eines Gebäudes** bedeutet die Feuchtigkeit in den Wänden eine massive **Erhöhung des Wärmebedarfs**. Allein der bessere Wärmedurchgang kann den Wärmebedarf verdoppeln, in besonders schlechten Fällen verdreifachen. Auch die enorme Wassermenge in den Wänden treibt den Energiebedarf in die Höhe, da die vielen Kubikmeter Wasser ebenfalls erwärmt werden wollen. Das Gebäude wirkt somit ständig dumpf, unangenehm und wird nie warm, selbst bei massivem Heizen.[11]

Bei Laborversuchen müssen alle Randbedingungen beachtet werden.

Trocknung benötigt Wärme, weil die Verdunstung Energie absorbiert. Somit werden die betroffenen Räume kühler und feuchter, was keine gute Voraussetzung für die Nutzung als Wohn- oder Lebensraum ist.

Laborversuche und Feuchte

Seit vielen Jahren wird immer wieder versucht, die Probleme der Feuchte im Labor zu simulieren, wie **Bild 1-40** zeigt. Üblich ist, Ziegel [1] oder Mauerwerk in eine Wanne mit Wasser [2] zu stellen, um dann mit viel Aufwand nachzuweisen, wie hoch die Feuchte steigt [3] und was sonst noch passiert. Die Beschreibung bisher erklärt auch, warum diese Versuche (die der Autor im Übrigen auch gemacht hat ...) scheitern mussten. Die mittlere Luftfeuchte der Außenluft liegt bei 80 % rel. Feuchte und mehr. Die mittlere Luftfeuchte in einem Labor liegt bei 40 bis 60 %, weil sonst die Einrichtung und die Messgeräte defekt werden.

Die Säulen selbst sind in der Regel freistehendes Mauerwerk ohne Putz und sonstige Schichten. Damit bestehen optimale Bedingungen für das Verdunsten der aufsteigenden Feuchte auf allen vier Seiten einer Säule, ein Idealfall, der in der Praxis nie eintritt. In der Regel pendelt sich die feuchte Zone auf eine Höhe von ein paar bis hin zu einigen zehn Zentimetern ein, weil der Transport der Feuchte durch die Kapillaren und die Verdunstungsrate bei dieser Höhe im Gleichgewicht liegen.

Werden die zu untersuchenden Sperren oder was sonst noch untersucht werden soll oberhalb dieser Verdunstungszone gelegt, dann kann jeder Nachweis, von der absoluten Entbehrlichkeit bis zum hundertprozentigen Wirken, belegt werden.

Tatsache ist, dass die Wasseraufnahme von porösen Materialien durch die Porenstruktur und die benetzte Fläche bestimmt wird. Für eine Steighöhe von 100 mm muss der Durchmesser der Poren sehr klein sein, im Bereich einiger tausendstel Millimeter. Damit kann durch diese Kapillaren nur ziemlich wenig Wasser transportiert werden. Oberhalb der Wasseroberfläche beginnt bei den Probesäulen das Verdunsten, während bei den meisten Bauten ein dichter Putz diese Wasserabgabe eben verhindert oder sehr erschwert. Die Aufgabenstellung läuft auf ein Rechenbeispiel der Transportleistung der Probesäule in den Kapillaren und der Verdunstung hinaus. Ist die Verdunstung gleich groß wie die kapillare Saugleistung, dann besteht ein Gleichgewicht, mit den Randbedingungen Porendurchmesser, Oberflächenpotenzial, relative Feuchte der umgebenden Luft, Luftbewegung und Wärmefluss.

1-40 Steighöhe der Wandfeuchte im Labor

11 Energiesparen bei der Raumwärme führt geradewegs in diese Durchfeuchtung der Wände. Werden Zimmer „abgestellt" und nicht beheizt, dann hat die warme, feuchte Luft aus den noch beheizten und genutzten Räumen die besten Voraussetzungen, an den kalten Wänden laufend zu kondensieren und in einigen Jahren einen massiven Feuchteschaden zu produzieren. Besonders effizient ist das Wäschetrocknen in diesen sonst kalten und nicht benutzten Räumen, weil mit jedem Kilo Wäsche rund ein halbes Kilo Wasser in die Luft und damit auch in die Wände geht. In nur einem Jahr können auf diese Weise mehrere 100 kg Wasser in die Wände gebracht werden.

II. Analytik

Die **Analytik** hat die Aufgabe, den Ist-Zustand eines Mauerwerks bezüglich des Wassergehalts mit Zahlenwerten zu beschreiben. Zahlenwerte sind notwendig, damit vergleichbare Werte zustande kommen. Schließlich sollen nachvollziehbare und vergleichbare Daten eine Basis für die Maßnahmen geben. Zu empfehlen ist in diesem Zusammenhang z. B. das Buch „Bauwerksdiagnostik bei Feuchteschäden" (► Literatur, S. 161).

Eine Zielsetzung dieser Studie besteht darin, mit einem sehr preiswerten Instrumentarium Versuche und Untersuchungen selbst durchführen zu können. Mit Interesse an der Sache lassen sich viele der Aussagen jederzeit bestätigen, die damit zu den Erkenntnissen über die eigenen Gebäude und Wohnungen beitragen. Alle genannten Geräte sind unter 100 Euro zu bekommen, manche kosten oft nur 20 oder 30 Euro. Die Investition ist auf alle Fälle günstiger, als sich unkontrolliert und unvorbereitet auf beliebige Gutachten zu verlassen. Zusätzlich sollte der Einsatz der verwendeten Messgeräte dahingehend kritisch überlegt werden, ob und wie weit diese Geräte für die Aufgabe geeignet sind.

Die Anleitung für ein Messgerät ist Bestandteil des Gerätes selbst (EU-Definition). Die Handhabung soll daher nach den Anweisungen in der Anleitung erfolgen. Grundsätzlich soll die Messsituation ungestört sein, z. B. ein Hinblasen auf die Sensoren ist absolut kontraproduktiv.

Temperaturmessungen

Lufttemperatur und Luftfeuchte

Die Aufgabenstellung „Temperatur messen" klingt sehr einfach und doch werden dabei viele Fehler gemacht. Die erste Frage ist, welche Temperatur überhaupt gemessen werden soll. Handelt es sich um die Lufttemperatur, dann wird ein übliches elektronisches Temperatur- und Feuchtemessgerät für die Luft die beste Wahl sein. In der Betriebsanleitung stehen meistens Hinweise zur korrekten Handhabung des Geräts, um brauchbare Messwerte zu erhalten.

Bei kritischen Messungen sollte die Messsituation in einem Bild festgehalten werden. Das Mitregistrieren des Außenklimas (Temperatur, Feuchte der Luft, Niederschläge, Nebel, Sonne, Wind …) sowie von Uhrzeit und Datum sollte immer erfolgen, um auch einen Bezug zu den Umgebungswerten zu erhalten. Bei strittigen Situationen würde sonst das Klima der nächsten meteorologischen Station als Referenz herangezogen werden und die Daten müssen gekauft werden.

Oberflächentemperatur

Die Messung der Oberflächentemperatur erfolgt zur Orientierung mit einem Strahlungsthermometer, die heute schon sehr preiswert und ziemlich genau sind. Vergleichsmessungen sollten immer mit demselben Thermometer gemacht werden, weil die relativen Unterschiede oft wertvolle Hinweise auf die Eigenschaften eines Bauteils geben. Selbstverständlich dürfen die zu messenden Flächen mindestens 10…20 Minuten vor der Messung nicht berührt werden, um die tatsächliche Si-

2-1 Fühler an der Außenwand mit Kleber fixiert

Klebstreifen, Malerkrepp, halten nur ein paar Tage und fallen von selbst ab.

tuation zu erfassen. Wärmestrahlung von der Sonne oder der Heizung können auch für fehlerhafte Ergebnisse sorgen. Sehr hilfreich ist der Einsatz einer Infrarotkamera für Wärmebilder (10...15 µm Wellenlänge; nicht zu verwechseln mit Nachtsichtkameras mit Infrarot im nahen Bereich – NIR mit Wellenlängen um 900...1400 nm). Die Wärmebildkamera zeigt die Verdunstungszonen sehr deutlich; zahllose Einzelmessungen kann man sich damit ersparen.

Bauteiltemperatur, Temperatur zwischen Schichten und in Bauteilen

Für die Messung der Temperatur in Bauteilen und zwischen Schichten gibt es Thermometer mit Einstechfühler. Höherwertige Temperaturmessgeräte (**Bilder 2-1** bis **2-3**) verwenden **Thermoelemente**, von denen die einfachste Variante aus einem dünnen Doppeldraht mit Messpunkt besteht. Diese Sensoren sind für den Verbrauch bestimmt, sie kosten wenige Euro je Stück und können in den Messbereich fix eingebaut oder eingeklebt werden. Die Drähte sind nur etwas mehr als 1 mm dick und können in viele Fugen, Ritzen, kleinste Bohrungen etc. gesteckt werden. Die Thermoelemente gibt es mit Drahtlängen bis 10 m, es können auch entlegene Messstellen überwacht werden.

2-2 Meßfühler zwischen den Schichten

Auch einfache Messaufbauten können wertvolle Informationen liefern.

Datenlogger

Wer etwas mehr ausgeben will oder kann, ist mit einem Datenlogger mit mehreren Kanälen **(Bild 2-3)** gut beraten. Diese Geräte zeichnen z. B. die Temperaturwerte selbst auf und liefern über die Zeitreihen wertvolle Aufschlüsse zum Verhalten der Bauteile. Mit ähnlichen Geräten kann auch die Luftfeuchte über längere Zeiträume registriert und später ausgewertet werden.

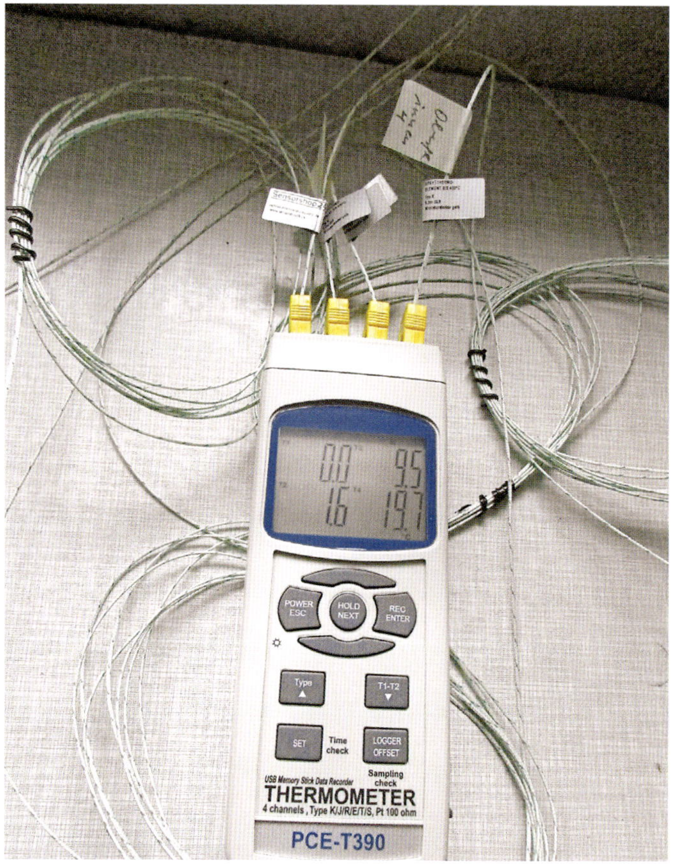

2-3 Datenlogger mit vier Kanälen

Temperaturprofile bei der Querschnittsmethode

Mit dem Datenlogger konnten die beiden Beispiele einer 4-kanaligen Messung an einer wärmegedämmten, südseitigen Wand erstellt werden.

Kanal 1 in Blau zeigt die Temperatur der Außenluft, wobei der Fühler gegen die Einstrahlung der Sonne geschützt ist.

Kanal 2 in Rot zeigt die Temperatur der Oberfläche der Außenwand. Die Außenwand weist einen Wärmeschutz mit 50 mm Styropor auf.

Kanal 3 in Grün misst die Temperatur zwischen der Wärmedämmung und der eigentlichen Wand. Der Fühler liegt im Luftspalt zwischen dem Styropor und der Wand. Auffallend ist, dass die Temperaturen von außen deutlich gedämpft ankommen.

Kanal 4 in Violett misst die Temperatur an der Oberfläche der Wand, innen. Wegen der Masse der Wand reagiert die Innenseite kaum auf die Temperaturen außen.

Bei der Auswertung der Temperaturen über die Zeit im **Bild 2-4** fallen zwei Extremwerte auf: Zwischen 4 und 5 Uhr früh sinkt die Temperatur der Wandoberfläche (rot) deutlich unter die Lufttemperatur (blau) ab. Der Effekt entsteht bei klarem Himmel nachts, weil die Strahlungstemperatur des Himmels bei –40 °C liegt. Über das Jahr können nachts bei sehr klarem Himmel Werte zwischen -40 °C und –65 °C gemessen werden. Selbst im Hochsommer, bei 30 °C Lufttemperatur und zu Mittag, kann die Strahlungstemperatur des Himmels auch –30 °C betragen.

Der zweite Bereich, der auffällt, liegt zwischen 12 und 16 Uhr. Die Temperatur der Wandoberfläche außen, rot, liegt selbst bei einem durchschnittlichen Tag an die 10 °C über der Lufttemperatur. Der größte Teil der Wärme von der Sonne

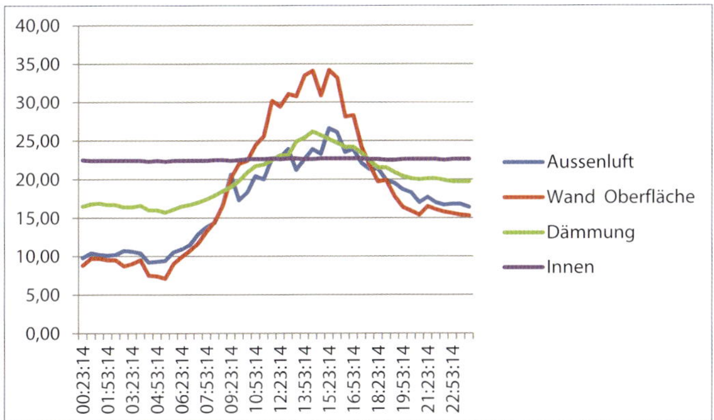

2-4 Querschnittsmessung der Temperaturen bei einer Wärmedämmung

wird in die Atmosphäre abgeleitet. Nur ein geringer Anteil wird als Erwärmung in der Luftschicht zwischen dem Dämmstoff und der massiven Wand wirksam, womit die Wärmedämmung mehr gegen einen Wärmegewinn von der Sonne wirkt und nicht unbedingt als Wärmeschutz für das Gebäude.

Ähnliche Ergebnisse zeigen auch das folgende **Bild 2-5**, das während einer Hitzewelle aufgenommen werden konnte.

Nachts, zwischen 0 und 7 Uhr, liegt die Temperatur der Wandoberfläche außen ca. 2 Grad unter der Lufttemperatur. Tagsüber, ab ca. 9 Uhr, bis 18 Uhr, erreicht die Wandoberfläche Temperaturen bis zu 44 Grad, die Luft schwankt zwischen 30 und 36 Grad. Im Bereich zwischen der Dämmung und der festen Wand kommt die Temperatur langsam auf ca. 31 Grad und liegt damit unter der Lufttemperatur. Die Wand selbst reagiert auf der Innenseite praktisch nicht auf die Temperaturen außen. Gerade bei südseitigen Wänden wird der passive Wärmegewinn von der Sonne durch die klassische Wärmedämmung nicht gerade gefördert.

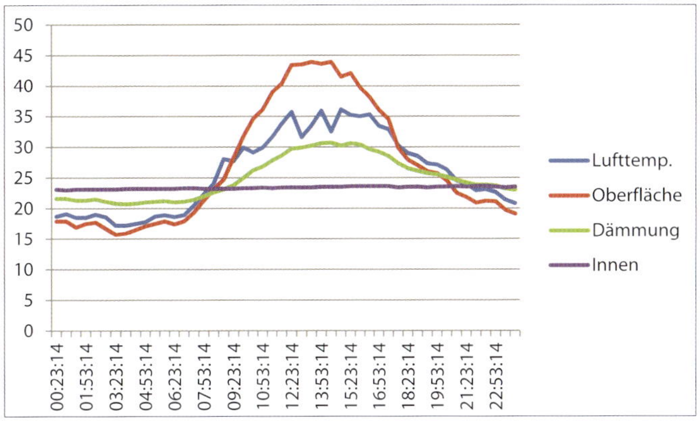

2-5 Hitzeperiode und das Verhalten einer Wärmedämmung: Wärmedämmungen tragen offensichtlich zur Erhöhung der Temperaturen im dicht verbauten Gebiet bei, wie die Maxima der Oberflächentemperaturen gegenüber den Lufttemperaturen zeigen.

Die Speicherfähigkeit einer massiven Altbauwand zeigt sich wenig beeindruckt von einer Hitzewelle. Die Temperatur innen bewegt sich nicht.

Nordseitig liegen die Verhältnisse anders, weil kein solarer Gewinn möglich ist. Ein zusätzlicher Wärmeschutz verhindert überhöhte Wärmeverluste, aber die Speicherfähigkeit massiver Wände, wie bei etlichen Altbauten, verringert die Wirksamkeit des Wärmeschutzes. Schon an den beiden Messbeispielen zeigt sich, dass eine Wand mit 65 cm Mischmauerwerk auf die Tagesgänge der Temperaturen praktisch nicht reagiert. Eine solare Erwärmung des Mauerwerks auf der Innenseite kann eine wirkungsvolle und kostengünstige Alternative darstellen. Die Möglichkeiten werden in den folgenden Kapiteln beschrieben. Weitergehende Untersuchungen sind geplant, die punktuellen Messungen lassen positive Effekte, und zwar sowohl beim Raumklima als auch bei den Kosten, erwarten.

Die Wandoberfläche außen reagiert sehr stark auf die Strahlungsverhältnisse. Die Wärmeflüsse nach innen und nach außen werden durch die Dämmung gebremst.

Nicht zerstörende Messungen am Baukörper

Technische Messungen

Die nicht zerstörenden Messungen hinterlassen keine Spuren an den Messobjekten. Der Vorteil liegt in einer viel größeren Zahl von Werten und einem besseren Einblick in die Prozesse, der Nachteil besteht in der Relativität der Messwerte.

Für die Messungen sind zu empfehlen:

- Thermometer und Hygrometer für die Luftfeuchte, wobei ein höherwertiges Messgerät mit einer raschen Reaktionszeit auf neue Bedingungen gewählt werden sollte

2-6 Vakuumtrocknung im Vakuumgefäß

Moderne Messtechnik

Trocknungswaage mit IR-Heizung, Vakuumkammer für Trocknung von porösen, temperaturempfindlichen Substanzen

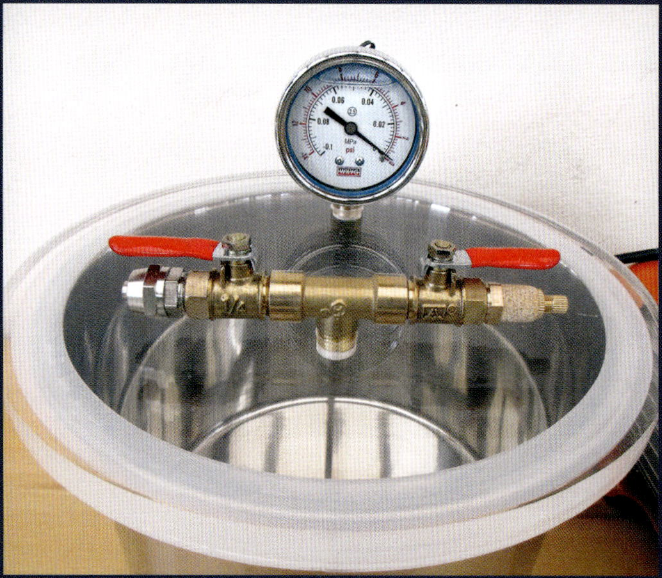

2-7 Vakuumgefäß und Steuerung

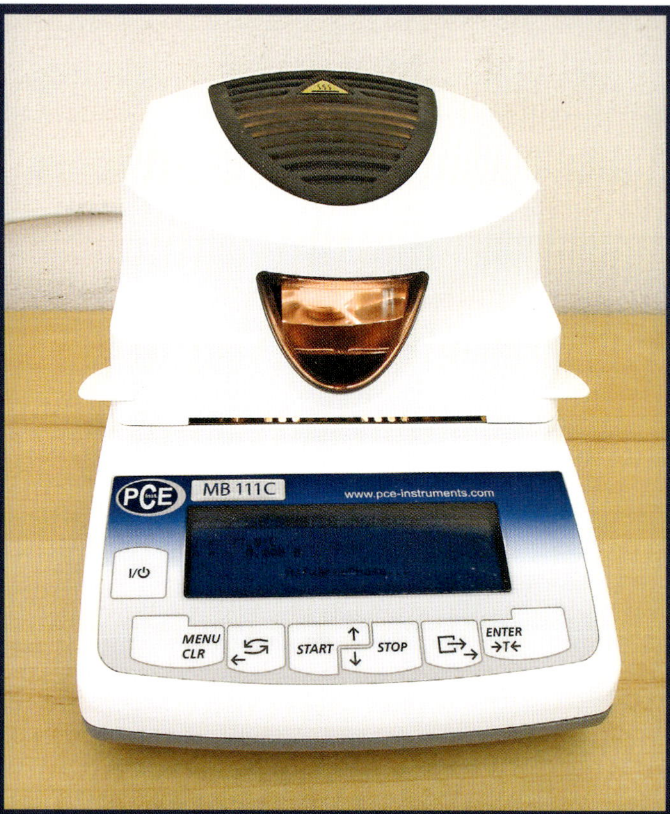

2-8 Automatische Trocknungswaage für Proben

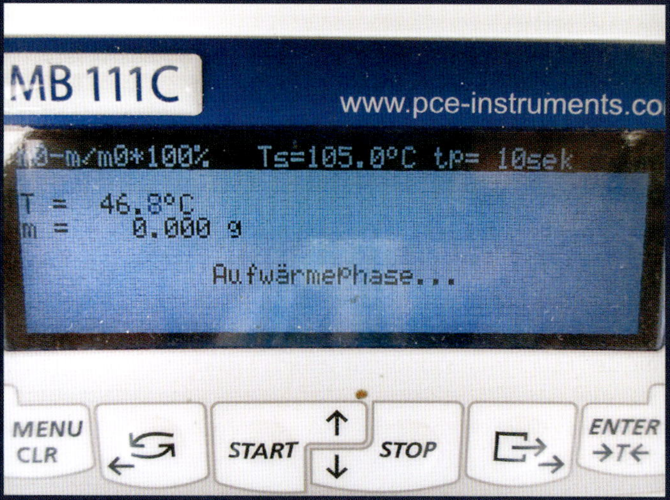

2-9 Anzeige der Trocknungswaage

- ein kapazitives Messgerät für die **Holzfeuchte**, hier für die Wandfeuchte eingesetzt
- ein Feuchtemessgerät (mit Messspitzen) für die Holzfeuchte, hier für den Nachweis von Salzen eingesetzt
- **Infrarotthermometer** mit Laserpunkt
- Maßband, Maßstab
- Fotoapparat
- **Infrarotkamera**

Die Messgeräte in den **Bildern 2-10** bis **2-15** erlauben eine Vielzahl von Kombinationen, wie z. B. das Feststellen der feuchten Bereiche mit Hilfe des kapazitiven Messgeräts, das Feststellen von Zonen mit Versalzungen mittels des Spitzenmessgerätes, die aktive Verdunstung mit dem Infrarotthermometer und der aktuelle Luftzustand mit dem Thermo- und Hygrometer.

Ein großer Vorteil der zerstörungsfreien Messungen besteht im leichten Aufnehmen von ganzen Profilen über Wände und andere Bauteile. Damit lassen sich Feuchtequellen leichter eingrenzen und die Verläufe in der Wand erkennen.

Die nicht zerstörende Messung geht viel tiefer in die laufenden Prozesse ein, sprich: ob die Wand in den Raum abtrocknet oder Wasser aufnimmt, wo Schäden durch Salze und Auslaugung entstehen etc. Für die Auswertung der Vielzahl von Daten ist eine gute Vorstellung über die nicht sichtbaren, nur messbaren Vorgänge in der Wand, im Raum und im Gebäude notwendig.

Als Hinweis auf die Komplexität und wie schnell Ergebnisse zu erhalten sind, sei die Messung der Oberflächentemperatur bei einer feuchten Wand genannt. Mit einem entsprechenden Infrarotthermometer wird die Wand in vertikaler Richtung abgefahren; sehr oft lässt sich ein Temperatursprung um 1…2 Grad feststellen: Die Wand ist plötzlich, im Bereich von wenigen Zentimetern, um diese Temperatur wärmer bzw. kühler. Die geringere Temperatur entsteht durch die Verdunstungskälte der feuchten Wand, der Sprungbereich liegt in der Zone, bis zu der die Feuchte reicht.

Oft sind die feuchteren Zonen aufgrund der dunkleren Färbung schon zu erkennen; die Temperaturmessung, ergänzt mit der Feuchtemessung mit einem kapazitiven Messgerät, bestätigt das Bild. Später, je nach Stärke der Durchfeuchtung, dem Wassertransport und dem Salzgehalt, werden sich an diesen Stellen die bekannten Feuchtespuren ausbilden. Die Schadensbilder können innerhalb weniger Jahre auftreten, aber auch erst in Jahrzehnten. Eine Messung mit einer Infrarotkamera zeigt das **Bild 2-16**.

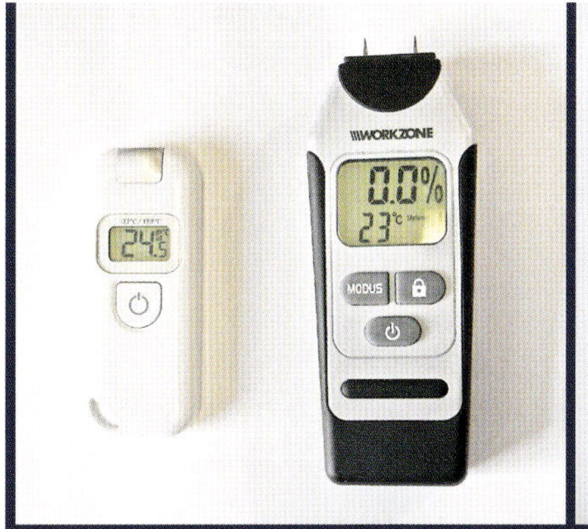

2-10 Infrarotthermometer und Messgerät für Holzfeuchte, mit zwei Messspitzen

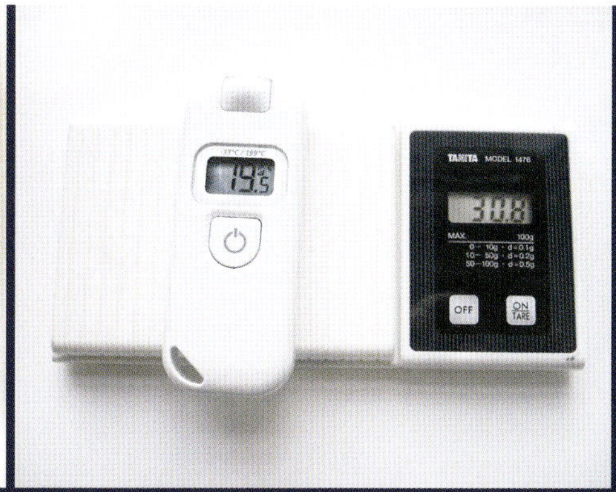

2-11 Infrarotthermometer auf einer kleinen Waage

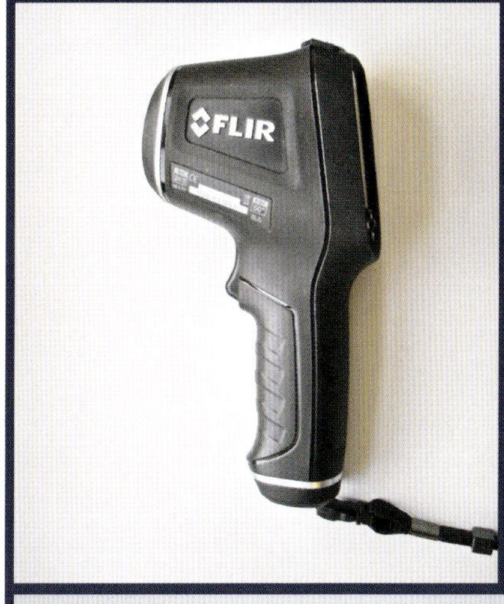

2-12 Feuchtemessgerät für das Feststellen von Feuchte über die Oberfläche, bis ca. 20 mm Tiefe (oben)

2-13 Infrarotkamera, mit der die Bilder für diese Arbeit gemacht wurden (links)

2-14 Preiswertes Temperatur- und Feuchtemessgerät für die Luft

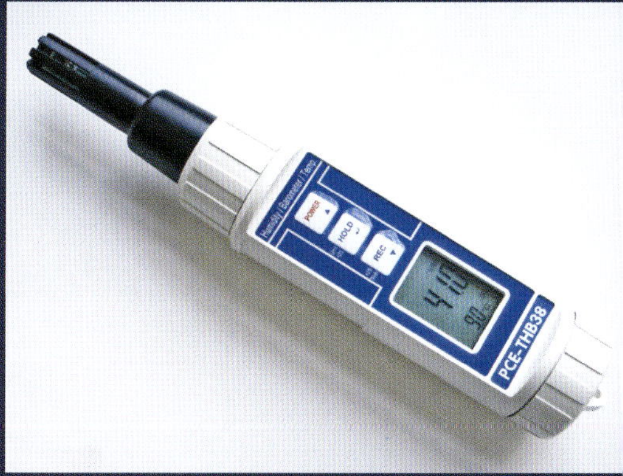

2-15 Professionelles Messgerät für Temperatur, Feuchte, Luftdruck und Kondensationspunkt

2-16 Schadensbild: Feuchte Ecke in einem Gebäude

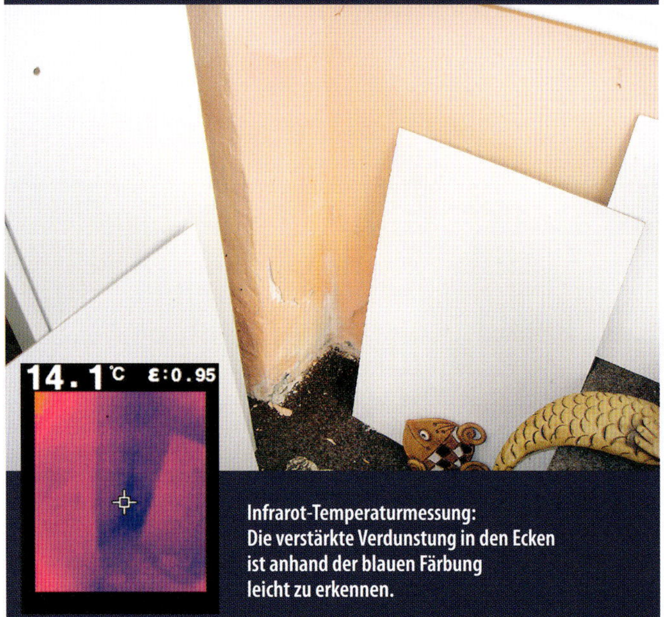

Infrarot-Temperaturmessung: Die verstärkte Verdunstung in den Ecken ist anhand der blauen Färbung leicht zu erkennen.

Die Infrarotkamera mit Temperaturanzeige weist unmittelbar auf die Verdunstungszonen hin.

Sehr hilfreich, aber nicht ganz preiswert, sind Infrarotkameras zur Messung der Oberflächentemperatur. Die Kameras zeigen die Verdunstungszonen auf 1/10 Grad C genau. Beim Einsatz von Infrarotkameras muss die Vorgeschichte bekannt sein, z. B. in Hinsicht auf die Frage, wie lange die Sonne auf die Mauer geschienen hat, um zu brauchbaren Ergebnissen zu kommen. Etliche Beispiele in der Literatur „beweisen" mit Infrarotbildern, die in der Nacht aufgenommen werden, wie schlecht ein Haus gegen Wärmeverluste geschützt ist, vergessen aber oft genug, dass die Sonne die Wände für viele Stunden aufgeheizt hat. Das sind dann diejenigen Fälle, bei denen trotz 100 mm Wärmedämmung die Heizkosten nicht geringer werden.

Naturnahe Messungen

Die Beobachtung des Naturraumes rund um ein Gebäude liefert wertvolle Erkenntnisse ohne jegliche Messtechnik. Wenn aus der Kante oder Fuge in oder zwischen einem Gebäude und dem Erdreich oder der anliegenden Pflasterung bereits Gräser herauswachsen, dann sind sie ein Hinweis für eine ausreichende Feuchte unmittelbar beim Gebäude. Die Tabelle gibt einen Hinweis zu den üblichen Wassermengen, ab denen die betreffenden Pflanzen wachsen:

Pflanzenart	Mindeste Niederschlagsmenge in einem Jahr für das Wachstum
Disteln	250 mm
Hartgräser	400 mm
Wiesenpflanzen	500 mm
Weiche Kräuter	600 … 1000 mm
Weinstöcke, Kiefern	400 mm
Obstbäume	500 mm
Weiden, Eschen, Erlen, Pappeln	Sind Wasserzeiger, das Grundwasser ist in geringer Tiefe zu erwarten, brauchen größere Wassermengen
Fichte, Tanne, Buche	600…1000 mm, nach Baumart
Efeu	600
Moose, Farne	600 mm bis Staunässe
Schilf, Rohrkolben	Staunässe, permanent nass

Tab 2-1

Eine Messung der Bodenproben ist ziemlich entbehrlich, die Pflanzen arbeiten sehr exakt als **Langzeit-Datenlogger**, ohne das Kosten anfallen. Bereits einfache Kenntnisse der Flora lassen ohne Labor gute Rückschlüsse über den Boden und den Wasserhaushalt zu. Laboruntersuchungen zeigen immer nur eine Momentaufnahme, die Langzeitbelastungen scheinen nicht auf.

Bei diesen Messungen ist zu beachten, dass eine dichte Pflasterung (Beton, Asphalt …) das Verdunsten des Bodenwassers erheblich behindert. Die bei offenem Boden verdunstende Wassermenge wird durch die dichte Abdeckung zur Seite geleitet, somit auch dorthin, wo das Gebäude steht. Damit können auch in klimatisch sehr trockenen Gebieten Feuchtenester entstehen, die für verschiedene Pflanzen ausreichen und die natürlich auch das Gebäude betreffen.

Die Nähe der Gebäude ist auch aus einem anderen Grund von besonderem Interesse für die Pflanzen: In den Putzen ist wasserlöslicher Kalk enthalten, der bei vielen Böden fehlt oder in zu geringer Menge vorhanden ist. Die Kalkreste vom Putz, die auf den Boden gefallen sind, wirken lange als mineralischer Dünger.

Auch die Bodenbeschaffenheit lässt sich über die Pflanzen zu einem guten Teil erschließen. Bestimmte Bäume bevorzugen trockene, sandige Böden, andere gedeihen wieder in nassen und schweren Böden besser als auf den trockenen Standorten, wie die folgende Übersicht zeigt:

Baumart	Bodenart
Moorbirke	nasse Standorte, häufig Wasser, sandig
Pappel	sandig, gutes Wasserangebot bis Überschwemmungen
Weide, Esche, Erle	sandige bis schwere Böden, häufig nass bis Staunässe, Uferbefestigung bei Flüssen
Buche	sandige bis schwere Böden, gutes Wasserangebot, Staunässe wird nicht lange toleriert
Robinie, Wein	sandige, lehmige Böden, trockene Standorte, Wasser gelegentlich vorhanden
Kiefer	sehr trockene, meist sandige Standorte, auch auf Fels
Fichte, Tanne	mäßig feuchte bis sehr feuchte Standorte, auch auf sandigen und steinigen Böden

Tab 2-2

In guten Botanik-Bestimmungsbüchern werden die Anforderungen der Pflanzen an den Standort auch beschrieben. Die Tabelle soll nur auf diese Möglichkeit hinweisen. Der Leser möchte z. B. die Eiche als Standortbaum vermissen, doch gibt es gerade bei dieser Baumart Spezies, die mit Vorliebe im trockensten Bereich wachsen und andere, die sogar die Nähe eines Flusses bevorzugen.

Mit etwas Übung kann man auch **unterirdische Wasseradern** anhand der Pflanzendecke erkennen. Gerade im Sommer bis Spätsommer zeigen sich diese Wasseradern mit einem deutlichen Grün, während das übrige Gras schon braun wird. Häufig weisen auch Kräuter wie z. B. der Sauerampfer, die sonst nicht in einer Wiese zu finden sind, auf ein besseres, lokales Wasserangebot hin. Das Nichtbeachten dieser Hinweise sorgt regelmäßig für Überraschungen beim Bau, und zwar mit völlig unerwarteten Wasserproblemen im Keller, mit aufsteigender Feuchte und dergleichen mehr, weil an den notwendigen Maßnahmen zum Ableiten des Wassers gespart worden ist.

Eine Besonderheit bieten Böden mit einem **Schichtenaufbau (Bild 2-17)** aus Lehm [1] (wasserdicht) und sandigen Lagen [2] dazwischen. Häufig sind diese Sandschichten lange Zeit trocken, aber bei der Schneeschmelze und nach starken Regenfällen können unerwartete Quellen aufgehen, wie in einem Fall mitten im Wohnzimmer [3]. Werden diese Böden einige Jahre nicht bewirtschaftet, dann zeigen die Pflanzen [4] die Problemstellen ziemlich genau. Mit dem Erdbohrer lassen sich dann die Schichten nachweisen und, mit etwas Geschick, auch die Fließrichtungen (hydraulisches Dreieck).

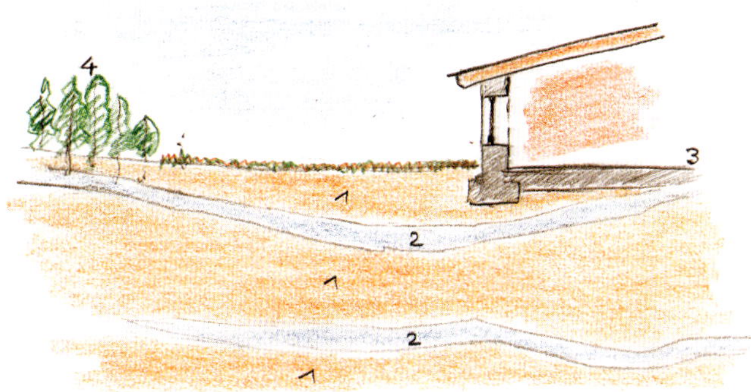

2-17
Boden mit einem Schichtenaufbau

Feuchte und Nässe können die unterschiedlichsten Wege nehmen.

Die Übergänge zwischen den einzelnen Bereichen können unscharf sein, aber auch auf einen Meter begrenzt. Nicht selten zeigen im Bergland nach Westen offene Hänge einem Bewuchs mit Buchen (größeres Wasserangebot bei Regen), während unmittelbar nach dem Grat zu Hängen, die nach Osten oder Süden geneigt sind, nur mehr Kiefern wachsen (Regenmenge um 100 mm geringer). In südlichen Ländern hingegen ist die Nordseite der Berge grün und die Südseite fast ohne Bewuchs.

Die Kenntnis von den Klima- und Bodenbedingungen ist wesentlich für die Einschätzung bei den Gebäuden: Bei einem Defekt in der Feuchtesperre oder bei Fehlen jeglicher Sperre kann mit der gleichen Feuchte im Mauerwerk gerechnet werden wie im Erdreich.

Schimmel, Algen und Flechten

Schimmel ist der genügsamste Indikator vor allem für gleichmäßig hohe Feuchtigkeit in der Luft. Schimmel wächst ab ca. 60 % rel. Feuchte; es reichen irgendein Untergrund und eine Spur von organischem Material wie z. B. ein Fingerabdruck. Die Aussage entspricht den Lebensgewohnheiten des Schimmels: häufig erhöhte Luftfeuchte, wodurch auch immer.

Oft wird im Sockelbereich oder in Kellern eine schnelle Unterscheidung zwischen Schimmel oder den Salzen der Salpetersäure („Saliter") benötigt, um die Ursachen[12] einschätzen zu können. Ein einfaches Prüfverfahren kann mit dem Feuerzeug durchgeführt werden: Die Salze sind Sauerstoffträger

12 Schimmel tritt immer bei feuchten Oberflächen und organischem Material auf. Dabei reichen geringe Mengen an organischer Substanz aus, um eine Lebensbasis für Schimmel zu schaffen. Stickstoffverbindungen wie Salpeter tritt vor allem in einstigen Ställen etc. auf, wo die Böden und Mauern mit tierischen Ausscheidungen belastet sind. Schimmel greift sich auch watteartigweich an, Salpetersalze brechen beim Berühren.

2-18 Abtragen eines Betonbodens aus den 1950er Jahren, der direkt auf das Erdreich gelegt wurde. In Kombination mit sperrenden Putzen innen und außen führte das zu einer starken Durchfeuchtung des Mauerwerks. Quelle: Schmiderer

und verbrennen bei einer Flamme rückstandsfrei. (Der Saliter wurde früher auch für die Pulverherstellung gesammelt.) Schimmel verbrennt nur langsam in der Flamme und zeigt schwarze Ränder vom Kohlenstoff.

Algen und Flechten benötigen ein besseres Angebot, und zwar mehr Feuchtigkeit in der Form von Kondensat oder Niederschlägen. Die Nährstoffversorgung ist bei Regen gesichert, das Wasser bringt genug gelöste Substanzen (Stickoxide und deren Verbindungen, Stäube, Schwefel etc.) mit sich. Ein Hinweis am Rande: Wachsen an den üblichen Stellen keine Flechten mehr, dann kann deren Fehlen auch als Indikator für Mängel in der Luftqualität verwendet werden.

Für die Gebäude bedeutet das Auftreten von Algen und Flechten Mängel im Schutz, im Umgang mit dem Wasser, dem Luftwechsel etc.

Handgriffmethode zur Feuchtebestimmung

Die Handgriffmethode kommt ursprünglich aus der Landwirtschaft. Etwas Ackerboden wird in die Hand genommen, gepresst und dann das Bild, das sich bietet, ausgewertet. Warum

2-19 Probe auf der Waage: Sand-Kalk-Lehmmörtel, mehrere hundert Jahre alt. Es soll schnell festgestellt werden, ob der Mörtel feucht ist.

diese Methode auch in der Beurteilung der Feuchte ihren Platz hat, lässt sich einfach begründen: Die verschiedenen Mauerwerksproben oder auch bodennahe Proben von anliegenden Böden weisen sehr unterschiedliche Zusammensetzungen in der **Sieblinie** (siehe **Bild 2-15**) auf. Mit einer Sieblinie wird das Aufbereiten einer körnigen/sandigen/staubförmigen Probe nach Körnigkeit und Gewichtsanteilen bezeichnet.

Jede Probe wird durch die Art der Probennahme, die Lagerung, den Transport, das Zerkleinern und auch durch die gewählte Messmethode vielen Beeinflussungen unterworfen, die oft nicht beachtet werden. Feuchte diffundiert durch Kunststoffe durch oder in die Kunststoffe ein, Oberflächen nehmen gerne Feuchte auf, die dann der Probe fehlen. Die schnellsten Methoden schließen viele dieser Beeinflussungen aus, es kann, auch bei grober Beurteilung, eine ausreichende Aussage getroffen werden. Selbstverständlich sind diese Verfahren reproduzierbar; jeder kann seine Versuche mit ausreichend zuverlässigen Ergebnissen sofort durchführen.

Selbst wenn keine Messgeräte zur Verfügung stehen, kann eine Beobachtung des Materialverhaltens erste Hinweise auf Feuchte geben.

Die Handgriffmethode soll als erste, schnelle Einschätzung gesehen werden, wo sich die Probe befindet. Als Vorteil kann dieselbe Probe gleich weiter analysiert werden, z. B. mit der Darr-Methode, wie im nächsten Abschnitt beschrieben.

2-20 Probe auf dem Handschuh, die Sandkörner haften leicht zusammen.

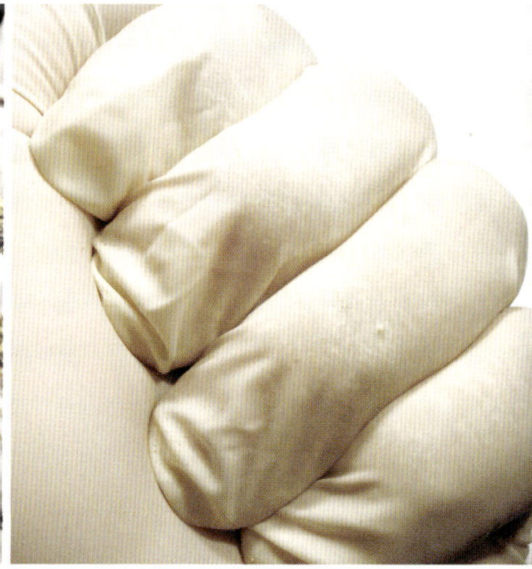

2-21 Pressen der Probe in der Faust. Die Probe staubt nicht, es ist ein leichtes Zusammenhaften der Körner zu erkennen. Erste Anhaftungen auf dem Gummihandschuh weisen ebenfalls auf Feuchte hin.

Von der Anwendung her ist die Handgriffmethode sehr einfach: Etwa ein Esslöffel voll Material wird in die Hand genommen, gepresst und anschließend das Bild, das sich nach Öffnen der Hand bietet, eingeschätzt. Um eine Beeinflussung durch den Handschweiß zu vermeiden, sollte für den Test ein Gummihandschuh übergezogen werden, siehe **Bilder 2-20** und **2-21**.

Was wie ein Kinderspiel in der Sandkiste aussieht, liefert genügend Informationen, wenn man die Bilder richtig interpretiert:

Ein Handgriff kann schon einiges aussagen.

	Aussehen der Probe	Beschreibung	Wertung	Vergleich mit Ziegelmaterial
2-22		Trockener Boden oder Sand, die Probe zerfällt sofort und vollständig nach dem Öffnen der Hand, Feinstaub lässt sich leicht wegblasen. Probe staubt beim Aufbringen auf die Hand. Wasser perlt sofort ab.	Sehr trocken, keine Probleme im Wohnbereich.	1…3 Gew% Feuchtegehalt, Ziegelmehl ist sehr hell, staubt sehr, lässt sich leicht absaugen.
2-23		Probe haftet leicht zusammen, einzelne Sandkörner bleiben auf der Handoberfläche, Feinstaub lässt sich nicht leicht wegblasen. Sand auf dem Handschuh fällt leicht ab. Wasser perlt noch ab.	Trocken, zu wenig Feuchte für das Wachstum von Pflanzen.	Ca. 5 Gew%, Ziegelmehl ist hell, flockiger Staub, lässt sich schlechter absaugen.
2-24		Probe bildet einen leicht zusammenhaftenden Strang, bricht sofort bei Berührung. Sand auf dem Handschuh fällt leicht ab. Wasser wird schon aufgesaugt.	Mäßig feucht, noch zu trocken für Pflanzen, aber erster Handlungsbedarf, stellenweise schon Schimmel möglich.	Um 8 Gew%, Ziegelmehl ist bereits dunkler, färbt die Oberflächen intensiv. Lässt sich nur bedingt absaugen.

Aussehen der Probe	Beschreibung	Wertung	Vergleich mit Ziegelmaterial	
	Probe bildet einen festeren Strang, Oberfläche der Hand bleibt trocken. Die Probe ist auch dunkler. Sand haftet noch nicht auf der Oberfläche. Wasser wird sofort aufgesaugt.	Feucht, Wassermenge reicht für erste Pflanzen.	Um 10 Gew%, Ziegelmehl bildet Klumpen und Stränge, schmiert beim Abstreifen.	2-25
	Probe bildet einen soliden Strang, Oberfläche der Hand zeigt gleich nach dem Öffnen Feuchtespuren. Beim Abstreifen der Probe bleiben Schmierspuren. Deutlich wasserhaltig.	Sehr feucht, Handlungsbedarf gegeben, sicheres Pflanzenwachstum.	Ca. 12…15 Gew%, Ziegelmehl ist feucht, dunkel. Bildet feuchte Stränge beim Bohren, Dampfbildung bei schnellem Bohren.	2-26
	Probe ist weich, leicht verformbar, nass, Wasser deutlich sichtbar. Auf der Oberfläche der Hand bleiben Schlammspuren.	Nass.	Ab 15…20 Gew%, Ziegelmehl bildet nassen Teig.	2-27

Die Bildergalerie zeigt die unterschiedlichen Feuchtewerte in Farbe, Textur, Festigkeit und im Anhaften an der Haut oder dem Handschuh. Mit den Bildern ist auch eines sofort zu sehen: Die Probe hat schon beim Aufbringen auf die Hand (Bilder oberhalb der Galerie) durch das leichte Zusammenhaften gezeigt, dass Feuchte im Spiel ist.

Ein wesentlicher Hinweis fehlt noch: In der rechten Spalte wird immer mit einer Ziegelprobe und den dort bekannten Feuchtewerten und dem Verhalten verglichen. Dabei geht es um ganz beachtliche Wassergehalte im Ziegel. Bei Böden und sonstigem Mauerwerk sieht die Situation ganz anders aus: Bei sehr dichten Baustoffen kann die Sättigung schon bei 1…2 Gew% Wasser liegen, bei Sand-Lehm-Kiesmischungen bei 10 Gew%; reiner Lehm kommt hingegen auf 40 Gew%. Daher ist ein Vergleich zum Ziegelmaterial als weit verbreitetem Baumaterial sehr zu empfehlen. Die Trocken- und Sättigungswerte müssen für beliebige Proben stets separat analysiert werden, um eine zuverlässige Aussage treffen zu können. Das folgende Kapitel erklärt die Zusammenhänge – und wie mit geringem Aufwand sehr exakte Messungen erreicht werden können.

Die Feuchtebestimmung mit der Darrmethode kann mit geringem Aufwand, aber sehr hoher Genauigkeit selbst durchgeführt werden.

Zerstörende Feuchtemessung im Baustoff

Bei einer zerstörenden Feuchtemessung wird ein Loch in die zu untersuchende Wand gebohrt und z. B. das Bohrmehl weiter analysiert.

Die notwendige Bauwerksanalyse kann mit einem geringen Aufwand auch selbst durchgeführt werden. Die notwendigen Werkzeuge und Hilfsmittel sind im Einzelnen:

- eine langsam drehende Bohrmaschine oder ein Bohrhammer zur Gewinnung von Bohrmehl aus einer Wand,
- ein Hammer und Stemmeisen für Probenteile,
- eine Waage mit einer Auflösung im 1/10 Gramm Bereich, besser 1/100 g,
- eine Haushalts-Aluminiumfolie,
- ein Küchenherd mit einer regelbaren, elektrisch beheizten Platte,
- ein Strahlungs- bzw. Infrarotthermometer,
- ein Fotoapparat,
- ein Maßband bzw. Maßstab,
- ein Taschenrechner,
- ein Filzschreiber sowie
- Papier und Schreibzeug.

Als Vorbereitung wird ein ca. handteller- bis postkartengroßes Stück der Alufolie abgeschnitten und abgewogen. Das Gewicht der Folie wird am Rand mit einem Filzschreiber notiert.

Mit der Bohrmaschine wird das Bohrmehl – möglichst aus einem Ziegel – herausgebohrt, auf eine Aluminiumfolie gegeben und das Feuchtgewicht oder Gebrauchsgewicht sofort abgewogen. Die Menge soll bei einem Suppenlöffel liegen, ca. 10 Gramm.[13] Sofort heißt innerhalb weniger Minuten, da die

2-28 Ausgestrichene Probe auf einer Alu-Folie, beim Trocknen auf der Herdplatte. Das Aus- oder Flachstreichen hat die Aufgabe, die Trockenzeit kurz zu halten. Der Trocknungsfortschritt ist deutlich an der Aufhellung zu erkennen.

Feuchtigkeit in der Probe sehr rasch abnimmt und die Werte verfälscht. Bei allen Messungen ist das Gewicht der Folie abzuziehen. Die Probe soll beim Auftragen auf die Aluminiumfolie flachgestrichen werden **(Bild 2-28)** und darf nach dem Wiegen nicht mehr berührt werden, um Verluste zu vermeiden.

Anschließend wird das Bohrmehl auf eine heiße Herdplatte gelegt und bis 105 °C getrocknet. Exakte Analytiker

13 Die notwendige Menge hängt von der Auflösung der Waage ab. Kann die Waage 1/100 g anzeigen, dann reicht die 100-fache Menge, etwas mehr als 1 g. Bei einer Auflösung von 1/10 g sind mehr als 10 g notwendig, um bei der Auflösung der Messwerte genauer als 1 % zu bleiben.

kontrollieren die Temperatur mit dem Strahlungsthermometer, Praktiker beobachten die Aufhellung der Probe mit dem Verdunsten des Wassers. Sobald die Probe gleichmäßig hell ist und wie ein Pulver auseinanderfällt, wird das **Trockengewicht** gewogen. Wichtig: etwas abkühlen lassen, damit die Waage nicht beschädigt wird. Dieser Wert gilt als Referenz für alle weiteren Messungen und Berechnungen.

Sollte das Material bezüglich der Sättigungseigenschaften unbekannt sein, kann die Probe so lange tropfenweise mit Wasser befeuchtet werden, bis der erste Tropfen aus der leicht schräggestellten Probe abläuft. Die Probe ist jetzt zu nass; das überschüssige Wasser wird mit einem Haushaltstuch am Rand der Probe abgesaugt. Bei dieser Vorbereitung dürfen keine Teile der Probe verloren gehen bzw. am Haushaltstuch kleben.

Das Gewicht der jetzt nassen Probe (**Nassgewicht**) zeigt den **Sättigungswert** des Materials.

Durch einfache Rechenoperationen lassen sich jetzt die Feuchte und der Sättigungswert, in Bezug zum Trockenwert, als Gewichtsprozente bestimmen:

$$\textbf{Feuchtegehalt}\text{ in \%} = \frac{\text{Feuchtgewicht} - \text{Trockengewicht}}{\text{Trockengewicht}} \times 100\,\%$$

Beispiel: Die Probe wird nach der Entnahme mit 79,5 g gewogen. Nach dem Trocknen hat die Probe ein Gewicht von 73,8 g. Der Wassergehalt der Probe liegt bei 7,72 Gewichtsprozent. Dieser Wert sagt noch nicht viel aus, erst die Bestimmung der Sättigungsfeuchte gibt einen Hinweis, wie gravierend die Feuchtebelastung zu sehen ist.

$$\textbf{Sättigungsfeuchte}\text{ in \%} = \frac{\text{Nassgewicht} - \text{Trockengewicht}}{\text{Trockengewicht}} \times 100\,\%$$

Als Beispiel die Werte der genannten Probe: trocken 73,8 g, Nassgewicht 85,1 g. Die Sättigung liegt bei 15,31 Gewichtsprozent Wasser. Bringt man die Werte von der Probe mit 7,72 Gew% in Relation zur maximalen Wasseraufnahme von 15,31 Gew%, dann zeigt sich an den Zahlen eine massive Feuchtebelastung. Die exakte Rechnung sieht so aus:

$$\textbf{Sättigungsgrad}\text{ in \%} = \frac{\text{Feuchtegehalt}}{\text{Sättigungsfeuchte}} \times 100\,\%$$

Mit dem Feuchtegehalt von 7,72 % und einer Sättigungsfeuchte von 15,31 % ergibt sich nach obiger Formel ein Sättigungsgrad 50,4 %. Dieser Wert reicht aus für ein Pflanzenwachstum etc.

Die Werte sind von großer Bedeutung für die Einschätzung der Situation. Da Baustoffe sehr unterschiedliche Sättigungsfeuchte aufweisen können, ist immer die ganze Bandbreite zu kontrollieren. Beton und Natursteine können eine Sättigungsfeuchte von nur 1–2 % aufweisen, dichte Mörtel um 10 % und Ziegel bei 30 %. Dämmstoffe schaffen auch ein paar 100 % bis zur Sättigung.

Mit ein paar Versuchen und einigen Rechenschritten aus der Grundschule kann der Feuchtegehalt einer Probe sehr genau bestimmt werden.

Die Ergebnisse der Untersuchungen sollen als Bezugswert für die Wirksamkeit von Maßnahmen gut dokumentiert aufgehoben werden. Die Entnahmestelle soll auch mit Bildern festgehalten werden, z. B. mit einem Maßband zum Bestimmen von einer charakteristischen Stelle aus.

Mit der sogenannten „zerstörenden Messung" wird der momentane Zustand der Wand dokumentiert, mehr aber nicht. Zerstörend deshalb, weil eine Materialprobe aus der Wand oder den Bauteilen herausgeholt werden muss und nachher eine offene Stelle bleibt.

Bei allen Berechnungen wird der Nettowert der Gewichte verwendet. Das Gewicht der Unterlage wird entweder durch Tarieren der Waage entfernt oder vom gewogenen Wert abgezogen.

Bezeichnung Messwert – Rechenwert	Einheit	Beispiel
Probengewicht = Eingewogene Probenmenge feucht	g	60
Trockengewicht = Trocknen der Probe	g	50
Wassergehalt = Gewichtdifferenz der Proben feucht minus trocken	g	10
Feuchtegehalt = Wassergehalt durch Trockengewicht x 100	%	20
Sättigungsgewicht = Befeuchten der Probe bis zum Abtropfen	g	80
Sättigungswasser = Differenz zwischen Sättigungs- und Trockengewicht	g	30
Sättigungsfeuchte = Sättigungswasser durch Trockengewicht x 100	%	60
Sättigungsgrad der Probe = Feuchtegehalt durch Sättigungsfeuchte x 100	%	33,3

Tab 2-3

Tabelle für eigene Messungen

Tab 2-4

Bezeichnung Messwert – Rechenwert	Einheit	Proben
Probengewicht = Eingewogene Probenmenge	g	
Trockengewicht = Trocknen der Probe	g	
Wassergehalt = Gewichtdifferenz der Proben feucht minus trocken	g	
Feuchtegehalt = Wassergehalt durch Trockengewicht x 100	%	
Sättigungsgewicht = Befeuchten der Probe bis zum Abtropfen	g	
Sättigungswasser = Differenz zwischen Sättigungs- und Trockengewicht	g	
Sättigungsfeuchte = Sättigungswasser durch Trockengewicht x 100	%	
Sättigungsgrad der Probe = Feuchtegehalt durch Sättigungsfeuchte x 100	%	

Tab 2-5

Bezeichnung Messwert – Rechenwert	Einheit	LLS feucht	LLS trocken	Waldboden
Probengewicht = Eingewogene Probenmenge	g	10,6	12,0	14,6
Trockengewicht = Trocknen der Probe	g	9,0	11,8	11,2
Wassergehalt = Gewichtdifferenz der Proben feucht minus trocken	g	1,6	0,2	3,4
Feuchtegehalt = Wassergehalt durch Trockengewicht x 100	%	17,8	1,7	30,4
Sättigungsgewicht = Befeuchten der Probe bis zum Abtropfen	g	14,4	17,6	18,7
Sättigungswasser = Differenz zwischen Sättigungs- und Trockengewicht	g	5,4	5,8	7,5
Sättigungsfeuchte = Sättigungswasser durch Trockengewicht x 100	%	60,0	49,2	40,1
Sättigungsgrad der Probe = Feuchtegehalt durch Sättigungsfeuchte x 100	%	29,7	3,5	75,8

Zur Erläuterung: Das Bohrloch sollte, für spätere Messungen, mit einer Schaumschnur verschlossen werden. Die oberste Schicht kann auch verspachtelt werden, nur wird die Stelle dann schlecht auffindbar. Mit einem eingelegten, gegen Feuchte isolierten Metallring oder einem entsprechend isolierten Metallteil kann die Stelle später mit einem Metalldetektor gesucht werden.

Als Rechenhilfe wurde eine Tabelle entworfen. Die Messung der Ausgleichsfeuchte im Bohrloch liefert nur sehr grobe Anhaltswerte. Für die Messung werden die Sensoren von einem Thermo-Hygrometer in das Bohrloch gesteckt und gegen die Luft von außen abgedichtet. Allerdings hängt die Ausgleichsfeuchte stark vom Material, von den Durchmessern der Kapillaren, ihrer Vernetzung im Mauerwerk und vom Salzgehalt ab. Das Verfahren ist zum Erkennen von Trends brauchbar, nicht aber für die Messung der absoluten Werte.

Sehr problematisch ist die Feuchtemessung bei dichten Werkstoffen wie **Natursteinen**. Durch das Herausbohren vergrößert sich die Oberfläche leicht um 2–4 Zehnerpotenzen wie im **Bild 2-29**. Wird ein Würfel mit 10 mm Kantenlänge zu Staub mit einer Kantenlänge von 1/10 mm zerkleinert, entstehen in einer Kante bereits 100 kleine Würfel bzw., aus dem ganzen Volumen, 1 Mio. kleine Würfel. Deren Oberfläche beträgt jetzt 6 m^3 gegenüber 600 mm^2 des ursprünglichen Materials. Die Oberfläche ist somit um den Faktor 10.000 größer. An der Oberfläche lagert sich auch die Feuchtigkeit der Luft an, in Konkurrenz zur Trocknung an der Luft, was ganz normale Vorgänge sind. Und diese Feuchtigkeit, die mit dem ursprünglichen Werkstoff und Wert nichts zu tun hat, wird dann gemessen.

Erschwerend kommt hinzu, dass dieses Bohrmehl, wegen der kleinen Zwischenräume, Kapillaren vortäuscht, die es in der Realität nicht hat. Die Sättigungsfeuchte ist als Referenzwert somit völlig unbrauchbar. Natursteine können nur in größeren Stücken mit der entsprechenden Sorgfalt bei der Gewinnung der Proben und in der Messtechnik untersucht werden. Gute Hinweise auf die Problematik gibt der Artikel: „Luftfeuchtemessung im Bohrloch kann CM-Messung nicht ersetzen" von Dipl.-Phys. Oliver Erning und Dipl.-Ing. (FH) Peter Kunert, der im Netz unter: http://www.raumausstattung.de/business/artikel-record_id-34181-Allgemein.htm) einzusehen ist. Zur Messung allgemein siehe im Netz: https://at.trotec.com/fileadmin/downloads/Multifunktion/TRO-TR-HBT2000-06-D.pdf[14]

Der genannte Beitrag weist darauf hin, dass selbst bei einer Trocknung unter Normatmosphäre von 20 °C und 65 % rel. Feuchte die im Bohrloch gezeigten Messwerte über 80 % rel. Feuchte liegen, obwohl die Probe als trocken anzusehen ist. Dazu kommt, dass viele Feuchtesensoren in diesem Bereich ziemlich ungenau werden. Die Aussage, ob 92 oder 95 % rel. Ausgleichsfeuchte gemessen werden, ist aber entscheidend

14 Beide Links zuletzt eingesehen Anfang November 2016.

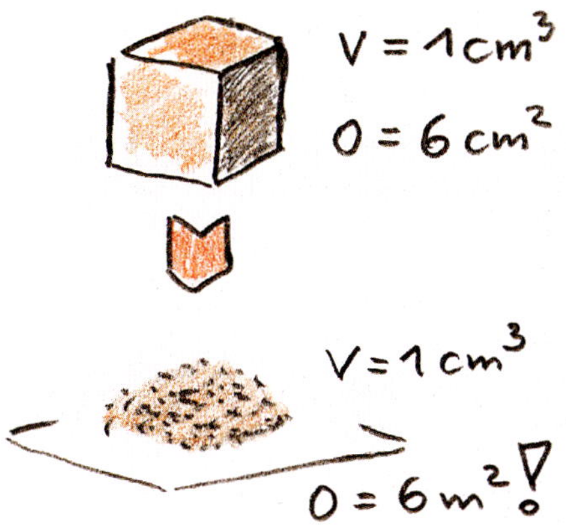

2-29 Oberfläche beim Zerkleinern von Proben

für die Einschätzung, ob z. B. Schimmel wächst oder ob eine weitere Bautätigkeit wie Fliesen oder Färbeln schon möglich ist.

Chemische Analytik

In besonderen Fällen kann die chemische Analyse von Proben aus einer Wand oder aus Bauteilen angeraten sein. Durch die chemische Untersuchung konnten versteckte Rohrbrüche aufgedeckt werden, die Einflüsse von Streusalz im Mauerwerk und die Zusammensetzung von Baustoffen, vor allem bei kulturhistorischen Bauten. Für eine grobe Analytik können die Messstreifen für die interessierenden Salze und Verbindungen im Chemie-Fachhandel erworben werden. Ein guter Beginn kann mit einem Satz für die Wasseranalytik gefunden werden, weil hier die wichtigsten chemischen Verbindungen wie Stickstoffsalze, Chlor- und Eisenverbindungen ausreichend genau für eine erste Orientierung gemessen werden können. Ergänzend sollte der pH-Wert und die Leitfähigkeit der Proben analysiert werden. Da es sich in der Regel um nasschemische Verfahren handelt, kann auch die Wasseranalytik gute Hinweise ergeben.

Aufwändige chemische Analysen sind bei historischen, industriellen und gewerblichen Bauten zu empfehlen. In der Regel ist das alte Wissen der Baumeister darüber, wie die Mörtel zusammengesetzt worden sind oder welche Nutzung(en) die Bauten hatten, verloren gegangen.[15] Die Untersuchungen haben die Aufgabe, die entsprechenden Maßnahmen wie Beseitigung von Belastungen und die Auswahl der günstigsten Sanierungsmethode zu regeln bzw. zu empfehlen.

Salze

Salze sind die Verursacher erheblicher Schäden im Mauerwerk, da der Kristalldruck das gewünschte Gefüge auflöst. Der Nachweis von Salzen allgemein ist nicht so schwer: sie verraten sich durch eine deutlich größere Leitfähigkeit für elektrischen Strom gegenüber reinem Wasser. Sehr aufschlussreich ist hier der Einsatz des Messgeräts für die Holz- oder Baufeuchte mit den Messspitzen. Durch Abtasten lässt sich die Zone mit dem größten Salzgehalt auf wenige Zentimeter genau feststellen und später behandeln.

2-30 Feuchte Packung zum Herauslösen von Salzen

Salze sind die Begleiter der Feuchte in den Wänden. Mit einer Packung können sie schonend herausgelöst werden.

Salze bieten ein sehr weites Spektrum bei der Ausgleichs- oder Gleichgewichtsfeuchte. Die Werte reichen von 11 % rel. Feuchte bis zu 99 %. Die Anwesenheit von Salzen erklärt auch sehr schlüssig, warum die Messung der Bauteilfeuchte mit einem Messgerät für die relative Feuchte unzuverlässig ist: Es soll sich eine Gleichgewichtsfeuchte zwischen dem Bauteil und dem Messgerät einstellen, die Salze aber bewirken, dass bei gleicher gravimetrischer Feuchte die gemessenen Werte irgendwo zwischen 20 und 99 % liegen. Die Theorie der Gleichgewichtsfeuchte geht vom Kapillardurchmesser

15 Nach den alten Gewerbeordnungen durften auch toxische Abfälle auf dem Betriebsgrund vergraben werden bzw. war deren Entsorgung nicht geregelt.

2-31 Flächige Ausblühungen von Salzen und Absprengungen bei den Farbschichten

und dem Dampfdruck zur Kondensation oder Verdunstung in der Kapillare aus. Kommt dann Salz dazu – und Salze gibt es überall –, wird dieser Dampfdruck von der Absorption/Desorption von Wasser in den Salzen überlagert und es entsteht ein Mischwert, der keine stabile Aussage zulässt. Weitere, sehr wertvolle Informationen sind im Internet bei Salzwiki[16] zu finden.

Salze spielen bei den Sanierungen eine erhebliche Rolle. Wird nur mit Verputzen u. Ä. gearbeitet, dann kommen die Salze aus dem Mauerwerk wieder heraus und zerlegen in relativ kurzer Zeit den Putz. Mit dem Entfernen von altem Putz werden die Salzzonen in der Regel mit abgetragen und das Zerstörungspotenzial wird verringert. Das Abwaschen des offenen Mauerwerks vor dem Verputzen kann die Salzlast oberflächlich verringern, doch wird ein erheblicher Teil mit dem Wasser in Lösung gehen und nach innen verlagert. Mit der nächsten Trocknung kommen sie wieder an die Oberfläche.

Bei kulturhistorischen Bauten werden auch sogenannte **Packungen** eingesetzt **(Bild 2-30)**: Hierbei wird ziemlich feuchtes Material wie Sägespäne, Papierschnitzel etc. mit der Wand in Kontakt gebracht und dort liegen gelassen. Mit dem langsamen Trocknen der Packung an der Luft wandern die Salze in diese Masse ein und können, zusammen mit dem getrockneten Material, entfernt werden. Gegebenenfalls muss das Verfahren auch öfters angewendet werden, wobei die Messmethode, wie oben beschrieben, sehr hilfreich ist.

Wird Wärme zum Trocknen eingesetzt, dann fehlt den Salzen das Wasser und sie bleiben dort liegen, wo sie sind. Mit dem Abschalten der Wärmezufuhr beginnen die alten Prozesse von neuem.

Querschnittsmessung

Im Text wird mehrfach auf die Querschnittsmessung hingewiesen. Der Grundgedanke dabei ist, dass alle Vorgänge in einem Gebäude voneinander abhängen, aber mit mehr oder weniger großen Verzögerungen. So hat sich in der Dissertation des Autors bei der Aufarbeitung der Klimadaten Österreichs gezeigt, dass das Maximum der mittleren Lufttemperatur rund zwei Monate hinter dem Strahlungsmaximum der Sonne nachläuft. Ein ähnliches Verhalten zeigen alle Gebäude: Sind die Wände sehr leicht gebaut, dann beträgt die Verzögerung nur wenige Minuten, z. B. bei Gläsern oder bei Wänden aus Leichtbaustoffen. Dieses Phänomen wird auch mit „**Barackenklima**“ bezeichnet.

16 Siehe: http://193.175.110.91/salzwiki/index.php/Startseite

Ganz anders ist das Verhalten bei massiven Wänden historischer Bauten. Ähnlich wie die Bodentemperatur in einem halben oder einem ganzen Meter Tiefe kommt die Wärme mit erheblicher Verzögerung an, wobei die üblichen Klimaschwankungen sehr gedämpft werden. Die **Speichermasse** der dicken Wände kann noch im Winter für eine moderate Temperierung des Raumes reichen, allerdings mit dem umgekehrten, sehr kalten Effekt zu Beginn des Sommers. Die Räume werden nicht warm, sie bleiben immer kühl bis kalt.

Die Querschnittsmessung sollte als Langzeitmessmethode ausgelegt werden, um vor allem die zeitlichen Abhängigkeiten der Klimaeffekte darstellen zu können.

Bei der Querschnittmessung im **Bild 2-32** wird ein Schnitt durch alle interessanten oder problematischen Zonen eines Gebäudes gelegt. Die Schnittebene wird so gewählt, dass möglichst viele der interessanten Zonen berührt werden. Im Beispiel wird schematisch der Schnitt durch ein Gebäude mit Gewölbe und einen Innenhof gezeigt. Das rechtsstehende Nachbargebäude ist nicht in die Messung einbezogen, obwohl der Aufwand vergleichsweise gering wäre.

Die Zahlen betreffen die Messstellen, wobei vor allem die Temperaturen gemessen werden. Eine besondere Rolle haben die Messstellen [1], [5], [11] und [12], bei denen auch die Luftfeuchte gemessen werden soll. [1] und [12] sollen annähernd gleiche Messwerte zum lokalen Außenklima geben; die Stelle [11] wird, da ein Innenhof, erheblich von den Außenwerten abweichen.

2-32 Querschnittmessung durch eine Gebäudeanlage

Die Querschnittsmessung kann viele klimatische Zusammenhänge mit einer Kette von Messstellen klären.

Die Messstellen [2], [3], [4], [6], [9], [10] und [7], [8] sollen nur die Temperaturen an den Oberflächen messen. Sie geben später Auskunft über den Wärmedurchgang der Bauteile, eventuell die Verdunstung und über die Speicherung von Wärme in den Bauteilen.

Auf dem ersten Blick wirkt diese Messtechnik sehr aufwändig und somit auch sehr teuer. Hier hat sich bei der Sensorik ein erheblicher Preissprung nach unten gezeigt: Temperaturfühler können als Meterware, im 10-Euro-Bereich, beschafft werden. Kombinierte Temperatur- und Feuchtesensoren werden inzwischen von mehreren Herstellern wie Texas Instruments, Sensirion, Honeywell und anderen ebenfalls um wenige Euro angeboten. Der Einsatz der Sensoren erfolgt nach den Prinzipien der meteorologischen Messtechnik, vor allem soll die Einstrahlung der Sonne möglichst wenig Einfluss auf die Messung haben.

Ein Mangel besteht noch bei der Zusammenfassung der vielen Daten auf eine zentrale Messstelle. Hier liegt erheblicher Arbeitsaufwand, der noch entsprechende Kosten verursacht. Es kann allerdings erwartet werden, dass diese Messstellen in die üblichen elektronischen Netzwerke eingebunden werden, wobei auch die Kosten – als Serienprodukt – niedriger werden.

Die besondere Bedeutung der Querschnittsmessung liegt, wie angedeutet, in der längerfristigen Darstellung der Messwerte. Damit entstehen **Zeitreihen**, aus denen die Beeinflussung der Gebäude durch das Klima einwandfrei abgelesen werden kann.

Bei der Auswertung sind immer die „freien" Messstellen wie [1], [5], [11] und [12] von besonderer Bedeutung; sie geben die Klimawerte für die Umgebung oder den oder die Räume vor. Ergänzend zu den Temperatur- und Feuchtemessungen kann bei den freien Messstellen auch der Wind und die Einstrahlung der Sonne mit registriert werden, falls die Aufgabenstellung diese Variante nahelegt.

Mehrere gleiche Kunststoffgefäße werden für die Messung verwendet. Die Probe wird auf die Öffnung des Gefäßes dicht aufgeklebt, hier mit Silikonkleber. Rechts wurde ein Gefäß bereits mit einer Styroporplatte verklebt.

Bei den Oberflächen reicht meistens die Messung der Temperaturen, weil der Luftzustand der „freien" Messstellen bekannt ist. Aus den Temperaturunterschieden lässt sich das Verhalten der Bauteile erschließen, z. B. Feuchteaufnahme durch Kondensation, Trocknung bei wärmeren Bauteilen etc.

Diese Form der Querschnittsmessung ist nur ein Beispiel für eine Aufgabe. Für die Habilitation „Fenster und Lichtdach in Museumsbauten" von Alfons Huber wurde ebenfalls die Querschnittsmethode verwendet, hier allerdings mit Sensoren für den Wärmefluss, Temperatursensoren und Ähnlichem, während bei der Analyse der „Kalten-Wand-Problematik" in Museen neben den Temperatur- und Feuchtesensoren auch ein Windrad zur Messung der Luftströmungen eingesetzt wurde.

Die Planung der Messmethode erfordert einiges an Vorstellungskraft, wo welche Effekte zu erwarten sind. Die Aufgabenstellung sollte sehr klar definiert sein, wobei auch die Auswertung der Ergebnisse als Teil des Auftrages enthalten sein sollte. Nicht selten sitzen die Verantwortlichen für Gebäude auf Bergen von Daten und Messwerten, haben aber nicht die Kapazität, mit ihnen etwas zu machen. Sehr aufschlussreich ist z. B. das Bestimmen der Maxima und Minima über die Zeit, um den Wärmedurchgang, die Wärmestrahlung oder die Bewegung der Feuchte zu bestimmen.

Auf alle Fälle hat diese Methode viele Glaubensbekenntnisse und Vermutungen im Bereich historischer Gebäude durch Fakten und klar beschriebene Zusammenhänge bestätigt oder auch widerlegt.

Diffusionswiderstand – Bestimmen durch Vergleich

Die Geschwindigkeit des Feuchtetransports durch Bauteile ist einer der Schlüsselfaktoren bei allen Themen zur Feuchte im Baubereich. Die Messung des sogenannten μ-Wertes kann bislang nur in Labors, mit Klimakammern und hohem instrumentellem Aufwand durchgeführt werden. Als Kunde oder Besitzer eines Gebäudes mit Feuchteproblemen oder auch zu deren Vermeidung wäre es gelegentlich sehr wünschenswert, die Angaben auf einem Farbtopf oder einem Putz auch nur annäherungsweise kontrollieren zu können. Überall stehen vergleichbare Bezeichnungen wie atmungsaktiv, biologisch aktiv, lässt Feuchte durch etc. drauf, andere Produkte werden

2-33 Wassergefäße für das Bestimmen der Feuchtediffusion: Mehrere gleiche Kunststoffgefäße werden für die Messung verwendet. Die Probe wird auf die Öffnung des Gefäßes dicht aufgeklebt, hier mit Silikonkleber. Links wurde ein Gefäß bereits mit einer Styroporplatte verklebt.

mit dicht oder druckwasserdicht bezeichnet. Nur als Konsument oder als Praktiker am Bau hat man keine Möglichkeit, diese Angaben auch nur einer sehr groben Kontrolle zu unterziehen.

Mit einem vergleichsweise sehr alten, aber einfachen und leicht realisierbaren Verfahren kann einiges an Klarheit geschaffen werden. Der Grundgedanke, wie bei vielen Messungen in der Physik, liegt im Vergleich. Ein offenes Gefäß mit Wasser wird mit einem zweiten oder auch mehreren Gefäßen, mit den zu untersuchenden Abdichtungen, Folien oder Baustoffen verglichen. In den weiteren Probengefäßen befindet sich ebenfalls die gleiche Menge an Wasser wie im Vergleichsgefäß. Das Wasser verdunstet in beiden Fällen, nur bei den Gefäßen mit den Proben als Verschluss erfolgt die Verdunstung gegenüber dem offenen Vergleichsgefäß langsamer. Der Wasserverlust in allen Gefäßen wird mit einer Waage gemessen und, als Referenz, mit dem Verlust des offenen Gefäßes verglichen.

Das **Bild 2-33** zeigt weit verbreitete Kunststoffgefäße, wie sie für den Verkauf von Lebensmitteln verwendet werden. Ein Satz gleicher Gefäße wird für die Messungen verwendet. In den Gefäßen ist wegen der Verklebungen und den notwendigen Manipulationen noch kein Wasser eingefüllt.

Das Füllen war ursprünglich mit einer Injektionsnadel geplant, aber der Kunststoff der Gefäße war zu fest. Daher wurde ein kleines Loch gebohrt.

Die Füllung der Probengefäße erfolgt mit ca. 10 ml Wasser und einer Injektionsspritze. Die Handhabung der Proben

2-34 Herstellen einer Öffnung für das Füllen mit Wasser. Das Kunststoffmaterial ist zu fest für eine Injektionsnadel, daher wurde ein Loch mit 1 mm Durchmesser gebohrt.

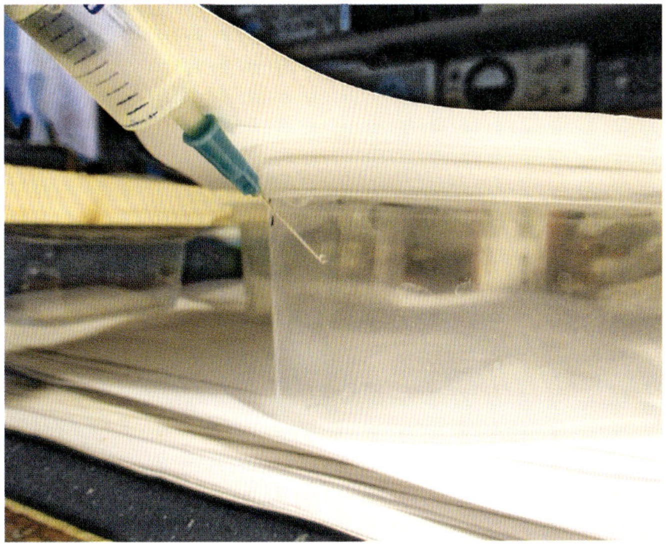

2-35 Füllen der mit den Proben fertig verklebten Gefäße mit Wasser, hier ein Blatt Papier.

Mit einer Injektionsspritze werden an die 10 ml Wasser in das Gefäß eingefüllt. Der Boden soll gleichmäßig mit Wasser bedeckt sein.

muss jetzt mit aller Vorsicht erfolgen, ein Befeuchten der Probenteile würde die Messungen verfälschen. Das kleine Bohrloch wird nach dem Füllen mit einem Kleber oder einem Klebeband aus Kunststoff dicht verschlossen.

Die eigentliche Messung des Diffusionswiderstandes beginnt mit dem Abstellen der Proben im bewohnten Bereich. Mit dem Abstellen werden die Gewichte der Proben gemessen, mit der Waage im **Bild 2-36**. Die Waage löst bis 0,01 g auf. Die Messwerte zu Beginn und nach 15 Stunden zeigt die **Tabelle 2-6** auf der Folgeseite.

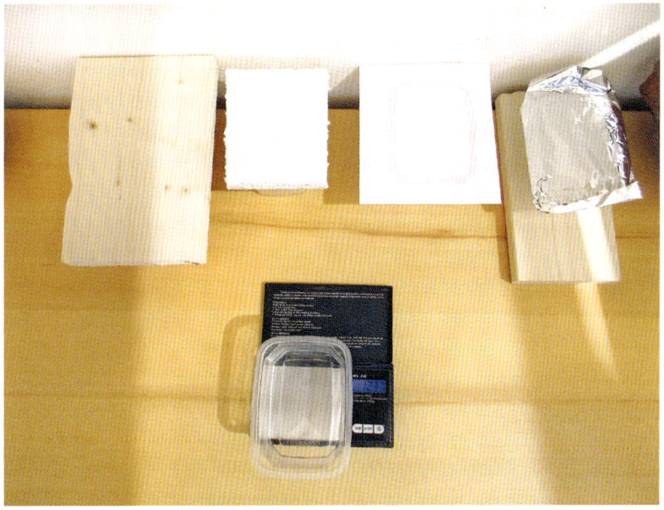

2-36 Aufstellen der Proben in einem sicheren Bereich

Die verschiedenen Proben sollen in einem Bereich mit gleichem Klima abgestellt werden. Beim Papier zeigt sich der Kleberand vom Silikonkleber.

	Referenzgefäß, offen	Holz 18 mm	Styropor, 20 mm	Kopierpapier	Aluminiumfolie
9:00	12,61 g	193,81 g	19,32 g	16,74 g	15,71 g
24:00	8,14 g	192,94 g	19,06 g	13,80 g	15,69 g
Differenz	4,47 g	0,87 g	0,26 g	2,94 g	0,01 g
Diffusionswert	1	5,1	17,2	1,52	500

Tab 2-6
Bestimmen des Diffusionswiderstandes durch Vergleich

Der Diffusionswert wird durch den Vergleich mit dem offenen Gefäß bestimmt: Der Verlust an Wasser im Referenzgefäß wird bei den üblichen Baustoffen größer sein als bei allen anderen Systemen. Der Vergleich ist eine einfache Division: Der Verlust des Referenzgefäßes mit 4,47 g durch den Verlust bei z. B. Styropor mit 0,26 g ergibt einen μ-Wert von 17,2. Das Styropor ist bei nur 20 mm Stärke 17 Mal dichter als eine vergleichbare Luftschicht.

Der Diffusionswert μ ist eine dimensionslose Zahl. Der Wert sagt nur aus, wie dick eine vergleichbare Luftschicht sein müsste, um der Diffusion vom Wasserdampf einen gleichen Widerstand entgegen zu setzen. Bei der Aluminiumfolie zeigt sich, dass der Wert auch sehr hoch liegen kann, hier geht praktisch nichts durch. Der Verlust von 0,01 g kann auch mit der Feuchteaufnahme vom Kunststoffgefäß argumentiert werden.

Die Messungen sind immer mit einem offenen Referenzgefäß durchzuführen, um die Schwankungen im Raumklima für alle Proben gleichzuhalten.

Der Diffusionswert μ hat einen Vorteil: Die Werte können, wenn mehrere Schichten hintereinander liegen, einfach addiert werden. Von besonderer Bedeutung wird dieser Diffusionswert bei den späteren Betrachtungen bezüglich des Feuchtetransports und der Kondensation in Wandkonstruktionen werden. Liegen dichte Schichten (wie Kunststofffarben) im Außenbereich von Wänden, dann wird an diesen Stellen eine Kondensation zu erwarten sein.

Ähnliches gilt für dichte Materialien bei der Wärmedämmung: Wird eine 100-mm-Polystyrol-Dämmung aufgebaut, dann wird der Diffusionswiderstand auch 5 Mal so groß sein wie bei der untersuchten 20 mm Platte: Der μ-Wert beträgt 86, das ist ziemlich dicht und kann wegen des Feuchtestaus an der Grenze zwischen dem Mauerwerk und der Wärmedämmung zu Problemen führen. Immerhin hat ein Ziegel bei diesen Messungen einen Diffusionswiderstand von 8 gezeigt, bei 70 mm Dicke. Bezogen auf eine Wand mit 350 mm Dicke ergibt sich ein Diffusionswiderstand von 40, mit einer Wärmedämmung darauf verdreifacht sich der Wert. Ein Feuchtestau hinter der Wärmedämmung kann nicht ausgeschlossen werden.

Mit derselben Methode können Farben auf ihre Diffusionsfähigkeit untersucht werden: Wie das Papier eines der Gefäße abdeckt, so kann das Papier mit dem Lack oder der Oberflächenbeschichtung versehen werden. Sollte das Papier zu schnell weich werden, dann können auch textile Stoffe als Träger verwendet werden. Die Messungen sind immer mit einem offenen Referenzgefäß durchzuführen, um die Schwankungen im Raumklima für alle Proben gleichzuhalten.

Datensicherung

Bei den Messgeräten wird immer wieder z. B. ein Fotoapparat erwähnt. Für einen brauchbaren Nachweis der Messwerte müssen das Datum, die Uhrzeit, ein Lageplan vom Gebäude und der Messstellen, die verwendeten Messgeräte und der Name des Messenden angegeben werden. Ergänzend soll die Messaufgabe, die Situation und das Gebäude, die Nutzung etc. beschrieben werden. Auch diese Informationen können helfen, manche Diskussion rasch zu entscheiden.

Werden Bilder gemacht, die eine spezielle Messsituation dokumentieren, dann soll die Stelle nicht später, mit dem Kugelschreiber auf dem Papier, markiert werden. Ein Klebeband oder ein Maßstab lassen eine Rekonstruktion der Situation zu; es gibt viel weniger Diskussionen. Beim Foto ist auch darauf zu achten, dass nicht verrückbare Referenzpunkte wie Fenster, Türen … mit aufgenommen werden. Eine gute Methode hat sich mit dem Ankleben von kleinen Zetteln, mit Ziffern oder Buchstaben, im Messbereich gezeigt. Natürlich sollen sich diese Markierungen mit einer Beschreibung im Bericht wieder finden.

Sind große Datenmengen vorhanden (wie von Datenloggern), dann sollten die Rohdaten, für eine spätere Auswertung, auf einem eigenen Datenträger aufgehoben werden. Dieser Datenträger gehört dann zu den Unterlagen und nicht zum Bürocomputer oder in irgendeine Ablage.

Auch wenn die Ausstattung für die Messungen, gemessen an den Kosten einer üblichen Sanierung, vergleichsweise preiswert sind, sollten die eigenen Referenzwerte nicht unterschätzt werden.

III. Wege für die Sanierung

Geologie, Grundbau und Keller

Wenige Bauteile hängen derartig vom Boden ab wie der Grundbau und die Baukörper unter der Erde. Bei standfesten Böden wie Fels, Schotter, Konglomeraten und verfestigten Sanden sind in der Regel nur geringe Probleme zu erwarten. Trotzdem sollte man, bei der Planung eines Gebäudes, zur Sicherheit mit einem Geologen Kontakt aufnehmen oder sich zumindest erkundigen.

Unerlässlich wird das Fachgutachten oder ein Mindestmaß an Verständnis für die Zusammenhänge bei sandigen, lehmigen und tonigen Böden. Das Wissen über die möglichen Probleme ist nicht weit verbreitet, also werden sehr sorglos Keller in die Lehmhänge gegraben, Häuser auf diesen Böden aufgestellt und Gärten angelegt. Im seltensten Fall werden die notwendigen Vorsichten wie verbreitetere Fundamente oder eine tragfähige Bodenplatte mit ausreichender Bewehrung vorgesehen. Hinweise zur Nutzung des Grundes gehören kaum zum Standard. Das Resultat sind massive Bauschäden, wie plötzlich schief stehende Häuser, Keller, die einbrechen und regelmäßig Löcher im Boden, z. B. über alten Kellern. Neben den Wertverlusten am Bauwerk und am Grundstück können selbst Personenschäden nicht ausgeschlossen werden.

Weinkeller im Hang

Der Leser möchte sich fragen, was dieser Teil mit Feuchtigkeit zu tun hat. Leider wesentlich mehr als bekannt ist. Tone und Lehmböden können über Jahrhunderte und noch viel länger einen tragfähigen Untergrund bieten, wenn die Bodenfeuchte konstant bleibt. Ändern sich die Bedingungen, wird es feuchter, dann bekommt der Boden völlig neue Eigenschaften: Aus einem standfesten Grund wird eine kriech- oder gleitfähige Masse, wobei sich die physikalische Belastbarkeit um zwei Zehnerpotenzen ändern kann. Unter den Stichworten **Bodenmechanik** und/oder Grundbau lassen sich im Internet viele Beispiele, Skripte und weitere Literatur finden, die das ziemlich komplexe Thema behandeln. Auf die technischen Fakten werden wir hier nicht eingehen können, aber ein paar Beobachtungen der Natur können sehr hilfreiche Hinweise über den Untergrund abgeben. Dazu braucht es keine großartigen Messgeräte, es reichen die Möglichkeiten zur Feuchtebestimmung und einige Beobachtungen.

Ursachen für Durchfeuchtungen im Boden

Für eine Durchfeuchtung eines Bodens gibt es viele Ursachen:

- natürliche Wasseradern unter der Oberfläche;
- defekte Wasserableitungen und defekte Wasserversorgung;
- Klimaeinflüsse wie Niederschläge oder Dauerregen;
- nutzungsbedingte Einflüsse wie die automatische Bewässerungen für Garten oder Rasen;
- Versiegeln des Bodens, womit die Verdunstung wegfällt;
- Entfernen von Pflanzen, die das Wasser aus dem Boden aufsaugen und verdunsten.

Es ist kein Wunder, dass gerade mit dem steigenden Wohlstand und dem Wunsch nach sowohl ertragreicheren Ernten, als auch gepflegten Wohnumgebungen mit ständig grünem Rasen die Meldungen über Schäden zunehmen.

Als grobe Faustregel kann gelten: Je mehr Feinanteile ein Boden aufweist und je feuchter der Boden ist, umso eher sind Bodenbewegungen bzw. Gleiterscheinungen zu erwarten.

Boden ist nicht so statisch, wie es auf den ersten Blick aussieht. Nur die Zeiträume sind andere.

Unter einer Siedlung befindet sich ein Salzlager, das von einer Wasserader langsam aufgelöst wird. Wenn die Standfestigkeit fehlt, dann werden die Gebäude einsinken.

Genauso kann sich ein Boden verändern, wenn Schwachstellen im Aufbau vorhanden sind. Immer wieder liest man Berichte von Häusern, die in einem Loch versinken oder selt-

3-1
Salzlager im Boden

Im Boden können einige Überraschungen verborgen sein.

samen Löchern, die sich auf einmal öffnen und sehr tief sein können. Die Ursachen dafür sind ebenso unterschiedlich:

- Salzstöcke im Boden, die sich wieder auflösen und den Boden einbrechen lassen **(Bild 3-1)**;
- Gipslagerstätten, die vom Wasser langsam aufgelöst werden und Mulden hinterlassen;
- Wasserlinsen im Boden, vor allem im Schwemmland, die an die Oberfläche kommen;
- Verlagerungen im Boden, in tieferen Schichten, wenn Wasser dazukommt;
- Aufquellen von Anhydridschichten beim Zutritt von Wasser (mit Hebungen).

Für unser Thema soll nur auf diese Möglichkeiten hingewiesen werden.

Aufbau eines Bodens aus Sicht der Bodenmechanik

Auch kleine Stücke können sehr große Oberflächen haben.

Es ist von Vorteil, die **Bodeneigenschaften** möglichst zu Beginn von Bauarbeiten oder Veränderungen festzustellen. Die folgende Tabelle zeigt den Zusammenhang zwischen Feuchte und Korngröße. Für die Tabelle wurden die üblichen Bezeichnungen und Klassierungen verwendet, wobei die Begriffe und die **Durchmesser der Partikel** teilweise überlappend sind. Der Leser möge sich nicht an der Verwendung eines Würfels gegenüber einer Kugel als ideales Partikel stören. In der Realität sind die Dinge noch viel komplexer, z. B. mit plattigen Partikeln, weshalb in der Literatur oft von vergleichbaren Querschnitten und Durchmessern etc. gesprochen wird.

Eine kleine Tabelle zeigt die Zusammenhänge zwischen der Korngröße, der maximalen Wasseraufnahme und den bodentechnischen Bezeichnungen:

Bezeichnung des Bodens	Seitenlänge der Partikel	Relative Oberfläche	Oberfläche absolut	Relative Partikelzahl	Sättigungsfeuchte in Gewichtsprozenten
Kies, Steine	20 mm	1	24 cm²	1	>0
	2 mm	100	2400 cm²	10^3	10
Sand	200 µ	10^4	24 m²	10^6	20
	20 µ	10^6	2400	10^9	30
Schluff	2 µ	10^8	24 ha	10^{12}	40
	200 nm	10^{10}	24 km²	10^{15}	50
Ton	20 nm	10^{12}	2400 km²	10^{18}	60
	2 nm	10^{14}	Belgien	10^{21}	80…100
Kolloide, Gele	0,2 nm	10^{16}	Halbe Erdoberfläche	10^{24}	>>100

Tab 3-1

Die **Tabelle 3-1** soll zeigen, dass beim Zerkleinern oder Verwittern von Mineralien sehr kleine Partikel entstehen, deren Oberfläche extrem schnell anwächst. Feuchtigkeit kann sich an alle Oberflächen anlagern, womit die Sättigungsfeuchte mit der Oberfläche mitgeht. Beim ursprünglichen Stein mit 2 x 2 x 2 cm spielt die Sättigung praktisch keine Rolle, aber zwischen Sand und Schluff wird die maximale Wassermenge schon deutlich größer. Werden die Partikel noch weiter zerkleinert, dann geht es über Tone bis zu den Kolloiden und Gelen. Eiweiß im Ei ist z. B. ein Gel, mit weit mehr als 100 Prozent Wasser, bezogen auf die Trockensubstanz.

Zum Bestimmen der Partikelgröße wird auch gerne die Handgriffmethode angewendet: Spürt man noch feinste Sandkörner beim Zerreiben der Probe, dann kann die Probe am Übergang zwischen Sand und Schluff eingestuft werden. Größere Teile lassen sich mit freiem Auge sehen, die wesentlich kleineren verraten sich über die **Wasseraufnahme** und das Gleiten. Bei den notwendigen Überlegungen geht es auch um das Gleiten: Was zwischen den Fingern nur einen leichten Widerstand aufweist, das rutscht dann auch in der Natur. Diese Eigenschaft ist abhängig von der Wassermenge in der Probe.

Zur Feuchtigkeit lässt sich auch eine Aussage treffen: Je feiner die Partikel sind, umso langsamer strömt das Wasser durch den entsprechenden Boden. Ab dem Ton gilt der Boden als dicht und nimmt auch schwer Wasser auf. Damit gelten die Tone auch als **natürliche Dichtstoffe**.

Diese Aussage der natürlichen Dichtstoffe führt auch zu vielen Fehlinterpretationen: eine Lehmlage (Ton und Sand) soll ein Gebäude vor Feuchtigkeit schützen, also werden die Grundmauern in Lehm gepackt. Das Ergebnis ist vorhersehbar: Ton nimmt bis zu 60 Gewichtsprozent an Wasser auf, Lehm wegen der Sande an die 40 Gewichtsprozent. Diese Wassermenge muss erst verdunsten, was nur über die Grundmauern möglich ist.

Wird diese Lage doch trockener, dann fehlt das Wasser und die Dichtlage weist zahlreiche Sprünge auf, in die Wasser von außen eindringen kann. Der einzige Vorteil dieser Dichtlage besteht darin, dass wegen der geringen Transportfähigkeit für Wasser die Wassermenge verringert wird, die in den Baukörper kommt. Dicht ist die Lage jedenfalls nicht, wie die vielen feuchten Grundmauern im Lehmboden zeigen.

Einfache Untersuchungen

Wie komplex die Zusammenhänge einzuschätzen sind, zeigt die Bodenprobe aus einem kleinen Ausbruch in einer Lösswand in **Bild 3-2**.

3-2 Hang mit Ausbruch

Bei einem **Lösshang** in der Wachau sind wieder Teile abgerutscht. Schon vor etlichen Jahren wurde eine kleine Betonwanne zum Auffangen des lockeren Materials errichtet, die inzwischen gut aufgefüllt ist. Links zeigen sich tiefer gehende Risse im Löss, auch dieser Teil scheint an der Grenze zur Standfestigkeit.

Im Gegensatz dazu zeigt sich auf der anderen Straßenseite **(Bild 3-3)** ein natürlicher Steilhang im Löss, mit einer geschätzten Höhe von 8 Metern. Auffallend ist der starke Bewuchs auf der Oberfläche.

3-3 Natürlicher Steilhang im Löss

Ein Steilhang sagt noch nicht viel aus über die Beschaffenheit des Bodens.

Auch diese Aufnahme deutet darauf hin, dass der Boden in Bewegung ist, die Bäume am Rand stehen schief. Der sehr dichte Bewuchs mit Bäumen, Sträuchern und Gräsern schützt den Boden darunter vor einer zu schnellen, natürlichen Abtragung. Der größte Teil des Niederschlags von ca. 480 mm pro Jahr wird von den Pflanzen aufgenommen, es gelangt nur sehr wenig in den Untergrund. Auffallend ist auch die helle Farbe der Lösswand, im Gegensatz zum vorigen Bild.

3-4
Hang in Bewegung

Weitere Hinweise lassen sich auch in der unmittelbaren Nachbarschaft der ausgebrochenen Stelle finden: Obwohl der Hang nur mehr eine Neigung von 50 Grad aufweist, stehen alle Bäume schräg. Auf der linken Seite gibt es noch eine offene Flanke, das abgerutschte Material hat unten einen inzwischen bewachsenen Rasen hinterlassen. Einzelne Brocken sind als helle Flecken erkennbar. Der Bewuchs oberhalb besteht aus einer natürlichen Grasschicht, zu wenig, um den Boden darunter zu schützen.

Vom **natürlichen Bewuchs** sind nur mehr die Wurzelstöcke übrig **(Bild 3-5)**. Die toten Wurzeln können weder den Boden zusammenhalten noch das Wasser aus dem Boden entfernen.

3-5
Der natürliche Bewuchs im Bereich des Steilhanges wurde entfernt.

Die häufigen Reparaturen im Asphalt weisen ebenfalls auf Bewegungen im Boden hin.

3-6 Die Bewegungen zeigen sich auch in der Straßendecke.

Um die Situation abzuklären, wurde eine Bodenprobe vom Bruch entnommen. Die Probe selbst war sehr locker und leicht zusammenzudrücken. Der Feuchtigkeitsgehalt im Bruchgebiet **(Bild 3-2)** war innerhalb des erwarteten Bereichs, aber deutlich feuchter als die Vergleichsprobe vom benachbarten Hang im **Bild 3-4**:

Bezeichnung Messwert – Rechenwert	Einheit	Bruch	Hang
Probengewicht = Eingewogene Probenmenge	g	10,6	12,0
Trockengewicht = Trocknen der Probe	g	9,0	11,8
Wassergehalt = Gewichtdifferenz der Proben feucht minus trocken	g	1,6	0,2
Feuchtegehalt = Wassergehalt durch Trockengewicht x 100	%	**17,8**	**1,7**
Sättigungsgewicht = Befeuchten der Probe bis zum Abtropfen	g	14,4	17,6
Sättigungswasser = Differenz zwischen Sättigungs- und Trockengewicht	g	5,4	5,8
Sättigungsfeuchte = Sättigungswasser durch Trockengewicht x 100	%	60	49,2
Sättigungsgrad der Probe = Feuchtegehalt durch Sättigungsfeuchte x 100	%	**29,7**	**3,5**

Tab. 3-2

Beide Proben in der **Tab. 3-2** weisen eine sehr geringe Festigkeit auf, die feuchte Probe vom Bruch hat nach dem Verdichten eine sehr hohe Druckfestigkeit. Die trockene Probe haftet nicht mehr ausreichend. Auffallend ist die erhöhte Feuchtigkeit im Bruchmaterial.

Die Fingerdruckprobe[17] liefert ebenfalls erste Ergebnisse, auf eine sehr einfache Art:

- Lässt sich der Boden nur mit dem Daumennagel ritzen, dann kann von einer ausreichenden Tragfähigkeit ausgegangen werden. Der Boden gilt als fest, mit einer Belastbarkeit um die 600 N/m^2
- Geht der Daumennagel in den Boden, dann gilt der Boden als halbfest, mit einer Belastbarkeit von 200…600 N/m^2
- Lässt sich der Daumen in den Boden drücken, dann gilt er als steif, mit ca. 60…200 N/m^2
- Lässt sich der Finger eindrücken, dann gilt der Boden als weich, mit 20…60 N/m^2.
- Kann die ganze Faust in den Boden eingedrückt werden, dann gilt er als sehr weich, mit 6…20 N/m^2.
- Läuft die Probe zwischen den Fingern durch, dann gilt der Boden als breiig.

Die vorhandene, feuchte Probe kann nach der Kompression als steif bezeichnet werden, vorher war sie sehr weich. Besteht der Verdacht auf eine tiefergehende Durchfeuchtung, dann sollte eine Bodenprobe mit dem Erdbohrer gezogen werden.

Die Vorgeschichte zu dem Bruch zeigt, mit den Bildern auch aus der Umgebung, dass der Boden ständig in Bewegung ist. Eine erhöhte Feuchtigkeit im Boden kann die Bewegungen beschleunigen, weil der Tonanteil eben schneller gleitet. Der Boden hat sehr viel Zeit, um einem Druck oder einer Last nachzugeben.

Beachten des Naturraumes

Mit etwas Aufmerksamkeit können viele Probleme selbst erkannt werden. Bei einem ungestörten Boden kann schon die Beobachtung der Pflanzen und der Oberflächen auf dem Grund viele Hinweise liefern:

- Welche Pflanzen wachsen vor Ort?
- Gibt es Feuchte- oder Trockenzeiger?
- Ist die Niederschlagsmenge bekannt?
- Gibt es Unterlagen oder Hinweise über den Wassertransport im Boden?
- Wie wachsen die Pflanzen, die Bäume? Gibt es schief stehende Bäume?
- Zeigt der Boden Aufwölbungen im unteren Bereich von Hängen?
- Gibt es Mulden im Boden und wie lassen sich diese erklären?
- Zeigen sich Abrisslinien im Boden im oberen bis mittleren Bereich?
- Wie druckfest ist der Boden?
- Gibt es Quellen oder Wasserläufe auf oder aus dem Grund?
- Wurde der Gefahrenzonenplan eingesehen?
- Gibt es eine Geologische Karte bzw. Bodenuntersuchungen?

Pflanzen sind sehr zuverlässige Messinstrumente über den Naturraum. Auch der Boden selbst berichtet etliches schon an der Oberfläche.

Die Probleme mit einer höheren Durchfeuchtung können, je nach Nutzung des Bodens oder der Gebäude und der Instandhaltung, auch erst nach etlichen Jahrzehnten oder auch mehreren hundert Jahren auftreten. Ein lehmiger oder toniger Boden braucht sehr lange, bis genügend Wasser gespeichert ist, damit die Festigkeit nachgibt. Gelegentlich verstecken sich die Probleme in einigen Metern Tiefe, womit die sonst üblichen Anzeichen eines Grundbruchs mit Aufwölbungen an der Oberfläche nicht unmittelbar sichtbar sein müssen.

Problematisch ist, dass die Ereignisse auch sehr plötzlich eintreten können. Ein völlig intaktes Bauwerk kann in kurzer Zeit, in einigen Tagen, zu einem sehr aufwändigen Schadensfall werden.

Eine Sanierung des Bruchs kann auf mehreren Arten erfolgen: In der Wachau sind seit langem **Trockenmauerwerke** üblich, bei denen Steinplatten zu einem Mauerwerk aufgeschichtet werden. Der Vorteil dabei besteht in den Zwischenräumen, durch die eine Trocknung erfolgen kann. Bei einem Trockenmauerwerk sollte auf eine Ableitung des Regenwassers nach außen geachtet werden.

Eine übliche Variante besteht in einer Stützmauer aus Beton oder Betonteilen. Die Konstruktion entspricht den üblichen Vorgaben für Stützmauern, nur sollten die Öffnungen für das Hangwasser und für eine Durchlüftung nicht vergessen werden.

Eine Stabilisierung mit **naturbaulichen Maßnahmen** wie Faschinen und Weidenstecklingen, um die Feuchtigkeit aus dem Hang herauszubekommen, kann wegen der Steilheit des Hanges nicht empfohlen werden. Allerdings können die

17 Quelle: http://vzb.baw.de/publikationen/kolloquien/0/16-AugnerLaborversuche.pdf

notwendigen, baulichen Sicherungsmaßnahmen mit einzelnen Pflanzungen gut unterstützt werden, es wäre ein aktiver Austrag des Wassers.

Keller

Erdkeller werden seit vielen Jahrtausenden in standfeste Hänge gegraben. Bei Lehm- bzw. Lösshängen bringt das Material eine ausreichende Stabilität mit sich, damit die Keller über viele Jahrzehnte und länger genutzt werden können. Eine radikale Trockenlegung dieser Naturkeller kann zu Schwindungen im Material führen, weil die Bodenfeuchtigkeit fehlt. Zu hohe Feuchte kann jedoch mit einem Lufttrockner entfernt werden.

Ist das **Kellergewölbe mit Ziegeln** gemauert, dann kann auch mit Wärme gearbeitet werden. Es muss allerdings die ganze Gewölbefläche erwärmt werden, um die Feuchtigkeit zurückzutreiben. Das Kondensat aus den Trocknern muss nach außen abgeleitet werden, ein Versickern im Keller kann den Boden weiter aufweichen und erhebliche Folgeschäden nach sich ziehen. Eine ausreichende Belüftung sollte bei einem Keller immer vorhanden sein, allein wegen der Bodengase.

Felskeller werden aus einem massiven, aber bearbeitbaren Boden herausgeschlagen, wie bei weicherem Fels, Konglomeraten, Gneis oder Sandstein. Diese Materialien hängen in der Festigkeit nicht von der Materialfeuchte ab; ein Entfernen der Feuchte sollte keine Probleme mit sich bringen.

Auch bei Kellern sollten die Ursachen für Feuchte vor einer Maßnahme untersucht werden.

Ein Ausmauern des Gewölbes, bei reiner Nutzung als Keller, wird nur bei besonders weichem, sandigem oder stark verwittertem Material aus statischen Gründen notwendig sein. Das Ausmauern ist dann anzuraten, wenn auf dem Keller weitere Bauwerke errichtet werden sollen. Die zusätzliche Last setzt sich in den Boden fort und eine stabile Schale beim Keller ist da von erheblichem Vorteil.

Ist der Keller durch Sickerwasser belastet, dann sind baumeisterliche Arbeiten gefragt, mit Dichtbeton und Dichtmitteln bis zur Injektage von Versiegelungen[18]. Bei alten Bauten muss die Porosität der Grundmauern beachtet werden, bei ihnen kann man keinesfalls von hydraulischer Dichtheit ausgehen. Besteht die Gefahr eines Staudrucks durch das nachträgliche Abdichten, dann sollten auch Maßnahmen zum Ableiten des Wassers vorgesehen werden.

Wärme alleine kann bei schwachem Feuchteeintrag für ein brauchbares Klima ausreichen, nicht mehr bei nässenden Belastungen. In einem Fall, einem späteren Museum, konnte ein dumpfer Keller mit ein paar Wärmeleitungen in der Wand und auf einem Felsen so weit aufgewärmt werden, dass die kühle Feuchte weg war und der Raum auch als Lager genutzt werden konnte.

Wird ein **Keller mit Isolierungen** und Dichtmitteln saniert, damit das Wasser nicht mehr eindringt, dann kann, im Sinne einer raschen Nutzung der Räume, der Wärmeeintrag durch die Temperierung erhebliche Vorteile mit sich bringen. Sobald die Dichtmittel abgebunden haben, kann die restliche Baufeuchte durch die Erwärmung rasch ausgetrieben werden. Anstelle langer Wartezeiten, bis die Feuchte endlich durch den Luftwechsel auf ein erträgliches Maß gesunken ist, können die Räume in einigen Wochen voll verwendet werden. Der Aufwand dafür ist ziemlich gering, im Zuge der Bauarbeiten können die notwendigen Rohre mit verlegt und eingeputzt werden.

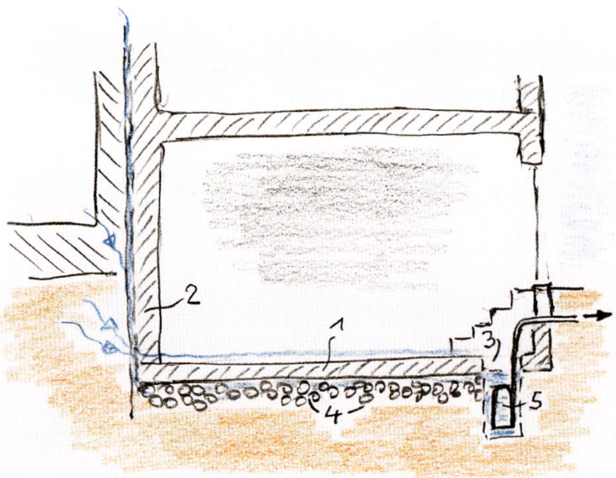

3-7 Drainage über die Rollierung

In einem anfangs schwierigen Fall konnten die wiederholten Wassereinbrüche bei einem Halbkeller mit einer einfachen Maßnahme saniert werden **(Bild 3-7)**. Regelmäßig, nach stärkeren Regenfällen, stand der Keller mehrere Zentimeter unter Wasser. Eine Drainage rund um den Keller war nicht möglich, das Haus war an die Nachbargebäude direkt angebaut. Von dort, dem Nachbargrundstück, kam auch das Wasser, wobei

18 Als Literatur dazu sei genannt: Robert Graefe, Kellersanierung für die Praxis, Rudolf Müller Verlag; Frank Vogt/Jan Bredemeyer, Abdichtung fachgerecht und sicher, Fraunhofer IRB-Verlag, oder die Fallbeispiele von www.koster.eu

die Quelle nicht zu orten war. Eintrittsstelle war die Fuge zwischen der Bodenplatte [1] des Kellers und dem aufgehenden Mauerwerk [2].

Wegen der Belastungen durch das Wasser hat die Besitzerin bereits einen flachen Pumpensumpf [3] in die Bodenplatte [1] gestemmt. Als Lösung wurde der Pumpensumpf [3] so weit vertieft, bis die Rollierung [4] erreicht worden ist. Mit einer kleinen automatischen Pumpe [5] konnte das Wasser jetzt unterhalb der Bodenplatte [1] durch die Rollierung [4] abgeleitet werden. Sobald der Pumpensumpf zu wenig Wasser hat, schaltet die Pumpe [5] von alleine wieder ab.

Eine Ableitung in die Kanalisation wäre möglich, würde aber an die 10 m Künette bis zum Kanal zur Folge haben. Seit dem Abpumpen, ein- oder zweimal jedes Jahr, gibt es keine Wasserprobleme mehr. Der Keller ist geruchfrei und trocken.

Kräfteverteilung bei einem Erdkeller im Löss

Die Kräfteverteilung in einem Erdkeller [1] bildet die Grundlage, um die Veränderungen im Laufe der Zeit – und bei Feuchtezutritt – zu erklären. Erdkeller werden wegen der Standfestigkeit immer als Gewölbe [2] gebaut, weil bei dieser Konstruktion die Lasten [3] auf dem Keller seitlich [4] abgeleitet werden können. Gelegentlich werden die Keller auch mit Ziegeln [5] ausgemauert, was sowohl die Standfestigkeit, als auch die Oberflächenqualität stark verbessert. Überraschend ist für die Besitzer dieser Keller dann, dass z. B. die Bodenplatte [6] in der Mitte einen Riss [7] bekommt und sich nach oben aufwölbt, obwohl sie aus Beton besteht. Ursache sind die seitlichen Lasten [4], die an den Rändern die Platte [6] nach unten drücken. Die Platte hat jetzt zwei Möglichkeiten: entweder die ganze Last bis zur Erdoberfläche zu tragen – wofür sie meistens nicht ausgelegt ist – oder dem Gegendruck vom Boden [8], von unten, nachzugeben. **Setzungen** werden diese Erscheinungen genannt und liefern, je nach Bauweise und Statik die entsprechenden Bilder.

Kommen jetzt noch zusätzliche Baukörper wie ein Schwimmbad [9] und Feuchte von einer Bewässerung [10] dazu, dann werden damit zwei Prozesse in Gang gesetzt:

- Das Gewicht des Bodens erhöht sich um den Betrag der Feuchte im Boden und
- die Haftung zwischen den Bodenpartikeln wird geringer.

Die Setzungen beschleunigen sich, bis ein neuer, stabiler Zustand erreicht wird. Ob der dann mit dem Interesse des Besitzers ident ist, muss bezweifelt werden.

Jeder Keller unterliegt erheblichen Kräften, die vom Erdreich ausgehen.

Die Maßnahmen zum Schutz des Kellers ergeben sich aus den Ursachen:

- Verringern des Wasseranteils im Boden durch Trocknung im inneren Bereich;
- Pflanzungen, um größere Wassermengen aus dem Boden zu saugen ;
- Vermeiden jeder weiteren Wasserzufuhr;
- Entlasten des Kellers.

Sind die Schäden bereits massiv fortgeschritten und sollen die obenliegenden Bauten erhalten werden, dann bleiben nur zwei Wege:

- Ausbau des Kellers zu einem tragfähigen Tunnel, mit allen Techniken des Tunnelbaus oder
- das Verfüllen des Kellers, um weitere Setzungen zu vermeiden.

Beim Verfüllen muss das Füllmaterial verdichtet eingebracht werden, um nachträgliche Bodenbewegungen gering zu halten. Im Bergbau, der mit ähnlichen Problemen zu tun hat, werden die Hohlräume auch mit Magerbeton aufgefüllt, möglichst bald nach dem Abbau der Rohstoffe.

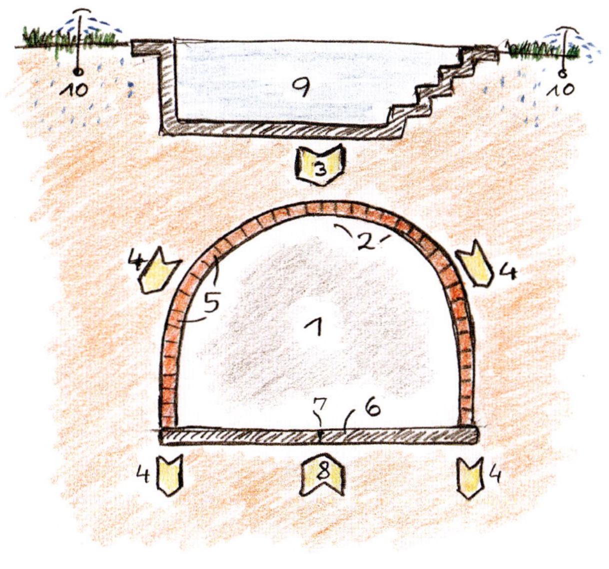

3-8 Kräfteverteilung bei einem Erdkeller

Fundamente und der Boden

Das Kapitel über die Keller zeigt, dass ein Boden ziemlich beweglich sein kann. Man sieht es nicht gleich, aber nach ein paar Jahren machen sich die Setzungen unangenehm bemerkbar. Setzungen sind immer Bewegungen im Boden, was auch heißt, dass die Isolierungen gegen die Feuchte an der Außenseite eines Kellers oder der Fundamente mit einiger Sicherheit geschwächt werden. Selbst felsige Untergründe reagieren auf das Gewicht von Baukörpern mit Setzungen, wenn auch nicht so drastisch wie in weicheren Böden.

Sollen die leidigen **Setzungsrisse** im Baukörper, die bei Altbauten – auch kulturhistorischen! – immer wieder zu sehen sind, vermieden werden, dann müssen die Fundamente in der Lage sein, das gesamte Gewicht des Baukörpers oberhalb auch bei ungleicher Unterstützung gleichmäßig zu tragen. Wer im Fundament spart, zahlt später ein Vielfaches für die Sanierungen.

3-9 Schräg stehendes Haus in einem Hang

Schräg stehende Gebäude bzw. Mängel bei Abdichtungen können mit einer Injektagetechnik saniert werden.

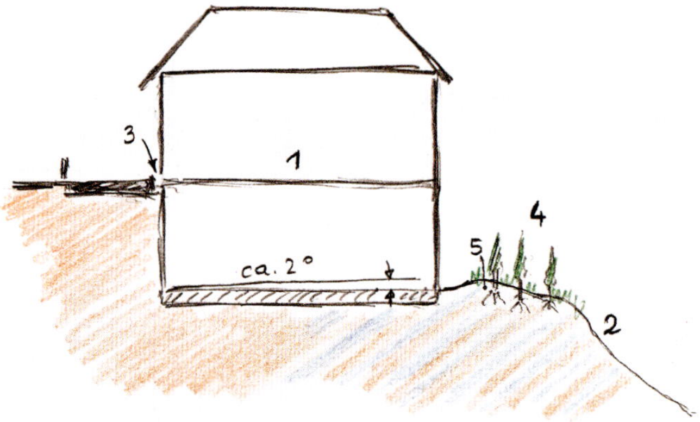

In einem Beispiel **(Bild 3-9)** wurde ein Haus [1] in einen Lehmhang [2] hinein gebaut. Nach runden 20 Jahren stand das Haus leicht schräg, mit rund 2 Grad, in Richtung Abhang. Gleichzeitig hat sich hangseitig, bei der Eingangstür, ein Spalt [3] geöffnet. Talseitig war ein liebevoll gestalteter Garten [4], mit zahlreichen Pflanzen, die einiges an Wasser benötigen.

Die Beete waren etwas höher als man sie üblicherweise anlegt, mit einem leichten Buckel [5] in der Nähe des Hauses. Die teilweise Erweichung des Bodens durch die Wasserzufuhr hat zum Kippen des Gebäudes geführt.

In diesem Fall wäre eine Sanierung möglich, mit zwei Schritten:

- Entfernen des Wassers im Boden, z. B. durch Pflanzen, aber ohne Bewässern;
- **Heben des ganzen Gebäudes** mit Injektagetechniken.

Das Verpressen von Böden, von Spalten im Fels und das Heben von Baukörpern wird seit mehr als 50 Jahren durchgeführt[19]. Es ist allerdings viel Fachwissen notwendig, um die besten Maßnahmen für den Boden und für die Aufgabenstellung zu finden. Werden die Maßnahmen fachgerecht durchgeführt, dann kann durch die Injektage neben der Hebung ein verbreitertes Fundament geschaffen werden, womit die Stabilität deutlich verbessert wird **(Bild 3-10)**.

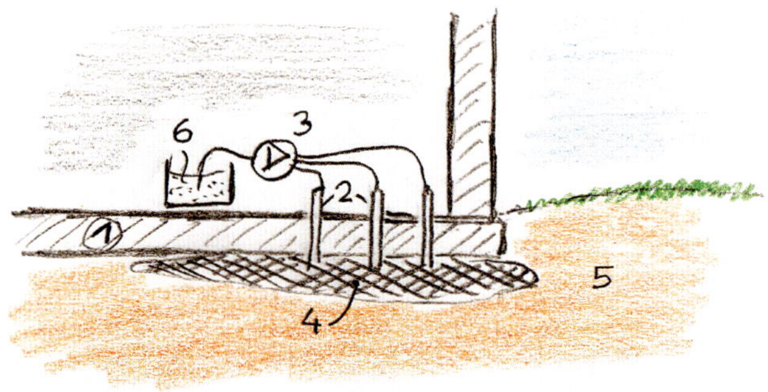

3-10 Injektage zum Heben eines Fundaments

Die Bodenplatte [1] wird durchbohrt und mit Sonden [2] für die Injektage versehen. Das Material wird mit einer Hochdruckpumpe [3] (bis zu 100 kg/cm^2) unter die Bodenplatte [1] gepresst. Dabei soll eine Linse 4 aus tragfähigem Material die Platte [1] anheben.

Das Können der Spezialisten besteht darin, den Boden [5] richtig einzuschätzen und die Mischung [6] so zu gestalten, dass die geplante Linse [4] steif genug wird, um den Hebeeffekt zu erreichen. Dazu gibt es eine Vielzahl von Mischungen und die notwendige Erfahrung der Unternehmen, neben der Viskosität auch mit einer angepassten Füllmenge zu heben. Wird zu schnell gepumpt, dann kann die Mischung zur Oberfläche kommen und der Hebeeffekt ist vorbei.

Schlechter muss die Situation bei Altbauten mit mangelhaften Fundamenten beurteilt werden: Die Hebung erfolgt mit großem Druck bei der Injektage. Daher muss erst das Fun-

19 Z. B. Henri Cambefort, Bodeninjektionstechnik, Bauverlag 1969

dament so weit stabilisiert werden, dass es diese zusätzliche Kraft zum Heben aufnehmen kann.

Grundmauern, Fundamente

Bei alten Bauten oder auch bei Bauten, die mit geringen Mitteln errichtet worden sind, weisen die Grundmauern oft gravierende Mängel auf. Nicht selten wurde das aufgehende Mauerwerk auf einen halbwegs tragfähigen Boden aufgestellt, eine heute übliche Grundmauer bis in die frostfreie Zone (mind. 1 m) fehlt.

Dieser Mangel kann auch ein Vorteil sein: Bei den ohnehin notwendigen Sanierungsarbeiten an einem derartigen Gebäude, errichtet 1848, wurden bei der Instandsetzung 1986 die Grundmauern, soweit erreichbar, schrittweise ergänzt. Für die Arbeiten wurden Natursteine und Ziegel verwendet, wobei der Mörtel ein sehr dichter Zement mit einem Mischungsverhältnis von 1:3 war. Auf diese Art ist, mit dem Fundament, gleich eine für viele Jahrzehnte sichere Dichtschicht aufgebaut worden. Die Belastungen durch aufsteigende Feuchte konnte durch diese schrittweise Errichtung eines Fundaments massiv verringert werden.

3-11 Ergänzen der Fundamente

Um die Statik des Gebäudes nicht zu gefährden, wurden die Fundamente als kleine Säulen nur in Schritten von halben Metern errichtet. Selbstverständlich musste das freihängende, aufgehende Mauerwerk gestützt werden, um ein Losbrechen der Steine zu vermeiden.

Gegen eventuelle Setzungen wurde der Zementmörtel in der letzten Fuge eingestemmt **(Bild 3-11)**, ähnlich wie Dichtmaterial bei Steinzeugrohren. Es wurden auch, trotz erheblicher Arbeiten am Gebäude, keinerlei Setzungen beobachtet.

ACHTUNG!
Diese Arbeiten zur Ergänzung eines Fundaments dürfen nur von fachlich versierten Kräften ausgeführt werden. Es muss die Tragfähigkeit des Bodens abgeschätzt werden, die Statik des Gebäudes gehört beachtet, die freiliegenden Wandteile müssen gesichert und das Gebäude muss ständig beobachtet werden, ob sich Risse zeigen bzw. verändern.

3-12 Dichtfolie gegen seitliche Feuchte

Sollten Fundamente vorhanden sein, dann besteht eine wesentliche Maßnahme darin, den Zutritt der Feuchte durch das Entfernen des Erdreichs von den Seiten der Fundamente zu verringern **(Bild 3-12)**. Der Graben kann zum Trocknen offenbleiben, günstiger ist das Einlegen einer Drainage und das Auffüllen mit groben Steinen. Die Drainage soll nach den üblichen Regeln für das Drainieren von Wasser verlegt werden, allerdings mit einer zusätzlichen Funktion: Beide Enden der Drainage sollen im Freien liegen, sodass Luft durch die Rohre

3-13 Nicht ausreichende Verlegetiefe gegen seitliche Feuchte (links)

3-14 Keine ausreichende Wirkung, die Wand ist feucht (rechts)

zirkulieren kann. Sehr hilfreich ist die Nutzung der Kaminwirkung von nach oben verlaufenden Rohren, um eine stetige Durchströmung zu erreichen. Die Steinlage wird mit Platten aus Stein oder Beton abgedeckt, um die kapillare Unterbrechung möglichst lange aufrecht zu halten. Ziel der Maßnahme ist, die Trocknung auch in Richtung Außenseite aufrechtzuerhalten bzw. zu verbessern.

Falls der Raum für die Arbeiten sehr knapp ist, kann auch mit anderen Maßnahmen wie dem Einlegen von dichten Blechen oder Folien das seitliche Eindringen von Feuchte verringert werden **(Bild 3-13)**. In Sonderfällen kann auch an die Instandsetzung einer Isolierung durch das Einpressen von Kunststoffen in den Raum zwischen der Wand und dem anliegenden Erdreich gedacht werden. Bei den höheren Arbeitsdrücken muss auch an die Stabilität der Wand gedacht werden. Ist das Mauerwerk schon sehr angegriffen, dann sind Ausbauchungen durch den Kunststoff zu erwarten.

Vor den Arbeiten an den Fundamenten ergibt es Sinn, sich die Pflanzen im Bereich der Fundamente anzusehen **(Bild 3-14)**. **Feuchtezeiger** wie Moose oder Farne lassen auch bei einer Unterbrechung des Wasserzutrittes nur geringe Verbesserungen erwarten; hier spielt das lokale Klima nicht mit. Die Luft ist schon zu feucht.

Sanierung der Außenflächen

Bei den üblichen Sanierungen werden drei Wege vorgeschlagen:

- **Vorsatzschalen** aus festem Material, z. B. Natur- oder Kunststein, mit einem Luftraum dahinter für das Abtrocknen des Mauerwerks,
- völlig dichte **Sanierputze**, z. B. Zementputze, um das angeblich von außen eindringende Wasser vom Mauerwerk abzuhalten, sowie
- großporige Sanierputze, damit sich die Salze in den Poren ablagern können.

Die Ursachen des Problems werden mit den Maßnahmen nicht behoben. Die Vorsatzschale außen hat vor allem eine optische Wirkung **(Bild 3-15)**, sie ändert nichts am Grundproblem einer feuchten Wand, trägt aber – bei korrekter Ausführung mit Lüftungsschlitzen – wenigstens zur Trocknung bei.

Die Wand hinter der Vorsatzschale sollte roh belassen bleiben, um der Feuchtigkeit beste Bedingungen für das Abtrocknen zu bieten. Jeder Putz würde die Abgabe von Feuchte nur behindern. Ein Abdichten der Fugen muss als Fehler angesehen werden, weil die natürliche Trocknung unterbrochen wird.

Die dichten Sanierputze außen, oft Zementputze, verhindern jeden Wassertransport an die Oberfläche, sie bieten lange Zeit eine optisch gute Oberfläche. Nur die Feuchte, die jetzt nicht abtrocknen kann, geht sowohl nach innen als auch in die Höhe. Die bekannten Feuchteschäden, mit dunklen Flächen bis zu **Absprengungen**, bilden sich dann halt oberhalb des dichten Putzes. Nicht selten werden diese dichten Putze – als Schutz vor Regen und Spritzwasser – noch mit einer Kunststoff-Farbe gestrichen. Der Kunststoff ist dann für den Wasserdampf noch dichter als der Dichtputz, und es kommt, völlig überraschend für alle, nach ein paar Jahren bis Jahrzehnten zum Abplatzen der Farbschicht vom Zementputz.

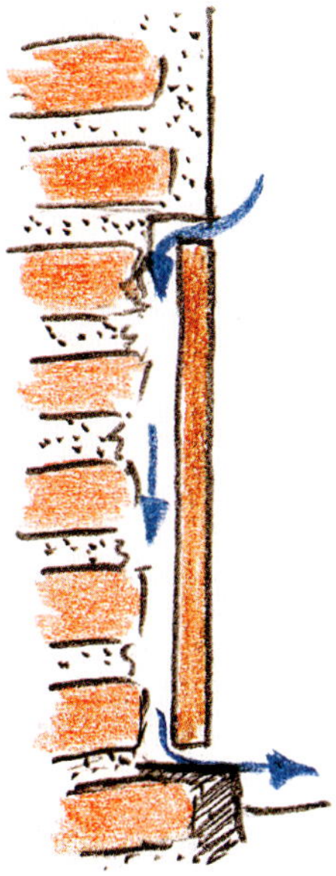

3-15 Vorsatzschale mit Hinterlüftung

Eine Vorsatzschale verdeckt nur die Feuchtigkeit in der Wand. Die Trocknung wird etwas verbessert, mehr aber nicht.

Ebenfalls konnte, bei den dichten Sanierputzen, eine Ablösung der gesamten Fläche von der Wand beobachtet werden. In diesem Fall hat sich die Kondensationszone zwischen der bestehenden Wand und der Putzlage gebildet, der Rest war die Arbeit von Frost und Salzen, mit einem Absprengen und Ablösen von der Wand **(Bild 1-30)**. Die gleichen Prozesse passieren auch in Natursteinen, die mit Schutzschichten versehen werden: Es ist exakt die zu erhaltende Oberfläche, die sich ablöst; ein Baudenkmal oder Kunstwerk ist damit verloren (siehe auch Kieslinger in der Literaturliste).

Die großporigen Sanierputze bringen Vorteile, da sie atmungsaktiv sind und eine Zeit lang die Salze aufnehmen und verstecken. Bei leichteren Fällen bieten sie eine brauchbare Lösung, sie können mehrere Jahrzehnte halten. Soll der Sanierputz funktionieren, dann dürfen nur die vom Hersteller angegebenen Farb- oder Oberflächensysteme eingesetzt werden, alles andere wäre ein Verstoß gegen die Regeln. Der Feuchtetransport zur Oberfläche darf nie behindert werden, sonst kommt es umgehend zu einem Abbau der Deckschicht und des Putzes. Ein nachträgliches Verputzen mit dichten Mörteln oder Farbschichten, z. B. wegen einer besseren Oberfläche, hebt die Wirkung der großporigen Sanierputze auf.

Lehmisolierung

Lehm wird im Wasserbau seit Jahrtausenden gern eingesetzt, um Sperren im Inneren abzudichten. Diese Methode funktioniert nur, weil der Lehm einerseits plastisch verformbar ist und damit in alle Ritzen und Fugen passt und andererseits nicht mehr Wasser aufnimmt, als für seine Plastizität notwendig ist. Eine Wasseraufnahme ist auch mit einem Quellen verbunden, womit der Dichteffekt verstärkt wird. Staudämme mit einem Lehmkern im Inneren, z. B. in China oder im Mittleren Osten, haben über 1000 Jahre allen Anforderungen standgehalten.

Ausgehend von dieser Lösung ist der Gedanke entstanden, Lehm auch bei feuchten Mauern als Isolierung gegen die Feuchte einzusetzen. Lehm bindet allerdings viel Wasser, das an einer feuchten Wand keinesfalls die Trocknung unterstützt. Bei einer Beratung konnte der Vorschlag, mit Lehm die Feuchte zu bekämpfen, mit einer simplen Frage geklärt werden: „Wenn die Wäsche trocken werden soll, gibt man sie dann in einen Lehmschlag oder hängt man sie auf?" Die gleiche Überlegung gilt für Wände und führt zum erfolgreicheren Trockenstellen der Wände.

Trockenstellen der Wände, Drainage, Durchlüftung

Das Abdichten der Außenseite zeigte die erwarteten Folgen, mit dem Höhertreiben der Feuchte über die Sperrlage hinaus. Also wurden neue Methoden überlegt, wie das Entfernen der Erde von den Grundmauern und Gräben, damit die Mauern an der Luft trocknen können.

Bei diesem Verfahren empfiehlt sich ein Blick auf die Vegetation rund um das Gebäude. Zeigen sich Pflanzen, die nur in feuchten Klimabereichen leben, wie Pilze, Algen, Moose, Farne, Weiden, Erlen, Eschen, Schilf, Reed, Nassgräser und Ähnliches, dann wird das Freistellen der Mauern wenig helfen, weil schon das Umgebungsklima zu feucht ist. Es muss mit Luftfeuchten um die 80 und mehr Prozent gerechnet werden, was ziemlich viel für eine erfolgreiche Trocknung an der Außenluft ist.

3-16 Vorbereiten für das Trockenstellen eines Fundaments

Die Drainage verfolgt zwei Ziele: einmal das Unterbrechen des Feuchteeintrages von der Seite und zum zweiten eine erweiterte Trockenzone im Sockelbereich.

Günstiger ist die Situation beim Auftreten von **Trockenzeigern**, wie Trockengräser, wasserspeichernde Pflanzen, Wein und Ähnlichen: Hier ist das Klima warm und trocken und die Wand hat eine Chance, Wasser abzugeben.

Die baulichen Maßnahmen sind einfach: Die Grundmauern werden freigelegt, soweit es Sinn ergibt. Das Einlegen von Drainagerohren hat den Vorteil, dass diese Rohre mit Außenluft durchströmt werden und damit überschüssige Feuchte aufnehmen können. Damit ist auch klargestellt, dass die Drainagerohre einerseits zufällig vorhandenes Wasser von der Schneeschmelze oder von stärkeren Niederschlägen ableiten sollen und andererseits mit der Außenluft in Verbindung stehen müssen. Besonders wertvoll ist ein **Kamineffekt** mit Naturzug, der eine ständige Durchlüftung bewirkt (siehe **Bilder 3-16** und **3-17**).

Die Künette wird nach dem Einlegen des oder der Drainagerohre mit groben Steinen gefüllt, damit eine kapillarbrechende Schicht zur Wand hin entsteht. Oberhalb kann diese Steinlage mit Platten abgedeckt werden, damit möglichst wenig Material wie Blätter, Erde, Grasschnitt etc. in die Künette gelangt. Dieses Material baut langsam wieder eine feuchte

3-17 Verringern des Feuchteeintrages durch eine seitliche Drainage und Steinlage entlang der Grundmauern

Schicht rund um die Steinlage und die Rohre auf, womit die Wirkung der Drainage verloren geht. Die Platten müssen Fugen von 1…2 cm Breite aufweisen, damit die Durchlüftung der Steinlage sichergestellt wird.

Die Feuchte kann noch immer über die Aufstandsfläche [1] in die Wand eindringen. Allerdings fehlt der seitliche Anteil und die Feuchte (blaue Pfeile, [2]) verteilt sich nach außen und innen. Auf alle Fälle wird die kapillar transportierte Wassermenge erheblich verringert; die Maßnahme schafft also eine erste Entlastung.

Wesentlich ist eine Durchlüftung der Drainage [3] mit einem Drainagerohr [4], im Bild unten, in der Künette [5] liegend. Es können auch mehrere Rohre eingesetzt werden, nur müssen sie alle durchlüftet werden.

Die Abdeckung der Drainage wird mit Fugen ausgeführt, damit ein ausreichender Luftwechsel sicher gestellt werden kann. Auch dieser Luftwechsel trägt zur Trocknung bei. Die Grenze zum Erdreich soll mit einer Folie 6 abgedeckt werden, damit die Feuchte von dort nicht eindringen kann.

Isolierungen an die Wand

Die Bauvorschriften heute verlangen auch einen Wärmeschutz beim Keller. Wird ein Altbau saniert, dann kann die Förderstelle oder zuständige Behörde die Einhaltung dieser Vorschrift vorschreiben. Für die Altbauten bedeutet diese Forderung ein schwer lösbares Problem: Wird, wie vorgegeben, die Außenseite des Kellermauerwerks glatt verputzt und anschließend mit einem Teeranstrich gegen seitlich eindringende Feuchte geschützt und dazu noch eine Dämmplatte mit extrudiertem Polystyrol an die Wand angeklebt, dann hat hier die Feuchte keine Chance, nach außen abzutrocknen. Es entsteht die gleiche Situation wie bei den Dichtputzen im Sockelbereich, mit dem Effekt, dass die Feuchte massiv nach oben steigt und nach innen, in das Gebäude, geht **(Bild 3-18)**.

Die Einhaltung bzw. Erfüllung der Vorschrift ergibt nur dann Sinn, wenn das Mauerwerk im Niveau des Kellerbodens eine effektive Feuchtesperre bekommt. Verbreitet sind Verfahren zum Durchschneiden der Mauern, allerdings muss das Mauerwerk zur Gänze durchgeschnitten werden. Im Spalt sind die üblichen Dichtplatten aus Kunststoff oder aus Edelstahl einzulegen bzw. ist der Spalt mit Dichtmörteln zu verfüllen. Auf alle Fälle löst diese Forderung eine massive Bautätigkeit aus, für die oft genug das Geld fehlt.

Mit den Sperrschichten an der Außenseite und unten ist nur ein Teil der Aufgaben gelöst. Die Wände sind durchfeuchtet und das Wasser kann jetzt, dank der Sperren an der Außenseite, nur mehr nach innen bzw. nach oben abtrocknen. Bei bis zu 300 Liter je Kubikmeter Ziegelwand kann dieser Vorgang auch mehrere Jahre dauern, eine nicht realistische Zeitvorgabe für ein Sanierungsvorhaben.

Die Sperrschicht [1] und der Wärmeschutz [2], meist dichtes, extrudiertes Polystyrol, verhindern zwar die Wasseraufnahme von der Seite, [3], behindern aber die Trocknung und verhindern eine Lösung mit einer Drainage außen.

3-18 Außenliegender Wärmeschutz mit Sperrschicht im erdanliegenden Bereich

Die Feuchte [5] von der Aufstandsfläche [4] kann nur mehr nach innen abtrocknen. Der Raum wird zwar wärmer, aber muffig durch die Feuchtigkeit, ein ideales Klima für Pilze, bis hin zu Algen auf den Oberflächen der Wände.

Die Variante mit einer Noppenfolie ist auch nicht viel günstiger. Zwar liegt die Folie nicht vollflächig an der Wand an, aber es gibt im Spalt von runden 10 mm, weil die Voraussetzungen fehlen, keine Luftzirkulation. Die Noppenfolie ist zwar vor Ort, aber die Feuchte bewegt sich nicht.

Falls ein Aufgraben außen nicht möglich ist, kann auch daran gedacht werden, entlang der Wand Bleche aus Edelstahl in den Boden zu schlagen. Diese Maßnahme kann eine Alternative zum nachträglichen Verpressen des Spalts zwischen der Wand und dem Boden mit Kunststoffen darstellen. Die erreichbare Tiefe ist allerdings beschränkt.

Wird der außenliegende Feuchteschutz, gemäß den geltenden Regeln, errichtet, dann sind bei einer Sanierung die entsprechenden Sperrschichten in die Wand einzubauen.

Keller und Feuchte

Der oben gezeigte Zustand mit einer vollständigen Sperre der Verdunstung nach außen muss bei Kellern unter Erdniveau angenommen werden. Ist das anliegende Erdreich oder Gestein sehr dicht, wie es bei Lehm oder massivem Fels der Fall ist, dann kann mit einem geringen Wassertransport zum Keller gerechnet werden. Wärme und ausreichender Luftwechsel können ausreichen, um einen Keller mit erträglichem Aufwand nutzbar und schimmelfrei zu halten.

Wenn außen Sperrschichten angebracht werden, dann kann die Feuchte nur nach innen gehen. Der seitliche Feuchteeintrag ist zwar unterbrochen, aber die aufsteigende Feuchte sollte mit weiteren Maßnahmen behandelt werden.

Ist der Boden jedoch stark wasserzügig, wofür Sand ein Beispiel ist, dann werden diese Maßnahmen nicht mehr ausreichen. Hier müssen alle Maßnahmen der nachträglichen Abdichtung, mit Injektagen in und außerhalb des Mauerwerks, überlegt werden, um den Feuchtezug aus dem Boden zu unterbrechen. Zusätzliche Wärme trägt zur rascheren Trocknung bei, allerdings kann die Feuchte nur mehr durch die Luft abgeführt werden. Die Luftführung ist gut zu planen, um die feuchte Luft tatsächlich zu entfernen. Trockengeräte sind eine gute Alternative, aber energieintensiv.

Verblenden der Innenflächen

Mit dem Bau fester Gebäude, seit vielen Jahrtausenden, besteht das Problem, dass die Innenseite der Wände feucht wird, sich Schimmel bildet und das Gebäude nach einiger Zeit nicht mehr genutzt werden kann. Die Ursachen sind, bis heute, immer die gleichen: In einem Haus oder Gebäude besteht ein anderes Klima, in den gemäßigten Zonen wird es häufig wärmer sein als außen. Warme Luft trägt mehr Feuchtigkeit an die kühlen Flächen einer Außenwand, womit eine Kondensatbildung und Durchfeuchtung allein von der Luft her gegeben ist. Fehlen die baulich notwendigen Isolierungen gegenüber dem Boden, dann kommt aufsteigende Feuchte auch noch dazu.

Das Verblenden der aufsteigenden Feuchte wurde, mangels besserer Technologie, zum Kultur- und Kunstgegenstand mit reichhaltiger Ornamentik. Überleben kann die Verblendung nur dann, wenn ein ausreichender Luftwechsel zur Wand vorhanden ist.

Die früheren Bauten waren alles andere als dicht, womit die Feuchte auch gute Chancen hatte, durch die zahllosen Fugen wieder zu entweichen. Damit ging zwar auch die Wärme verloren, aber der Winter war in diesen Zonen immer sehr ungemütlich, außen wie innen. Verschärft hat sich die Situation mit der Entwicklung dichterer, „passender" Fenster und Türen, mit Gläsern, damit auch noch Licht nach innen gelangen kann.

Die Reaktionen in der Kulturgeschichte der Menschheit waren ziemlich unterschiedlich: Frühe Kulturen haben ihre Wohnbauten oft abgetragen und mit neuem Material wieder aufgebaut. Damit war das Problem für einige Zeit wieder behoben, bis die Bauten wieder einmal saniert und zumindest teilweise neu gebaut worden sind. Eine besondere Rolle in der Antike spielte der Lehm, der leicht verfügbar war. Mit Lehm und Kalk konnten sehr beständige Bauten errichtet werden, später kamen noch die gebrannten Ziegel dazu. Bis 1900 war es in vielen Bereichen üblich, auch die Wohnhäuser aus den vorgefundenen Steinen, mit einem Mörtel aus Lehm, Sand, Kalk und Stroh, zu errichten, wobei auf eine Feuchtesperre mangels Material verzichtet worden ist. Bei hochwertigen Bauten wurde die Feuchtesperre ebenfalls bis ca. 1900 mit dichten Natursteinen – ohne Mörtelfuge – errichtet.

Die Feuchteprobleme dieser Wände – Kondensat und aufsteigende Feuchte – sind natürlich ebenso lange bekannt, wie es diese Bauten gibt. Kulturhistorisch hat man sich dann bemüht, die nicht sehr schönen Feuchtespuren durch kunstvolle oder auch schlichte **Verblendungen** aus Holz zu verdecken (wie in **Bild 3-19**). Hier hat sich eine ganze Schule entwickelt, von hinterlüfteten Verblendungen aus Holz, Metall, Bauplatten aller Werkstoffe bis hin zu völlig dichten Systemen, hinter denen sich die Feuchte massiv ausbreitet. Bis heute wird mit sehr mäßigem Erfolg versucht, z. B. mit dem Abdecken der feuchten Flächen durch Fliesen oder diffusionsdichte Dämmplatten, die Entwicklung aufzuhalten.

Fatal an dieser Vorgehensweise ist, dass mit dem Verblenden ein scheinbarer Erfolg gegeben ist: Durch das Baumate-

3-19 Verblendungen innen

rial, z. B. Holz oder eine Wärmedämmung, wird unmittelbar ein besseres Raumklima erreicht. Holz [1] wirkt warm und die Kälte der feuchten Wände [2] wird verdeckt. Bei fast allen kulturhistorischen Bauten gehört der Innenausbau mit Holzverblendungen an den Wänden zu einem guten Standard, verziert mit reichhaltigem Schnitzwerk oder Bemalungen, wie im **Bild 3-20**, Schloss Eisgrub im Erdgeschoß.

Tatsächlich kommt es zu einer stärkeren Durchfeuchtung der abgedeckten Wand, und es dauert etliche Jahre, bis die Folgen sichtbar werden. Das notwendige Abtragen der Verblendungen stößt dann auf Unverständnis, weil „es die letzten 10 oder 40 Jahre so gut funktioniert hat". Nicht selten hilft der natürliche Abbau bei der Aufklärung und Überzeugung, wenn die Verblendungen locker werden, weil dahinter das Holz morsch ist oder die Fliesen herabfallen.

Bei den kulturhistorischen Bauten kommt es seltener zu den Schäden, weil sich die Prunkräume mit den Vertäfelungen in der Regel in einem höher gelegenen Geschoss befin-

3-20 Schloss Eisgrub/Lednice mit Vertäfelungen

den. Der Wassereintrag war gering, da nur in den Räumen, die unterhalb liegen, alle Haushaltsarbeiten wie Kochen und Waschen erledigt wurden. Und Pflanzen waren sehr selten in den Prunkräumen anzutreffen, dafür hatte man die Orangerien aus Stahl und Glas.

Sperrschichten

Physikalische Sperren

Von der Bauindustrie werden viele Verfahren zur Sanierung gegen aufsteigende Feuchte angeboten. Die physikalischen Verfahren zeichnen sich durch das Durchschneiden der Wände mit einem nachträglichen Einbau von Sperrschichten aus. Die **Sperrschichten** bestehen aus dichten Zementlagen, Platten aus Metall, z. B. Edelstahl- oder Verbundwerkstoffen aus Plastik, eventuell mit eingelegten Metallfolien und Glasfasergeweben. Beim Einbau ist auf die Kraftschlüssigkeit zu achten, weil es sonst zu Setzungen im Gebäude kommt.

Zum Herstellen der Sperrschichten wird die Wand im ganzen Querschnitt durchgeschnitten, und zwar entweder mit einer Mauersäge oder im Bohrverfahren. Das Sägeverfahren kann mit dem Einsatz einer Motorsäge verglichen werden, allerdings mit einer Führung, einem wesentlich größeren Schwert und einer Sägekette, auf der Schleifklötze mit Diamantstücken befestigt sind.

Das **Bohrverfahren** wird bei größeren Lasten eingesetzt. Mit dem Diamantbohrer werden durchgehende Kanäle durch die Wand gebohrt und anschließend mit einem dichten Zement ausgefüllt. Damit die Standfestigkeit des Gebäudes gewahrt bleibt, wird ein eigenes Bohrregime mit z. B. vier überlappenden Bohrungen durchgeführt: Loch 1 wird gebohrt und dann das Loch 5. Die Stellen 2 bis 4 bleiben vorerst frei, die Löcher 1 und 5 werden mit Dichtbeton verfüllt. Ist die Masse fertig abgebunden und tragfähig, werden die Löcher 2 und 6 gebohrt und verfüllt. Auf diese Art wird schrittweise eine dichte Sperre gebohrt und verfüllt.

Teerpappe als Feuchtesperre:

3-21 Teerpappe in einem Bootshaus von ca. 1930: Der Teer tritt aus den Fugen aus. (oben)

3-22 Teerpappe in einer Brückenkonstruktion: Der Teer tropft seit ca. 50 Jahren heraus. (links)

Teerpappe gibt unter der Last des Gebäudes nach und der Teer läuft aus den Fugen heraus.

3-23 Einbau der Sperre im März 2015: Unterhalb der Sperre befindet sich Natursteinmauerwerk, mit sehr dichtem Mörtel (Zement?). Die Ziegelwand in der Bildmitte zeigt deutliche Feuchtespuren, die an der Farbe gegenüber dem obenliegenden Mauerwerk leicht zu erkennen sind. (oben)

3-24 2. April 2016: Unterhalb der Sperre ist es feucht genug, damit Pflanzen aus der Mauer wachsen können. Messungen sind entbehrlich. (rechts)

Keine Vorbereitungen benötigt der Einbau von **Edelstahlblechen** in eine Wand. Sie werden in die Mörtelfuge eingeschlagen, die Last wird sofort übertragen. Das Verfahren geht nur bei Ziegelwänden; Wände mit Natursteinen haben keine durchgehenden, geraden Mörtelfugen.

Der Einbau physikalischer Sperren ist auf alle Fälle eine größere Arbeit und sollte nur von versierten Unternehmen durchgeführt werden. Bei größerem Feuchteandrang kann diese Methode sehr hilfreich sein, da sie einen definitiven Schutz bietet.

Der Einbau von **Teerpappe** in eine derartige Sperrzone gilt heute als überholt, da die Pappe unter dem Gewicht des Gebäudes und der Feuchte ziemlich rasch in Mitleidenschaft gezogen wird. Gelegentlich sind die Spuren dieser Sanierung mit Teerpappe an den Wänden zu sehen, weil der Teer durch das Gewicht aus dem Karton gepresst wird und aus der Wand heraussickert (**Bilder 3-21** und **3-22**).

Der Einbau von asphaltartigen Werkstoffen gilt bis heute als eine der sicheren Sperren, auch wenn das obige Bild auf die Schwächen hinweist. Bei den modernen Sperren wird zwischen Dichtwirkung und Lastübertragung unterschieden; ein Auspressen sollte nicht mehr stattfinden.

Die folgenden Bilder zeigen eine derartige moderne Sperre und die Folgewirkungen:

Das tatsächliche Problem dieser Form der Sanierung liegt in einem anderen Bereich: Die Sperre schließt bestenfalls mit der Oberkante des Rohbodens ab, meistens etwas höher, weil das Mauerwerk durchgesägt werden muss und eine Mindestarbeitshöhe notwendig ist. Unterhalb der Sperre befindet sich ein Mauerwerk, das offensichtlich sehr nass ist und damit die Wärme bestens von innen nach außen leitet (**Bilder 3-23** und **3-24**). Kondensatprobleme sind im Bereich der Fußbodenkante programmiert, falls nicht innen mit einer anorganischen Wärmedämmung (Glasschaum) gedämmt worden ist.

Mit Wärme in der Fußbodenkehle lassen sich diese Probleme beheben. Die Wärme geht leicht durch die Feuchtesperre und würde auch die Probleme unterhalb verringern. Eine Entlüftung unterhalb der Sperre wäre ebenfalls eine brauchbare Verbesserung, damit der Wasserdampf (Partialdruck des Wasserdampfes in der Atmosphäre) auch eine Möglichkeit zum Entweichen hat.

Chemische Sperren

Das Ziel der chemischen Verfahren besteht darin, entweder die Wand mit hydrophobisierenden (wasserabweisenden) Substanzen wie Ölen zu tränken oder die Kapillaren in der

Wand, im Ziegel, zu verstopfen. Das sind zwei unterschiedliche Methoden, wobei die **Hydrophobisierung** bei der Behandlung eine weitgehend trockene Wand voraussetzt. Mit Ölen wird dann versucht, die Poren in der Wand gegen Feuchtigkeit zu präparieren.

Problematisch ist bei diesem Verfahren das Wasser in den feinsten Kapillaren, das in der Regel nicht freiwillig abtrocknet.[20] Versuche haben auch gezeigt, dass selbst ein trockener Ziegel nur schwer zu hydrophobisieren ist: Immerhin sind an die 30 Gewichtsprozent der Wand jetzt mit Öl anstelle von Wasser aufzufüllen. Ist das Öl sehr dünnflüssig, dann ist es bald in der Wand verteilt und weg, ist es dickflüssig, dann geht es nicht in die kleinen Kapillaren.

Von der Erwartung her sind die anderen Verfahren mit einer **Verkieselung** günstiger, weil versucht wird, die Poren mit Gelen und anschließender Bildung von Kristallen in den Poren zu verstopfen. Auch hier bleibt das Problem, wie weit die Gele und Kristalle in die kleinsten Poren eindringen können. Werden diese nicht verstopft, dann bleibt ein merkbarer Feuchtetransport übrig.

Sehr vorsichtig sind Verfahren zu sehen, bei denen mit diversen chemischen Substanzen die Feuchte aus einer Wand herausgezogen wird. Immerhin kann eine Wand 30 Gewichtsprozent Wasser in sich haben: Sollten diese Verfahren wirken, dann müssten ganze Ströme an Wasser aus der Wand herausfließen; bei einem Einfamilienhaus sind das z. B. mehrere tausend Liter Wasser.

Bei nicht zugänglichen Bereichen der Fundamente wie im Keller bieten **Injektagen** eine Möglichkeit, um nachträglich eine Abdichtung schaffen zu können. Eine vollständige Dichtheit wird nur mit erheblichem Aufwand zu erreichen sein, aber die Kunststoffschichten bewirken auf alle Fälle eine Reduktion des Feuchtestroms.

Elektrophysikalische Verfahren – Osmose

Eine Sonderrolle spielt hier die Elektroosmose. Durch das Anlegen elektrischer Gleichspannungsfelder kann die Feuchte durch Verändern der Oberflächenpotenziale nach unten, besser zu einer negativen Elektrode, umgeleitet werden. Die Prozesse sind, entgegen der einfachen Anwendung mit Leitern, Folien oder Netzen, sehr komplex und gehen tief in die Elektrochemie. Verschiedene Salze können die Funktion der Elektroosmose behindern, sodass eine Unsicherheit bleibt. Eigene Entwicklungen und die von bekannten Unternehmen konnten den Einsatzbereich erweitern, doch ist neben der Elektroosmose auch auf die Elektrodialyse, der Trennung von Salzen zwischen den Elektroden, zu achten.

Von der Methode her versucht die Elektroosmose, durch elektrische Gleichspannungsfelder im Mauerwerk das Wasser am Aufsteigen zu hindern. Die Methode zeichnet sich durch die relative Einfachheit (Elektroden bzw. Netze unter dem Putz) und, bei korrekter Ausführung, dem tatsächlichen Umlenken des Wassers aus. Allerdings ist großes Fachwissen erforderlich, um mit den Problemzonen in einer Wand, und den immer vorhandenen Salzen, richtig umgehen zu können.

Durch das Anlegen elektrischer Felder entstehen in der Wand Ströme, die zusätzliche Schäden bei Metallteilen verursachen können. Der kombinierte Angriff von Wasser, Salzen und Strom, auch bei geerdeten Teilen, führt häufig zu unerwünschten Überraschungen durch Korrosion in der Wand, wenn im feuchten Bereich elektrisch leitende Teile vorhanden sind.

Hinterlüftungen zur Trockenlegung

Schon früh wurden Versuche zur Trockenlegung mit **Lüftungskanälen** gemacht. Bei hochwertigen Bauten der Gründerzeit wurden die Säulen im Kellerbereich und Erdgeschoss mit einem Lüftungsschlauch in der Mitte wie dickwandige Kamine gebaut. Allerdings muss ein ständiger Luftzug vorhanden sein, damit ein Trocknungseffekt eintreten kann. Die Bauten von Otto Wagner in Wien wurden nach diesen Grundsätzen errichtet **(Bild 3-25)**.

Später wurde versucht, mit horizontalen Bohrungen und Lüftungskanälen die Feuchtigkeit aus den Wänden zu vertreiben.

Im **Bild 3-26** ist ein Hohllochziegel zu erkennen, der mit den Löchern horizontal, in der Laufrichtung der Wand, eingebaut worden ist. Hinter dem Hohllochziegel befindet sich ein weiterer Luftkanal. Über das unterhalb des Hohllochziegels befindliche Gitter von ca. 7 x 7 cm wurden die Kanäle entlüftet.

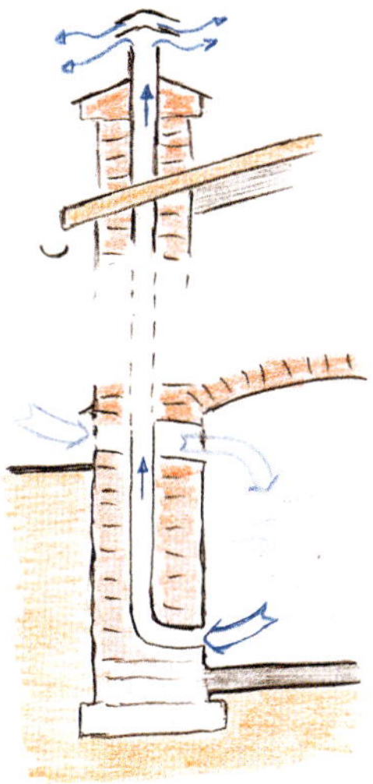

3-25 Entlüftung über das Dach

20 Um das Austrocknen doch noch zu erreichen, gibt es die Methode, die Wand mit elektrischen Heizpatronen in der Wand trocken zu heizen. Die Patronen benötigen allerdings ziemlich viel Strom, was die Behandlung auch verteuert.

3-26 Horizontale Lüftungskanäle gegen feuchte Mauern (Vyšši Brod/Hohenfurth)

Die Trockenlegung wurde anscheinend um 1978 errichtet, wie das Produktionsdatum auf dem normalen Mauerziegel zeigt.

Die Gitter wurden in einem Abstand von rund 1 m angebracht und stellen die Verbindung von den Kanälen zur Außenatmosphäre her.

Leider hat sich der Errichter keine Gedanken über die Wirksamkeit der Anlage gemacht: Über das Jahresmittel kann mit etwa 2 g Wasser je kg Luft gerechnet werden. Müssen 100 kg Wasser je lfm aus der Wand entfernt werden, was einer bereits auffälligen Durchfeuchtung entspricht, dann sind 50.000 kg Luft pro Jahr notwendig, die durch ein Gitter gehen müssen. Wenn aus klimatischen Gründen die Bedingungen für die Trocknung in 3000 Stunden pro Jahr vorhanden sind – die Erklärungen werden im nächsten Abschnitt behandelt –, dann müssen pro Stunde 16,7 kg oder ca. 21 m^3 Luft durch ein Gitter. Die Luftgeschwindigkeit würde dann mehr als 10 m/s oder 36 km/h betragen. Tatsächlich bewegt sich die Luft mit 1 bis 5 cm/s, womit ein Abtransport der Feuchte, allein schon aus strömungstechnischer Sicht, nicht mehr möglich ist.

Die thermischen Sperren bilden eine kostengünstige Möglichkeit, die Feuchtigkeit von einer Wandseite wegzuleiten, bei gleichzeitigem Gewinn an Wärme im Raum.

Thermische Sperren

Die thermische Sperre bringt Wärme in die feuchte Zone. Speziell bei aufsteigender Feuchte sind rasche Erfolge sichtbar, weil das feuchte Material durch Energiezufuhr getrocknet wird. Die Vorgänge in der Wand sind komplexer, als man auf den ersten Blick vermutet. Wesentliche Schritte spielen sich in den Kapillaren ab, mit Verdunsten in der wärmeren Zone und Kondensation im kühleren Bereich. Dabei spielen Temperaturunterschiede von Zehntelgraden eine Rolle, ähnlich wie bei den Heat-Pipes oder Wärmerohren. Diese vergleichbaren Prozesse zeigen auch, dass der **Wärmedurchgang bei Feuchte** gegenüber trockenen Baustoffen wesentlich größer sein muss.

Wesentlich erschwert wird das Verständnis der Vorgänge durch die inhomogenen Baustoffe und durch die Anwesenheit von Luft aus der Atmosphäre. Wissenschaftler können an die zehn Wärmeflüsse analysieren, die für die Prozesse zuständig sind.

Gelegentlich tritt die Frage auf, warum die bereits im Mauerwerk verlegten Leitungen für eine Warmwasserheizung keine besondere Wirkung für die Trockenlegung zeigen. Die Antwort ist einfach: Eine fachgerecht verlegte Heizleitung muss

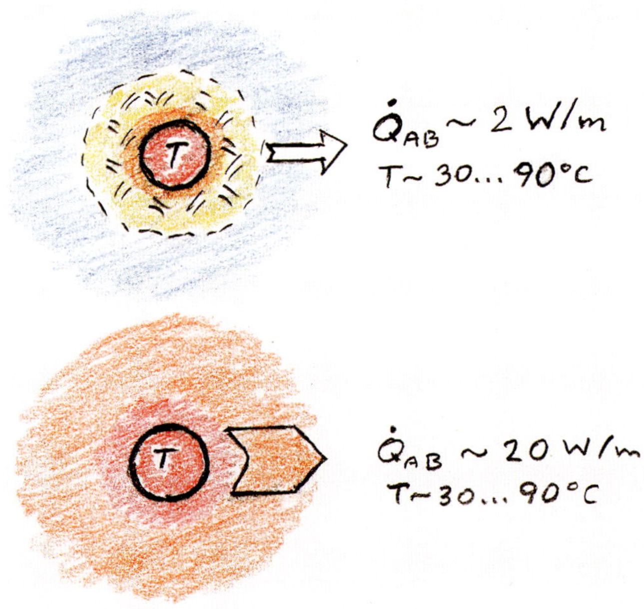

3-27 Rohrleitungen für eine thermische Sperre

in einem wärmedämmenden Überzug verlegt werden, um die Wärmeverluste gering zu halten. Es werden dabei, wie das obere Bild zeigt, an die 1…3 Watt je Laufmeter Rohr abgegeben, ziemlich wenig. Wird das Rohr blank in den Putz verlegt, dann kann mit 20 Watt je lfm Rohr gerechnet werden. Diese zehnfache Energiemenge reicht dann aus, um den gewünschten Effekt zu erreichen **(Bild 3-27)**.

Was mit der Formulierung „blank in den Putz verlegt" sehr einfach klingt, hat natürlich seine Spielregeln, damit das Rohr ohne Beschädigungen und Schäden für die Wand dort bleibt, wo es geplant ist. Auf alle Fälle muss die **Rohrdehnung** bei Erwärmung beachtet werden; es sind Bögen je 5 m Rohrlänge zu empfehlen. Ebenfalls bewährt hat sich die Verlegung in einem **Thermoputz**, der relativ weich ist und bei der Dehnung nachgibt. Als Rohrmaterial haben sich Kunststoffsysteme bewährt, z. B. mit einer Aluminiumschicht im Kern, damit kein Sauerstoff in das Heizungswasser im Rohr eindringen kann.

Entgegen der sehr komplexen Vorgänge bietet der Einbau einer thermischen Sperre keine besonderen Anforderungen. Für die Auslegung kann, bei 16 mm Rohrdurchmesser, mit 20 Watt Leistungsabgabe je Laufmeter gerechnet werden. Dieser Wert verringert sich etwas mit zunehmender Trocknung.

Das Bild zeigt eine einfache thermische Sperre mit zwei Rohren [1] in der Wand [2] eines Gebäudes. Die Rohre sollen ca. 50 mm tief in die Wand verlegt werden, um eine ausreichende Überdeckung mit Putz zu erhalten. Eine zu flache Verlegung, mit nur ein paar Millimetern Überdeckung, führt durch die Rohrdehnung zu vermeidbaren Sprüngen im Putz entlang der Leitung.

Moderne Kunststoffrohre mit Aluminiumschicht gegen die Sauerstoffdiffusion weisen auch eine geringe thermische Dehnung auf. Bei Kupferrohren ist mit mindestens 1 mm Dehnung auf 1 m Länge zu rechnen, das sind bei 10 m gut 10 mm, die kompensiert werden müssen. Es empfiehlt sich, die Rohrdehnung auch bei modernem Material einzurechnen und durch Schleifen bzw. weiche Einlagen oder Polster auszugleichen.

Das **Bild 3-28** zeigt auch einen Mangel in der Ausführung: An der Außenseite wurde kein Abstand zwischen der Wand und dem anliegenden Erdreich geschaffen. Die Feuchtebelastung kann somit leicht von der Seite eindringen. Bereits geringe Unterschneidungen, bei denen das innere Niveau niedriger liegt als das Außenniveau, sorgen für eine erhebliche Belastung. Eine Fuge zwischen dem Mauerwerk und dem Erdreich ist essenziell notwendig, kann aber, z. B. bei Gehsteigen oder Straßen mit fester, dichter Decke, schlichtweg unmöglich sein.

Sind einzelne Wandbereiche besonders von Feuchtigkeit betroffen, dann können die Rohre auch in Schleifen, Schlingen etc. als Wandheizung oder ähnlich einer Fußbodenheizung verlegt werden. Gerade bei Ecken mit bereits starker

3-28
Thermische Sperre

Der Aufwand für eine thermische Sperre hält sich in Grenzen gegenüber dem Einbau von Dichtschichten in der Wand.

Durchfeuchtung soll diese verstärkte Wärmeabgabe vorgesehen werden.

Die Länge einer Schleife kann, wie bei einer Fußbodenheizung, ausgelegt werden. Bewährt haben sich Werte um 20...40 m, der Trocknungseffekt war ausreichend. Ein thermisches Ablaufventil beim Rücklauf soll einen zu hohen Wärmeverbrauch verhindern, kann also eingebaut werden.

Kupplungen zwischen den Rohren sollen immer so angeordnet werden, dass sie leicht erreichbar sind und ein allfälliger Schaden sich auch rasch bemerkbar macht. Gut geeignet sind Positionen unter nichtbelasteten Randfliesen, wobei diese Fliese als Deckel im Thermoputz verlegt wird. Im Schadensfall ist ein rascher Zutritt ohne Verluste gegeben.

Es können verschiedenste Putze und Mörtel verwendet werden, sie sollten aber, wegen der Feuchteabgabe, nicht sperrend wirken. Sehr bewährt haben sich Thermoputze, da sie grobporig und im ausgehärteten Zustand ziemlich weich sind. Damit hat das Rohr die Chance, sich bei den wechselnden Temperaturen einen Freiraum zu schaffen. Entgegen den Erwartungen – leichter, isolierender Thermoputz und ein warmes Rohr, da geht keine Wärme in die Wand – haben diese Beispiele eine sehr gute Trocknungswirkung gezeigt.

Kalkfarben an der Oberfläche haben bislang die besten Ergebnisse gebracht, sie sind atmungsaktiv und lassen die Feuchtigkeit durch.

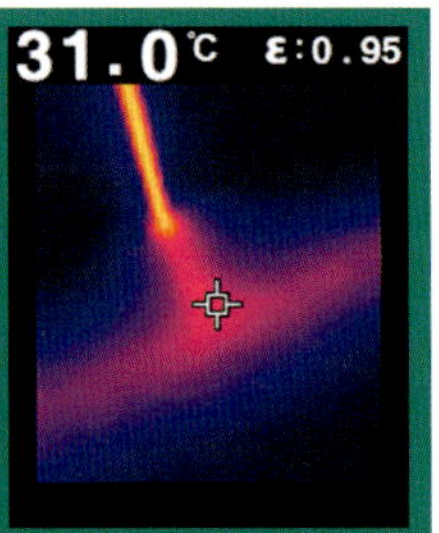

3-29 Warmes Rohr in einer Wand

Ein warmes Rohr, in einem Bauteil eingebettet, weist eine viel stärkere Wirkung auf gegenüber einem freiliegenden Rohr.

Die Temperatur des Wärmeträgermediums ist dabei ziemlich unkritisch: sie muss höher sein als die Temperatur der Wand. Diese Forderung ist naheliegend, weil es im umgekehrten Fall keine Trocknung gibt. Die Temperaturen können dabei von + 10 Grad bis + 90 Grad reichen, je nach den Umgebungsbedingungen. Die Wärmelieferung kann auch zeitweise unterbrochen werden, nur sollte zum Beginn der Trocknung für eine Dauererwärmung gesorgt sein.

Den unterschiedlichen Wärmefluss bei einem eingemauerten Rohr und einem freiliegenden zeigt **Bild 3-29**. Im oberen Bereich liegt das Heizungsrohr frei, die Erwärmung des Mauerwerks ist sehr gering. Unten liegt das Rohr in der Wand, wobei die Wärme über einen wesentlich größeren Bereich verteilt wird. Das Bild zeigt auch, warum die Temperierung oder Aktivierung von Bauteilen eine viel tiefergehende Wirkung gegenüber aufliegenden Rohren oder Heizplatten hat: Die thermisch wirksame Fläche liegt nämlich beim 100-fachen gegenüber der reinen Rohroberfläche.

Bild 3-30 behandelt eine Sanierung mit einer thermischen Sperre und den begleitenden Maßnahmen. Vergleiche dazu die Schäden und die Beschreibung in **Bild 1-2**, Seite 16. Die Ableitung [1] für das Regenwasser ist saniert, das anliegende Erdreich wurde entfernt und mit einer Drainage [2] versehen. Im Kellerbereich [3] sorgen zwei Rohrleitungen [4] für das Einbringen der Wärme in das Mauerwerk [5] und drängen die aufsteigende Feuchte [6] nach außen. In der Halbetage [7] bringt eine Rohrleitung [8] hinter dem Mobiliar Wärme in die Wand und in den Raum. Sie bietet Sicherheit gegen allfällige Probleme im Keller, die durch fehlerhafte Nutzung etc. entstehen können.

Die thermische Sperre wird in den Zonen eingesetzt, wo die größten Probleme bestehen. Die Wärme trocknet die Feuchte heraus und ein gesundes Mauerwerk bleibt übrig.

Abgesehen von der Verbesserung der Situation im Halbgeschoss durch das Einbringen von Wärme ergibt es immer Sinn, allfälliges Inventar mit einem Abstand von der Außenwand aufzustellen. Dieser Luftspalt 9 von 5 bis 10 cm dient zur Zirkulation der Luft hinter den Schränken etc. und trägt dazu bei, Schäden durch Kondensation oder auch nur durch eine erhöhte Luftfeuchte an einer **kalten Außenwand** zu vermeiden. Bei Untersuchungen in einem Museum konnte der Autor auch die **Luftströmungen** hinter dem Inventar messen. Im Winter strich die kalte Luft an der Innenseite der Wände mit einer Geschwindigkeit von 0,1...0,2 m/s nach unten, obwohl die Außenwände aus Ziegel mehr als 1 m dick waren. Eine geringe Temperaturdifferenz an den Bauteilen von nur ein bis zwei Grad reicht, um die Strömungen entstehen zu lassen. Unter weniger günstigen Bedingungen können alleine durch

3-30 Beispiel einer thermischen Sperre

die Temperaturunterschiede Strömungen mit bis zu 0,5 m/s in den Räumen entstehen.

Im Außenbereich soll eine Schotterlage mit großvolumigen Drainagen die feuchte Luft von der Oberfläche der Wand entfernen und eine Re-Kondensation verhindern helfen. Nicht zielführend sind Dichtlagen wie Noppenfolien direkt an der Wand, sie weisen keinen ausreichenden Luftwechsel auf.[21] Sehr hilfreich sind sie hingegen zum Schutz der Schotterlage, und zwar als Abgrenzung zum umgebenen Erdreich.

21 Vgl auch: Feuchteschäden, 44. Bausachverständigentag 2009, Tagungsband, Fraunhofer-IRB-Verlag 2009, S. 45 ff.

Wärmeströme bei einer thermischen Feuchtesperre

Wiederholt wird die Frage gestellt, ob die Erwärmung einer ohnehin schon kranken Außenwand mit schlechten Wärmedämmwerten nicht reine Energieverschwendung darstellt. Auf den ersten Blick stimmt die Annahme, schließlich präsentiert sich ein derartiges Gebäude nicht gerade von der besten Seite: Die Wände sind kalt, feucht und oft mit Schimmel bedeckt. Das Heizen macht wenig Freude, weil das Klima durch die kalten Wände nie behaglich wird. Und ausgerechnet dort, wo die Wärme verloren geht, soll die Heizleitung installiert werden **(Bild 3-31)**?

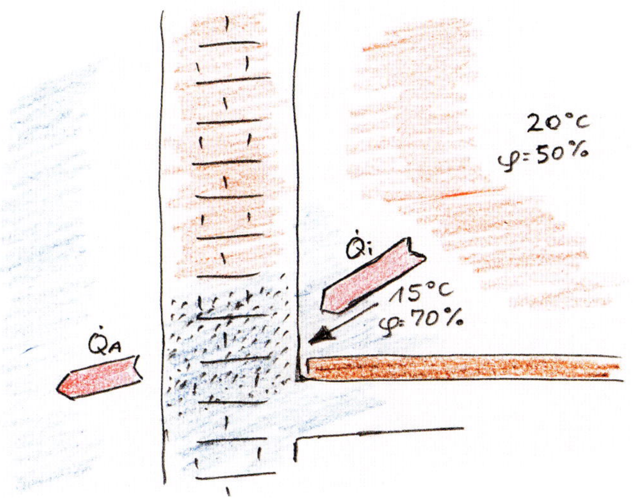

3-31 Energiefluss bei einer durchfeuchteten Wand

Ganz so abwegig ist diese Montageart nicht: Seitdem Zentralheizungen gebaut werden, stellt man die Heizkörper unter den Fenstern auf. Das Fenster gilt, wegen der schlechteren u-Werte, als Schwachstelle in der Gebäudehülle, also wird dort die Wärme zugeführt. Das Resultat ist in der Regel ein behaglicher Raum, weil die fehlende Wärmestrahlung vom Fenster durch die Wärmestrahlung vom Heizkörper kompensiert wird.

Bei einem üblichen Luftzustand von 50 % rel. Feuchte bei 20 °C im **Bild 3-31** stellen sich bei der kalten, durchfeuchteten Wand nur mehr 15 °C und 70 % relative Feuchte ein. Damit befindet sich die Luft im Bereich, in dem Schimmel wächst. Gleichzeitig kondensiert die Feuchte aus der Luft an und in der Wand, die Durchfeuchtung verstärkt sich von selbst.

Der Wärmestrom geht, wie von den Nutzern der Räume beklagt, durch die schadhaften Zonen nach außen, der Raum wird unangenehm. Die Wärme geht außen verloren, wobei sie einen Teil des Wassers in der Wand wieder mitnimmt. Es liegen somit ein Wärme- und ein Feuchtestrom nach außen vor.

Die öfters vorgeschlagene Wärmedämmung außen wird diesen Zustand nur dann verbessern, wenn die Raumluft massiv trockener wird. Bleibt die Nutzung gleich, dann wird nur ein Effekt eintreten: Wegen der höheren Wandtemperatur, bei einem kaum veränderten Feuchtegehalt, wächst der Schimmel deutlich besser, und zwar weil es jetzt wärmer ist und das Wasser nicht mehr nach außen abtrocknen kann.

Günstiger wäre es, die durchfeuchteten Stellen erst nachhaltig zu sanieren, z. B. mit Wärme.

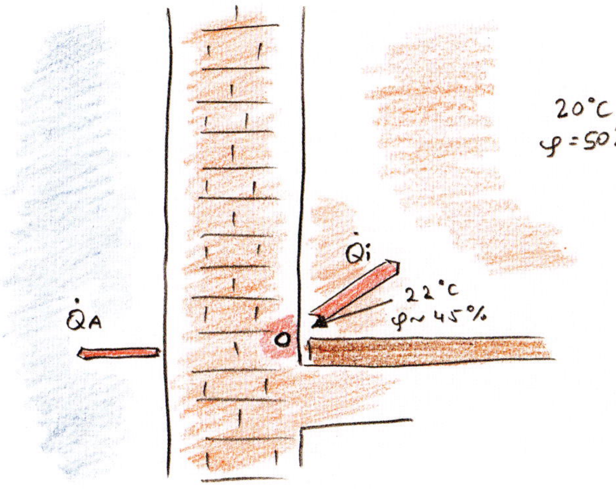

3-32 Thermische Sanierung einer Durchfeuchtung

Bei einer thermischen Sanierung trägt der größte Teil der Wärme zur Beheizung der Räume bei, sobald das Wasser entfernt ist. Die Wärme ist auch der beste Schutz gegen den Abbau von Bausubstanz.

Wird die durchfeuchtete Stelle mit der Zufuhr von Wärme behandelt, wie im **Bild 3-32**, dann stellt sich nach wenigen Wochen bis Monaten ein überraschender Effekt ein: Liegt das Rohr im Innenbereich des Raumes, dann geht die meiste Wärme $\dot{Q}i$ nach innen. Nur mehr ein schwacher Anteil, $\dot{Q}a$, geht nach außen, also durch die Wand, verloren.

Anteilsmäßig ist dieser Wärmestrom nach außen deutlich geringer: Das Wasser in der Wand ist durch die Wärme nachhaltig ausgetrieben, die Wand kann ihre wärmedämmenden Eigenschaften wieder voll entfalten. Gleichzeitig wird durch das Wärmerohr die Luft im Bereich der Mauerkehle leicht angewärmt, womit die Luftfeuchte sinkt und weit von einer Kondensation entfernt ist. Die Versuche in der Kartause Mauerbach, mit 6 Zellen und 6 Heizsystemen zum Vergleich, haben auch gezeigt, dass die Trocknung der Wand den Wärmeverlust drastisch reduziert. Die **Temperierung** (Wandheizung in der Kehle) hat den niedrigsten Energiebedarf gezeigt (siehe Literaturliste).

Wärmequellen für eine thermische Feuchtesperre

Warmwasserheizungen

Grundsätzlich ist jedes System geeignet, das Wärme und einen Wasserkreislauf aufweist. Die thermische Feuchtesperre kann bei jedem moderneren Warmwasser-Heizsystem wie ein Heizkörper eingesetzt werden. Nur bedingt geeignet sind Thermosyphon- oder Schwerkraftheizungen, weil die Durchmesser der Rohre zu gering sind und wegen der Reibung der Flüssigkeit im Rohr keine Bewegung stattfinden wird. Hier muss eine Pumpe unterstützend eingreifen, was allerdings bei einer Schwerkraftheizung zu erheblichen Störungen führen kann.

Ist eine Wand einmal trocken, dann werden auch längere Unterbrechungen der Wärmelieferung toleriert. Der klassische Durchfeuchtungsprozess bei aufsteigender Feuchte benötigt einige Zeit, um ausreichende Wassermengen wieder in die Wand einzulagern, sodass einige Tage bis Wochen kein ernstes Problem darstellen. Mit dem Wärmetransport durch die Leitungen können alle Bereiche eines Gebäudes erreicht werden, und zwar auch entlegene nordseitige Wände und Keller.

Der Einsatz der Wärme von der Sonne hat einen entscheidenden Vorteil: Die Wärme selbst kostet nichts, das Trocknen der Wände läuft von selbst.

Solarenergie

Gegenwärtig laufende Versuche sollen klären, wie weit eine thermische Trockenlegung mit Umweltenergie als Wärmequelle betrieben werden kann. Im Speziellen wird hier die Wärme von der Sonne über Kollektoren eingefangen und über die Rohre in die Wand geleitet. Die Schaltung kann sehr einfach gehalten werden, es reicht, den Primärkreislauf in die Wand und zurückzuleiten. Eine Umwälzpumpe und ein Druckausgleichsgefäß ergänzen die Anlage.

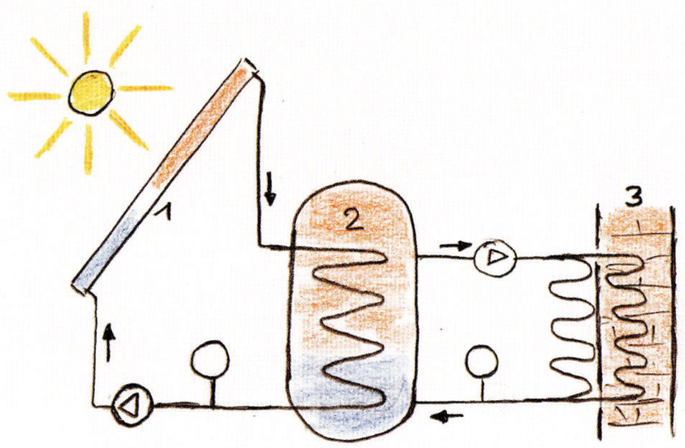

3-33 Solartherme mit Kollektor [1], Speicher [2], Wand [3]

Eventuell günstiger ist es, eine Paketlösung zur Trockenlegung und gleichzeitig zur Wärmeversorgung des Gebäudes zu verwenden. Mit dieser Lösung im **Bild 3-33** kann gleichzeitig der Warmwasserbedarf zur Hälfte und mehr gedeckt werden, der Heizwärmebedarf je nach Anlagengröße zu einem Drittel bis zur Hälfte. Die Trocknung der feuchten Wände läuft als ein Teil der Beheizung mit, es entstehen keine Verluste.

Beheizung mit Strom

Unter besonderen Bedingungen kann eine Beheizung der Wand mit Strom vorgesehen werden. Strom kann dann gewählt werden, wenn die Eingriffe in das Gebäude möglichst gering gehalten werden müssen, wie es bei kulturhistorischen Bauten der Fall ist. Die Stromkosten sind in der Regel doppelt bis drei Mal so hoch wie die Kosten fossiler Wärmeträger; Strom sollte daher nicht als erste Wahl gesehen werden.

Wirtschaftlichkeit der Wärmequellen

Solarthermie

Die günstigste Wärmequelle stellt die Wärme der Sonne (Solarthermie) dar. Die Energie wird mit Konversionszahlen zwischen 60 und über 80 % der eingestrahlten Wärme von der Sonne weitergeleitet. Zu bezahlen sind nur die Investitionen und die Betriebskosten der Umwälzpumpe. Diese **Stromkosten** liegen bei einigen 10 Euro pro Jahr, wenn die Pumpe mit der solaren Einstrahlung geschaltet wird. Von den 8760 Stunden eines Jahres bleiben in den günstigen Lagen nur 1800 Solarstunden übrig, in denen die Sonne scheint und die Wärme zu verteilen ist. Bei z. B. 40 Watt für die Pumpe sind 72 kWh zu erwarten, was bei 20 Cent je kWh gerade 14,40 Euro im Jahr an Stromkosten verursacht. Der Aufwand einer solarthermischen Anlage für die Trocknung rechnet sich aufgrund der Verwendung der Wärme im Sommer meistens in weniger als zehn Jahren. Für die Wärmeversorgung sollen nicht weniger als 1 m² Kollektorfläche je 10 m² Wohnfläche vorgesehen werden.

Eine rein solare Lösung ist auch denkbar, doch stehen dem Aufwand für eine Photovoltaikanlage die Investitionskosten für ca. 60 W Strom aus der Sonne die 14,40 Euro Stromkosten aus dem Stromnetz pro Jahr gegenüber. Die rein solare Lösung ist deshalb nur dann sinnvoll, wenn die Zuleitung des Stroms zu einem Gebäude mit größeren Kosten verbunden ist, wie es z. B. bei freistehenden Gebäuden, Burgen oder Schlössern der Fall sein kann.

Typische Heizenergieversorgung mit Brennstoffen

Wird die Trockenlegung an die Heizung angeschlossen, dann sind folgende Faktoren zu beachten:

- Während der Trocknung ist der Energiebedarf für einige Monate höher, um die vielen 1000 Liter Wasser aus dem Mauerwerk zu treiben. Für ein typisches Einfamilienhaus kann mit Werten um 10 MWh gerechnet werden, das sind 1000 l Öl, 1000 m^3 Gas oder 2500…3500 kg Kohle oder Holz. Sollen diese Kosten eingespart werden, dann kann diese Energie durch eine solarthermische Anlage gratis bezogen werden.
- Das verstärkte Lüften benötigt ebenfalls Energie.
- Die Wärmelieferung muss auch im Sommer sichergestellt sein, wenn auch mit kürzeren Unterbrechungen.
- Sind die Wände getrocknet, dann sinkt der Energiebedarf, weil das Mauerwerk weniger Wärme durchlässt.
- Aufgrund der innenliegenden Rohre trägt die Trockenlegung auch zur Beheizung der Räume bei.

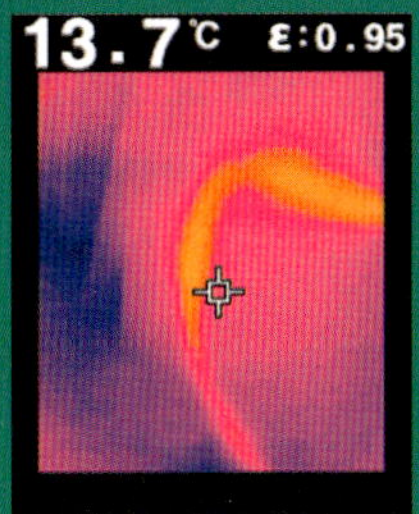

Temperierte Wand in einem Keller, ca. 15 Jahre in Funktion:

3-34 In diesem Wandstück liegt eine Schleife eines Wärmerohres zum Temperieren. (oben)

3-35 Infrarotbild einer Schleife in der Wand (links)

- Im Endzustand sollte das Gebäude weniger Energie benötigen als vorher. Damit ergibt auch das Trocknen mit normaler Heizenergie Sinn, abgesehen von der erheblichen Verbesserung des Wohnklimas.

Der einmalige Mehraufwand für die Installation und das Trocknen bewirkt bereits nach ein paar Monaten einen geringeren Heizenergiebedarf. Über die Heizkosten gerechnet, sollte sich die Trocknung durch den geringeren Heizenergiebedarf zwischen 10 und 20 Jahren amortisieren. Nicht berücksichtigt ist bei dieser Schätzung der Gewinn an Wohnraum ohne Schimmel und ohne Feuchte. Wird dieser Vorteil an Qualität auch monetär bewertet, z. B. mit den Alternativkosten für einen Neubau, dann hat sich die Trocknung in wesentlich kürzerer Zeit ausgezahlt.

Der große Vorteil der Temperierung liegt in der nicht sichtbaren Einbauweise unter Putz. So lange auch Wärme zugeführt wird, kann bei korrekter Auslegung eine lang andauernde Verbesserung erreicht werden.

Beheizung mit Strom

Strom ist um den Faktor 2…3 teurer als fossile Energieträger. Strom sollte daher nur in extremen Situationen verwendet werden, z. B. dort, wo wegen besonderer Kunstschätze nur geringste Eingriffe möglich sind.

Zu überlegen ist die Verwendung von Photovoltaik für die Trocknung, analog zur Solarthermie. Die Energie der Sonne kostet nichts, allerdings werden bei den zurzeit handelsüblichen Photovoltaikelementen nur an die 12 % des Lichts in Strom gewandelt. Anders ausgedrückt: Der Konversionsgrad beträgt 0,12 kW je 1 kW eingestrahlter Energie auf 1 m^2. Um z. B. 10 kW Wärme bereitzustellen, benötigt man folgende Kollektorflächen:

Die Überschusswärme einer Solaranlage im Sommer kann beste Dienste leisten, um die feuchten Wände gratis zu trocknen.

Solarthermie: Konversionsgrad 0,7 kW / m^2

$$\text{Kollektorfläche } A = \frac{\text{Leistung in kW}}{\text{Konversionsgrad}} = \frac{10 \text{ kW}}{0{,}7 \text{ kW / m}^2} = 14{,}3 \text{ m}^2$$

Photovoltaik: Konversionsgrad 0,12 kW / m^2

$$\text{Kollektorfläche } A = \frac{\text{Leistung in kW}}{\text{Konversionsgrad}} = \frac{10 \text{ kW}}{0{,}12 \text{ kW / m}^2} = 83{,}3 \text{ m}^2$$

Die Kollektorfläche für den Strom ist also fast sechs Mal größer als bei der Solarthermie.

Leider ist bei dieser deutlich größeren Kollektorfläche für die Photovoltaik, bei gleicher thermischer Leistung, noch nicht das Ende erreicht. Die Photovoltaikkollektoren sind rund 3 Mal so teuer wie Solarthermie. Die Kosten für die Photovoltaik liegen somit ca. 18 Mal höher gegenüber den Aufwendungen für eine solarthermische Lösung; hinzukommen noch der zusätzliche Flächenbedarf und die Folgekosten. Der Vorteil liegt allerdings in der wesentlich leichteren Handhabbarkeit des Stroms als Energieträger, verbunden allerdings mit dem Nachteil, dass Strom keine Temperaturbegrenzung kennt. Bei Fehlern besteht Brandgefahr, bei der Solarthermie nicht. Wegen der Kostenvorteile und der hohen Sicherheit behandelt dieses Buch deshalb vorrangig Lösungen mit Wasser als Wärmeträger.

Eine thermische Sperre bietet ein risikoarmes Verfahren zur Trocknung in schwierigen Situationen.

Sperrschichten und die baulichen Maßnahmen

Sperrschichten haben die Aufgabe, den Zugang der Feuchte in das Mauerwerk zu behindern oder zu unterbinden. Werden Sperren im **Bild 3-36** in eine feuchte Wand eingebaut, dann muss die Umgebung der Wand auch auf diese Situation abgestimmt werden: Es dürfen keine Feuchtebrücken übrig bleiben, durch die das Wasser in die trockenen Bereiche gesaugt werden kann.

3-36 Sperrschicht im Fundament

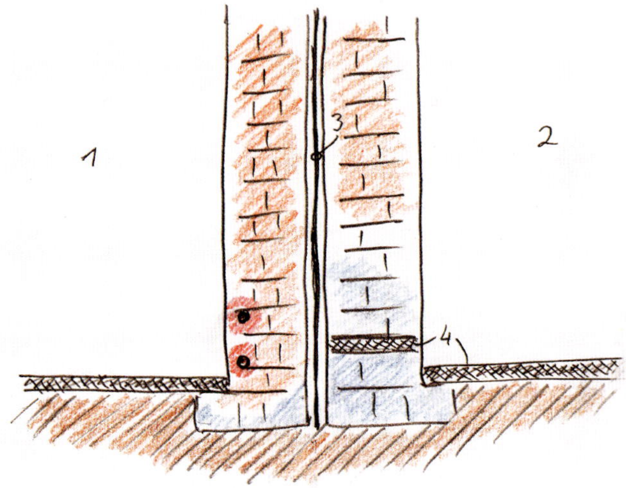

3-37 Reihengebäude mit Feuchteproblemen

Durchschneiden und chemische Sperren bedingen somit Maßnahmen, um das Eindringen von Feuchte oberhalb zu vermeiden. Egal wie die Sperre aussieht, die notwendigen Maßnahmen müssen außen und innen getroffen werden; es muss nachträglich eine dichte Feuchtesperre entstehen.

Eine Sperrschicht [1] hat die Aufgabe, eine vollständige Trennung zwischen dem trockenen und feuchten Bereich zu schaffen. Wird eine Sperrschicht eingebaut, dann muss der weitere Feuchteschutz sorgfältig geplant werden. Jede Undichtigkeit und jeder Mangel bei der Ausführung ziehen feuchte Flächen nach sich.

Das Fundament [2] unterhalb der Sperre muss als vollständig nass angesehen werden, und zwar bis zur Sättigung. Bei der heute üblichen Bauweise mit Perimeterdämmung [3] bleibt das aufgehende Mauerwerk [4] im trockenen Bereich. Allfällige Feuchtereste [5] können nur nach innen abtrocknen.

Speziell im dicht verbauten städtischen Bereich kann der Einbau einer Sperre sehr schwierig werden: Die Häuser stehen Wand an Wand, ein Gebäude wird saniert, das Nachbargebäude jedoch nicht **(Bild 3-37)**. Die Feuchtesperre zwischen den Gebäuden ist nach 100 Jahren nicht mehr vorhanden und verrottet; es kommt deshalb im Nachbargebäude zu Feuchteproblemen.

Nach der Bauordnung soll zwischen den Gebäuden [1] und [2] eine Feuchtesperre in der Form einer Folie oder einem geteerten Karton vorhanden sein. Häufig sind die Sperren [4], gerade im Sockelbereich, verrottet und durchlässig. Jede Bewegung in diesem Bereich sorgt auf alle Fälle für Klagen bei Gericht, weil damit ein nicht behebbarer Schaden entstehen kann.

Mechanische Verfahren scheiden bei einer Sanierung aus, weil die vielleicht doch vorhandene Feuchtesperre zwischen den Häusern nicht verletzt werden darf. Günstiger ist daher die Variante, die Feuchtigkeit in der Wand mit einem oder zwei Rohren [5] und [6] sowie Wärme zu trocknen.

Thermische Sanierung der Innenseite der Wände

Feuchte Wände hinterlassen an beiden Seiten unschöne Spuren: an der Außenseite die bereits bekannten Probleme mit dunklen Flecken, Salzablagerungen, Putzschäden und mehr und das Gleiche auf der Innenseite. Dazu kommen noch der fehlende Luftwechsel, die höhere Luftfeuchte in den Räumen sowie die Anwesenheit vieler organischer Substanzen. Die Konsequenz ist Schimmelbildung.

Deshalb sind viele Maßnahmen erdacht worden, um diese unbefriedigende Situation zu verbessern:

- Als ungeeignet haben sich Dichtputze an der Innenseite erwiesen, um die Feuchte am Abtrocknen zu behindern. Diese Putze bringen keine Verbesserung, das Mauerwerk dahinter wird nur noch nässer. Ebenso ungeeignet sind dichte Farben und Fliesen auf feuchten Wänden: Sie behindern ebenfalls die Atmung der Wand, die Feuchte steigt nach oben.
- Die ehrlichste Maßnahme besteht im Austausch vom Putz, der ohnehin mit Salzen und Schimmel beladen ist. Nach einer langen Zeitspanne mit nackter Ziegelwand, die dem Austrocknen dient, darf wieder ein neuer Putz an die Wand. Die Maßnahme reicht für ein paar Jahre, dann beginnt das Spiel wieder von Neuem. Großporige Sanierputze können den Zeitraum, wegen der Speicherfähigkeit des Materials, etwas verlängern.
- Eine andere Methode besteht im Aufbau einer **Vorsatzschale**. Nach alter Lehre wurden die Vorsatzschalen mit Gittern für eine Hinterlüftung versehen, heute werden die Schalen völlig dicht an die Wand gestellt. Das hat den Effekt, dass sich die Feuchte dahinter so lange staut, bis die Vorsatzschale auch feucht ist. Werden organische Baustoffe verwendet (Holz, Gipskartonplatten), dann ist mit dem natürlichen Abbau durch Pilze zu rechnen.
- Weil feuchte Wände sehr gute Wärmebrücken nach außen darstellen, wird bei Sanierungen auch versucht, mit **innenliegenden Wärmedämmungen** zu arbeiten. Der Effekt ist vorhersehbar: Nachdem die Wärmedämmung keine Speicherfähigkeit hat, ist der Raum bei Einschalten der Heizung sofort warm und beim Abschalten sofort kalt. Zusätzlich zu dem „Barackenklima" kommen die Feuchtespuren, die es durch die Wärmedämmung schaffen bzw. die Feuchte durch das Leben in den Räumen: Es wird schwül-feucht, ein ideales Klima für Pilze zwischen der Dämmung und der Wand. Die Dampfsperre muss deshalb sehr sorgfältig ausgeführt werden.

3-38 Ausgangssituation vor einer Sanierung (13. April 2013)

Bei der thermischen Sanierung feuchter Wände hält sich der Aufwand für die Innenseite der Wände sehr in Grenzen: Nachdem die Rohre für die Wärme in der Wand liegen, reicht das Verputzen der Wände. Die Rohre liegen unter einer Putzlage ca. 50 mm tief in der Wand. Sie sind nicht sichtbar, bestenfalls die Anschlussstellen an das (vorhandene) Heizungssystem.

Bild 3-38 zeigt ein Beispiel einer Sanierung. Die Wände sind im unteren Bereich sichtbar durchfeuchtet, der Putz ist wegen Schimmel abgeschlagen, es sind noch die restlichen Rohre der Heizungsanlage vorhanden. Der Grundwasserspiegel liegt rund 80 cm unter dem Außenniveau. **Bild 3-39**: Am

3-39 Am 25. Mai 2013 sind die Wände verputzt.

Eine Sanierung feuchter Gebäude ist auch ohne lange Trockenzeiten möglich, wenn die Wärme in die Wand gebracht werden kann.

Nach ca. 4 Monaten waren die Wände trocken und die Feuchteflecken weg. Die Wirkung hält seit Jahren an, es gab keine Schäden mehr. Selbst das Ausmalen der noch feuchten Wände mit Kalkfarben war problemlos möglich.

25. Mai 2013 sind die Wände bereits verputzt, es war keine Zeit für ein längeres Trocknenlassen.

Die Wärme der Rohre trocknet die Wände aus, wobei ein Monat Trocknen mit Wärme etwa einem halben Jahr Trocknen der Wände ohne Putz (Rohbau) entspricht. Es gibt allerdings einen wesentlichen Unterschied: Bei der normalen Trocknung eines Rohbaus an der Luft diffundiert das Wasser langsam aus dem Kern der Mauern nach außen. Oft zeigen die Fugen, gerade bei Altbauten, auch nach ein paar Monaten Trockenzeit, noch immer erhebliche Feuchtespuren. Bei der Trocknung mit Wärme wird die Feuchte aktiv nach außen transportiert; die Fugen weisen bald eine hellere Färbung auf.

Genau genommen ist bei einer thermischen Sanierung der ganze Prozess mit dem Verputzen der Rohre bereits abgeschlossen. Nicht einmal ein Ausmalen – mit Kalkfarben! – auf den noch feuchten Putz machte Probleme. Die dunklen Farbflecken wurden innerhalb von einem Monat weniger, bis sie nach drei Monaten verschwunden waren. Salzspuren gab es nicht, nachdem alle Materialien frisch waren. Sie sind bei altem Putz möglich, lassen sich aber leicht behandeln.

Mit dem Einschalten der Wärmelieferung ist starkes Lüften notwendig, da die erheblichen Wassermengen in den Wänden ausgetrieben werden. Der Prozess geht in beide Richtungen, nach außen und nach innen. Die Luftfeuchte kann sehr schnell Werte um die 70 % und mehr erreichen. Für diese Zeit kann auch ein Entfeuchter sehr hilfreich sein. Es ist mit erheblichen Wassermengen zu rechnen, daher sollte das Gerät einen Ablauf für das Kondenswasser haben.

Vier Monate nach Beginn der Sanierung präsentiert sich die Wand ohne Feuchteflecken und der Zustand ist stabil.

3-40 Aufnahme vom April 2014

Stellenweise wurde die Trocknung mit einem Ventilator unterstützt, um keine Feuchteansammlungen hinter dem Mobiliar entstehen zu lassen.

Mit der thermischen Sanierung und regelmäßigem Heizen war das Raumklima nach ein paar Monaten völlig intakt, auch das Ablüften der großen Feuchtemengen in der Raumluft hat sich verringert. Sehr hilfreich ist ein Thermo-Hygrometer mit einem Feuchtealarm; das Messgerät erinnert an die Grenzwerte für die Feuchte und fordert zum Lüften auf. Ein Lufttrocknungsgerät wäre eine gute Alternative, braucht aber Strom für den Betrieb.

Obwohl das Jahr 2013 mit sehr vielen Niederschlägen sehr feucht war und der Grundwasserspiegel bei 80 cm unter Bodenniveau lag, konnten die Wände getrocknet und trockengehalten werden.

Thermische Sanierung der Außenseite der Wände

In besonderen Fällen kann es erforderlich sein, auch die Außenseite eines Gebäudes zu erwärmen. Zu beachten ist, dass die Feuchte von der Wärmequelle weg, nach innen, geleitet wird. Natürlich spielen hier die Energiekosten eine große Rolle, weshalb für diesen Bereich nur eine sehr günstig zur Verfügung stehende Energiequellen wie z. B. die Sonne verwendet werden können. Solche Fälle sind:

- enge Innenhöfe mit fehlender Durchlüftung und Kondensat der Feuchte an den Wänden, sogenannte „Luftsäcke";
- schattige Lagen mit Zufuhr von kalter, feuchter Luft von Gewässern, einem Wald etc. sowie
- Sonderbauten am Wasser wie z. B. Mühlen.

Die Ausführung verlangt eine besondere Aufmerksamkeit schon bei der Planung, weil z. B. Holzteile absichtlich in einem dauernassen Bereich eingebaut sein können, wie Piloten oder Träger unter Wasser. Kommen bei diesen Bauteilen Wärme und eine Verringerung der Feuchte zusammen, ermöglicht bis beschleunigt das den Abbau der organischen Substanzen. Die Folge sind massive nachträgliche Fundamentierungsarbeiten, um den Fehler wieder zu reparieren.

Der Einbau ist, ähnlich wie bei der Innenseite der Wände, nicht problematisch und kann mit Thermoputz durchgeführt werden. Wegen der üblicherweise längeren geraden Strecken sind Maßnahmen zur Kompensation der Dehnung der Rohre vorzusehen. Der Wärmeträger muss mit Frostschutz versehen sein, um ein Auffrieren zu vermeiden. Vgl. hierzu auch das Kapitel ► Sanierung von Innenhöfen.

Alternative Verfahren

Der Einsatz von Wärme gegen Feuchte und Schimmel scheint zunehmend an Gewicht zu gewinnen. Auch große Unternehmen bemühen sich, mit aufwändiger Technik die Probleme in den Griff zu bekommen. Vorgeschlagen werden z. B. beheizbare Anstriche oder Folien mit integrierter Regelfunktion. Dabei ist vorgesehen, sowohl die Temperatur als auch die Feuchte zu messen und bei Bedarf den Strom zum Erwärmen der Folie einzuschalten. Zusätzlich soll ein flächendeckender Biosensor auf vorhandenes Schimmelwachstum reagieren (Offenlegungsschrift DE102012203406, Heizsystem für Wände, Robert Bosch GmbH).

Ein anderer Lösungsansatz löst die Wände in eine Vielzahl kleiner Flächen auf, die alle separat mit vernetzter Elektronik überwacht werden. Es wird eine zentrale Überwachungseinheit gezeigt, an der alle Koordinaten-Informationen zusammenlaufen und die automatisch eine Entfeuchtung der Wand einleiten (Offenlegungsschrift US2012/0205455A1, Leonardo Solutions SRL).

Beide Verfahren benötigen einen massiven Einsatz von Technik, benötigen sehr viel Entwicklung und lassen eine begrenzte Lebensdauer an feuchten Wänden erwarten. Auf alle Fälle ist der Einsatz mit großen, flächendeckenden Veränderungen verbunden, weil die Sensoren an die Wand gebracht werden müssen und die gesamte Fläche mit **Heizfolien** abgedeckt wird.

Bauphysikalisch können diese Lösungen keine dauerhaften Verbesserungen bieten, weil nur der Grenzbereich zum Schimmelwachstum durch Wärme unterdrückt wird. Ist die Wand durchfeuchtet, dann hat sie eine gute Wärmeleitung. Somit wird der größte Teil der aufgewendeten Energie ständig nach außen abgeleitet; eine nachhaltige Verbesserung ist nicht zu erwarten.

Als Energieträger kommt nur Strom infrage, um die mehrfach im Text genannten, erheblichen Wassermengen zu erwärmen. Wird der Strom aus einer Photovoltaik bezogen, dann sind die Errichtungskosten im Vergleich mit einer thermischen Nutzung der Solarenergie etwa 20 Mal so hoch.

Diesen Lösungen steht das hier beschriebene Verfahren mit ein paar Rohrleitungen, einem schmalen Schlitz in der Wand und Sonnenkollektoren gegenüber. Mit 20 Jahren Erfahrung, trockenen Wänden und ohne Folgeprobleme, wie die damaligen Projekte noch heute zeigen.

Eigenschaften der verschiedenen Verfahren

Die Gegenüberstellung der Eigenschaften der verschiedenen Verfahren soll die Stärken und Schwächen der einzelnen Technologien beschreiben. In besonderen Fällen kann es von erheblichem Vorteil sein, Verfahren zu kombinieren, abhängig von den bestehenden Problemen und der Art der nachfolgenden Nutzung.

Tab 3-3

Der Eintrag von Wärme in die Wände bzw. Bauteile kann bei jedem Verfahren ergänzend eingesetzt werden. Das Raumklima wird entscheidend verbessert.

Verfahren	Aufwand	Trocknungseffekt	Wirkung auf das Raumklima
Physikalische Sperren – Bleche, Dichtlagen	Erheblich, gesamter Querschnitt muss abgedichtet werden	Trocknet langsam an der Luft aus, Heizkosten verringern sich langsam	Über längere Zeit deutliche Verbesserung mit der Austrocknung der Wände
Chemische Sperren	Erheblich, gesamter Querschnitt muss getränkt werden	Oberhalb langsames Austrocknen, Sperrzone selbst bleibt evtl. eine Kältebrücke, da die Kapillaren mit Dichtmaterial gefüllt sind	Über längere Zeit eine Verbesserung des Raumklimas, das Risiko einer Kältebrücke bleibt
Elektroosmose	Austausch der Putze und elektrisch leitende Gitter oder Elektroden, Stromversorgung	Austrocknung durch das elektrische Feld	Verbesserung des Raumklimas mit der Trocknung
Drainagen	Grabearbeiten an der Außenseite	Verringerung, wenn eine Austrocknung erreicht wird	Langsame Verbesserung, lange Zeiträume zum Trocknen
Isolierungen und Wärmeschutz außen	Erhebliche Aufwände	Gebäude wird wärmer, aber die Feuchte muss nach innen trocknen	Temperatur steigt zwar, aber der Raum wird schwülfeucht
Isolierungen innen	Geringerer Aufwand	Keine Trocknung der Wand	Situation kann sogar schlechter werden, Wand kann nur nach außen abtrocknen, innen zwar trockene Luft, aber kein Feuchteausgleich
Vorsatzwände	Geringerer Aufwand	Keine Trocknung der Wand	Raumklima wird durch die Feuchte von der Wand weiter belastet, dazu Neigung zur Schimmelbildung an den organischen Teilen
Wärme von außen	Geringerer Aufwand	Aktive Trocknung der Wand, Heizkosten steigen anfangs, bis das Wasser verdunstet ist	Feuchte wird verstärkt nach innen geleitet, da die Wärme die Feuchte vor sich her treibt
Wärme von innen	Geringerer Aufwand	Aktive Trocknung der Wand, Heizkosten steigen anfangs, bis das Wasser verdunstet ist	Feuchte wird nach außen geleitet, die Wärme der Heizrohre trägt zum Heizenergiebedarf bei. Da eine großflächige Wärmeabgabe erfolgt, entsteht nach der Trocknung ein sehr angenehmes Raumklima

Die Tabelle weist darauf hin, dass die meisten Maßnahmen, die nur auf das Verringern des Feuchtestromes abzielen, auch nur bedingte Verbesserungen im Raumklima bewirken. Mit dem Einbringen von Energie in den Raum, hier mit Wärme, ändert sich die Situation grundlegend: Die Trocknung wird erheblich beschleunigt und es entsteht ein angenehmes Raumklima mit langwelliger Infrarotstrahlung. Allerdings ist diese Maßnahme immer im Zusammenhang mit der gesamten Situation zu sehen; es müssen alle erforderlichen Reparaturen und Verringerungen des Feuchtetransports beachtet werden.

Trocknungsgeräte unterstützen in jedem Fall die Sanierung, doch bei feuchten Wänden versagen die Geräte, die nur die Raumluft behandeln. Die Wände sind in der Verdunstungszone etwas kühler, es wird ein gezielter Energieeintrag durch Wärme in den betroffenen Stellen benötigt und nur im Zusammenspiel aller Systeme – Erwärmen, Verdunsten und Aufnehmen der Feuchte durch die Luft bzw. mit Unterstützung durch Trocknungsgeräte – wird ein rascherer Erfolg eintreten.

IV. Temperatur und Luftfeuchte

Die Nutzung eines Gebäudes erfordert auch ein Mitdenken über die Vorgänge, die im Bauwerk stattfinden. Die wichtigsten Einflussfaktoren sind dabei Feuchte und Temperatur, zwei essenzielle Faktoren, die über die Lebensqualität entscheiden.

Temperatur

Der Einfluss der Temperatur auf das Leben in Gebäuden wurde in den letzten Jahrzehnten ausgiebig untersucht, mit dem Ergebnis, dass es ausgefeilterer Heiztechniken und, durch den Klimawandel bedingt, auch verschiedener Methoden der Kühlung bedarf.

In zahlreichen Schriften, Fachbüchern, Artikeln und Beratungen werden Anleitungen zur richtigen Wahl der Temperatur gegeben, es hat sich auch herumgesprochen, dass warme Wände und Bauteile das angenehme Empfinden der Personen in einem Raum erheblich steigern. Überraschenderweise zeigen die Räume mit großflächiger Erwärmung sogar einen geringeren Energiebedarf gegenüber den üblichen Heizen mit Radiatoren, Öfen etc. Der Effekt wird mit „Behaglichkeit" bezeichnet, entsprechende Diagramme und Beschreibungen können in großer Zahl im Internet gefunden werden. Wesentlich ist eine Lehre aus dem Diagramm: Die Differenz zwischen der Raumluft- und der Oberflächentemperatur der Wände und Bauteile darf nur wenige Grad betragen. Ebenso darf die Luftgeschwindigkeit nur wenige Zentimeter je Sekunde betragen.

Sind die Bauteile und Wände etwas wärmer als die Behaglichkeitstemperatur verlangt, dann kann die Lufttemperatur im gleichen Maß niedriger gehalten werden. Räume, die mit klassischer Heizung mindestens 23 °C Lufttemperatur benötigen, können auf einmal mit weniger als 20 °C Lufttemperatur auskommen – bei einem sehr angenehmen Empfinden der Wärme im Raum. Die niedrigere Lufttemperatur weist auch auf einen geringeren Energiebedarf hin.

4-1
Temperatur und Luftfeuchte

Temperatur und Luftfeuchte sind seit Jahrhunderten, seitdem es Heizsysteme gibt, ein Thema. Schon im Mittelalter wurden Wassergefäße auf die Heizungen gestellt, um die Luft mit einem „Püsterich" anzufeuchten.

Feuchte und feuchte Luft

Die Feuchte stand bei den Betrachtungen und Entwicklungen nie im gleichen Maße im Zentrum der Aufmerksamkeit wie die Raumtemperatur und der Energiebedarf. Die Grundlagen sind zwar seit bald 100 Jahren bekannt, doch spürt man den Einfluss der Feuchte nicht im gleichen Ausmaß wie eine zu niedrige oder zu hohe Temperatur. Man stellt nur fest, dass bei zu niedriger Feuchte die Augen und die Haut leicht trocken werden; es entsteht eine Neigung zu Rissen. Die Kosmetik- oder Pharmaindustrie liefert hierfür gern Präparate zur Verbesserung des persönlichen Befindens. Hält die Trockenheit länger an, dann steigt die Staubbelastung, es leiden die tieferliegenden Schleimhäute der Atemwege .Die betroffenen Personen werden anfälliger für Erkrankungen der Atemwege.

Organische Bauteile wie Holz, Papier, Leder, Stoffe etc. reagieren ebenso auf die zu geringe Feuchte. Es kommt zu Versprödungen, zur Rissbildung vor allem im Massivholz, zum Schwinden des Materials und zur Bildung von Fugen. Heizen mit Warmluft oder Erwärmen der Luft, ohne Befeuchtung, sollte immer unter der Kontrolle des Raumklimas erfolgen, um unangenehme Überraschungen zu vermeiden.

Die Beziehung zwischen Lufttemperatur und Luftfeuchte lässt sich in den Mollier-Diagrammen leichter zeigen.

Ähnlich ist das Bild bei zu hoher Feuchte: Es keimen bei längerem Einwirken die bekannten Schimmelsporen, die ebenfalls für diverse Erkrankungen verantwortlich sind.

In praktisch allen Haushalten stehen Thermometer und werden auch oft genug angesehen. Sollte sich ein Hygrometer dazu verirrt haben, dann wird der dort angezeigte Wert praktisch nicht beachtet. Es ist nett, wenn etwas zwischen 20 und 80 % rel. Feuchte dasteht, aber was dann? Die notwendigen Schritte werden nie unterrichtet, es gibt keinen Knopf oder Schalter, um den Wert zu verändern.

Sollte es ein entsprechendes Gerät geben, dann ist es wartungsintensiv, muss regelmäßig befüllt oder entleert werden, und die Filter gehören getauscht oder gereinigt etc. Also geschieht nichts, das Gerät zur Be- oder Entfeuchtung wird zu einer Belastung, weil es nicht gewartet oder alles vergessen wird, was in der Bedienungsanleitung steht. Schließlich landet es auf dem Schrott.

Ein **gesundes Wohnklima** weist Feuchtigkeitswerte zwischen 45 und 55 % auf, wobei einzelne Schwankungen keine große Rolle spielen. Im Mittelwert sollte diese enge Bandbreite eingehalten werden. Die Grundlagen der feuchten Luft werden im **Mollier-Diagramm** dargestellt, und wer sich die Zeit nimmt, die Prozesse zu verstehen, kann erheblichen Nutzen daraus ziehen.[22] Es ist die Grundlage der Klimatechnik und somit auch wesentlich für den Umgang mit Wohnraum und feuchten Wänden.

Heizen und Kühlen im Mollier-Diagramm (Bild 4-2)

Der Schwerpunkt des Mollier-Diagramms besteht in einer graphischen Darstellung der Zusammenhänge zwischen der Feuchtigkeit in der Luft und der Temperatur.

Auf der linken Seite sind die üblichen Temperaturwerte in °C zu sehen. Für den Klimabereich werden die Werte von –20

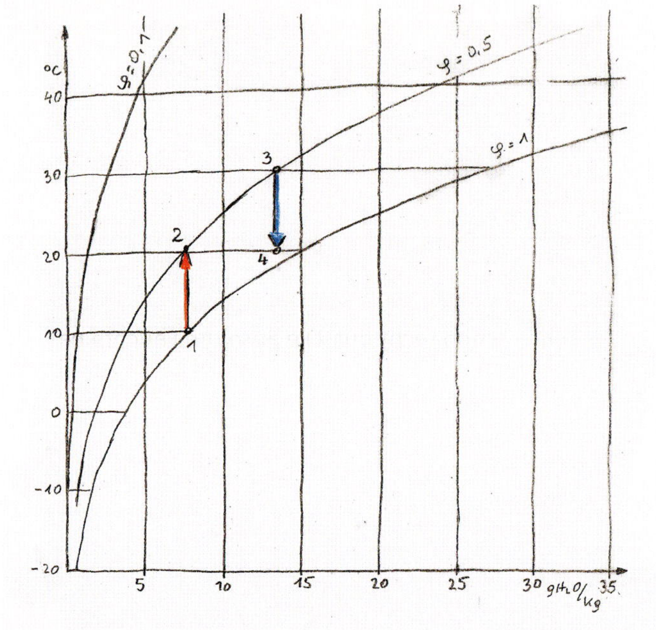

4-2 **Mollier-Diagramm in einfacher Form**

bis + 50 °C herangezogen, in diesem Bereich spielen sich die meisten Prozesse ab.

Die Abszisse unten zeigt den absoluten Feuchtegehalt der Luft in Gramm Wasser je Kilogramm Luft. Diese Darstellung in g H_2O je kg Luft erlaubt den direktesten Bezug zur Temperatur und relativen Feuchte.

Die Temperaturlinien verlaufen annähernd waagrecht und schneiden die absoluten Feuchtegehalte der Luft in einem annähernd rechten Winkel. Die gebogenen Linien zeigen die relative Feuchte φ der Luft in einem Bereich von 0 bis 1, wobei Null absolut trockene Luft, ohne eine Spur Feuchte, bedeutet und 1 maximale Feuchte oder auch Sättigung der Luft. Diese Linien verlaufen etwa hyperbelartig, es wurden in der Graphik nur 3 Werte für φ, 0,1, 0,5 und 1 eingetragen. Werte größer als 1 haben keine Stabilität, das Wasser in der Luft wird als Nebel ausgeschieden. Darum wird der Bereich unterhalb der φ=1 Linie auch als Nebelgebiet bezeichnet. In Wolken ist somit immer mit der Kondensationsfeuchte φ=1 zu rechnen. Ist der Feuchtegehalt größer als 1, dann regnet es.

Die ersten Beispiele bei einer derartigen Graphik sind das Heizen und Kühlen. Wird nebelfeuchte Luft, also mit Feuchte gesättigte Luft, vom Punkt 1 von 10 °C auf 20 °C, dem Punkt 2, erwärmt, dann ist naheliegenderweise die Temperatur höher.

22 z. B. http://de.wikipedia.org/wiki/Mollier-h-x-Diagramm

Aber die relative Feuchte φ sinkt dann von 1 (100 %) auf rund 50 % (φ=0,5) und die Luft wird erheblich trockener. Die absolute Feuchte von ca. 8 g/kg Luft bleibt unverändert. Das Volumen wird größer, aber diese Eigenschaft ist hier noch nicht so wichtig.

Der gegenteilige Prozess heißt Kühlen: Es soll Luft vom Punkt 3 mit 30 °C und einer relativen Feuchte φ von 0,5 (50 %) auf 20 °C abgekühlt werden. Punkt 4 zeigt den neuen Zustand: Die Temperatur ist zwar auf 20 °C heruntergegangen, aber die relative Feuchte φ liegt auf einmal bei 95 % (0,95). Das ist für ein Raumklima mehr als bedenklich; in diesem Bereich wächst der Schimmel schon recht gut. Die absolute Feuchte hat sich beim Kühlen bis hierher nicht verändert, sie liegt bei 13,5 g/kg Luft. Dieser Vorgang passiert z. B. beim Lüften im Hochsommer, bei hohen Temperaturen und kühlen Bauteilen.

Warum verlaufen die beiden Linien für das Kühlen und Heizen eigentlich streng vertikal? Die Antwort ist ganz einfach: Der absolute Wassergehalt der Luft wurde nicht verändert, er liegt bei dem Beispiel mit dem Heizen bei 8 g/kg Luft und beim Kühlen bei 13,5 g Wasser je kg Luft.

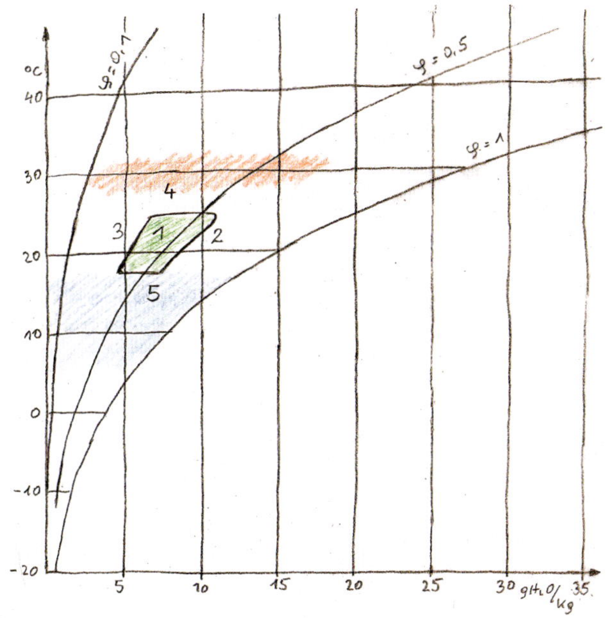

4-3 Behaglichkeit im Mollier-Diagramm

Personen fühlen sich in einem engen Bereich im Mollier-Diagramm wohl, alle Werte außerhalb werden als unangenehm empfunden.

Behaglichkeit (Bild 4-3)

Der Mensch fühlt sich bei sitzender Tätigkeit nur in einem engen Temperaturbereich wohl. Übliche Werte für die Temperatur liegen, ebenfalls im genannten Bereich, zwischen 18 und 25 °C, abhängig von der Luftfeuchte und der Temperatur der Wände, Decken und Fußböden.

Im Mollier-Diagramm kann der Bereich für die Behaglichkeit 1 bezüglich der Luftfeuchte und der Lufttemperatur abgebildet werden. Es ergibt sich ein Bereich, der zwischen 5 und 10 g Wasser je kg Luft liegt. Luft ab 12 g Wasser wird als schwül 2 empfunden und mit weniger als 4…5 g als zu trocken 3. Oberhalb des Behaglichkeitsfeldes 1 ist es zu warm 4 und unterhalb 5 zu kalt.

Die folgenden Schritte werden zeigen, welche Maßnahmen notwendig sind, um das Luft- oder Raumklima im gewünschten Bereich herzustellen.

Das Be- und Entfeuchten der Luft (Bild 4-4)

Wird die absolute Wassermenge der Luft verändert, dann müssen die Linien, die die Prozesse abbilden, auch zur Seite gehen. Das Be- und Entfeuchten bewirkt eine Änderung von Temperatur und Feuchte zugleich, was das Diagramm noch nicht abbilden kann. Um den Energiehaushalt in der feuchten Luft zu beschreiben, werden jetzt Geraden für die Enthalpie (dem Energieinhalt der Luft) eingezeichnet.

Alle Prozesse, die auf einer derartigen, hier gerissen gezeichneten Enthalpiegeraden verlaufen, weisen Veränderungen im Feuchtegehalt und in der Temperatur gleichzeitig auf. Die notwendige Energie für den Luftzustand bleibt aber gleich. Dieser Energieinhalt wird willkürlich mit dem 0 °C-Punkt für absolut trockene Luft mit 0 kJ je kg Luft festgelegt, da üblicherweise nur die Differenzen zwischen verschiedenen Luftzuständen zu berechnen sind. Und der Absolutwert vom absoluten Nullpunkt weg interessiert nur ein paar Physiker für wenige Spezialfragen. In der Klimatechnik reicht die relative Aussage.

Die blaue Linie mit den Punkten 1 bis 3 zeigt das Entfeuchten der Luft. Ausgehend von einer ziemlich schwülen Luft mit 30 °C und rund 80 % rel. Feuchte, das sind absolut 22 g Wasser je kg Luft, wird diese Luft vom Punkt 1 zum Punkt 2 abgekühlt. Ab dem Punkt 2 kondensiert das Wasser in der Luft zum Punkt 3.

Im Hinblick auf unser Thema feuchte Wände ist an dieser Stelle eine Gegenüberstellung der Mengen (Massen in der Thermodynamik) notwendig: Mit einem Entfeuchtungsgerät können wir z. B. 14 g Wasser je kg Luft entfernen. In einer Ziegelwand sind, im schlimmsten Fall, 300.000 Gramm Wasser je Kubikmeter gespeichert. Um 1 Kubikmeter Ziegelmauerwerk trocken zu bekommen, brauchen wir 22.000 kg trockene, für

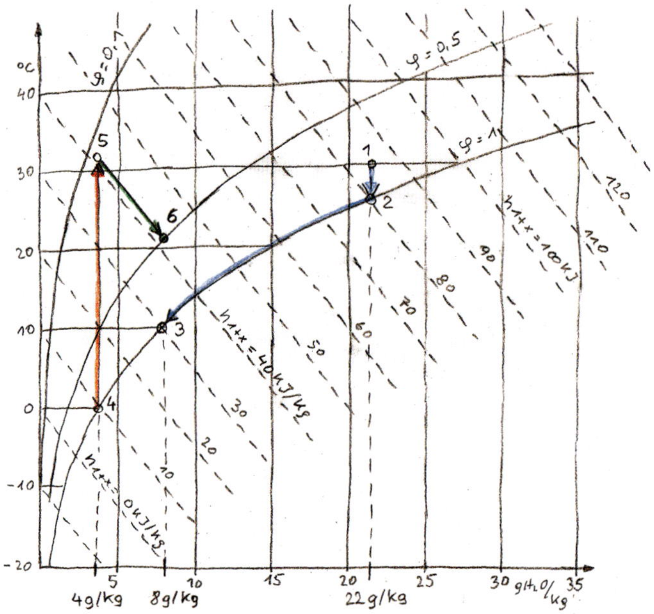

4-4 Be- und Entfeuchten der Luft

Das Be- und Entfeuchten führt sehr schnell zu einem komplexen Verhalten der Luft und ihrer Zustände.

das Wasser aufnahmefähige Luft und für ein ganzes Gebäude einige 100.000 bis zu 1 Million kg Luft. Das Ganze ist technisch machbar, aber die Energiemenge auch ganz beträchtlich: Je kg Luft müssen an die 60 kJ aufgewendet werden. Für ein Einfamilienhaus mindestens eine Megawattstunde, wahrscheinlich wesentlich mehr, weil mit zunehmender Trocknung die Prozesse einen höheren Energiebedarf aufweisen.

Die andere Seite des Beispiels ist das Befeuchten: Die Punkte 4 bis 6 zeigen das Aufbereiten einer kalten Nebelluft mit 0 °C im Punkt 4 mit einem Überwärmen zum Punkt 5 mit 32 °C (rote Linie) und etwa 12 % rel. Feuchte. Von der gesättigten Nebelluft zu Beginn ist nichts mehr übrig, sie muss vom Punkt 5 zum Punkt 6 adiabatisch (ohne Änderung der inneren Energie, grüne Linie) befeuchtet werden. Erst jetzt kann eine Luft mit einer Temperatur von ca. 22 °C und 50 % rel. Feuchte erreicht werden.

Wer sich die Schnittstellen zwischen den Enthalpielinien und den Temperaturlinien ansieht, bemerkt, dass für die Wasseraufnahme rund 30 % mehr Energie zur Verfügung gestellt werden müssen. Deshalb gelten Klimaanlagen auch als teuer.

Auf der Abszisse lässt sich der absolute Wassergehalt der Luft ablesen. Von den 4 g je kg Luft sind jetzt 8 g Wasser je kg Luft geworden. Anhand unseres vorherigen Beispiels mit der nassen Wand mit 300.000 g Wasser lässt sich abschätzen, wie lange es dauern kann, um eine trockene Ziegelwand nur durch das Wasserangebot aus der Luft feucht zu machen. Auf alle Fälle ist dabei immer mit einem mehrjährigen Prozess zu rechnen, bei dem die Bilanz zwischen der Aufnahme von Wasser und dem Trocknen nicht ausgeglichen ist. Selbst eine nur zeitweise, zusätzliche Erwärmung der Wand kann eine erhebliche Hilfe darstellen, weil längerfristig mehr Feuchte verdunstet als aufgesammelt wird.

Dampf zum Befeuchten

Ein Sonderfall stellt das Trocknen bis Befeuchten von Luft mit Dampf dar. Wasserdampf hat verschiedenste Zustände, vom zerstäubten Wasser angefangen über Nassdampf bis zum überhitzten Dampf mit einem sehr großen Energieinhalt, auch Enthalpie genannt.

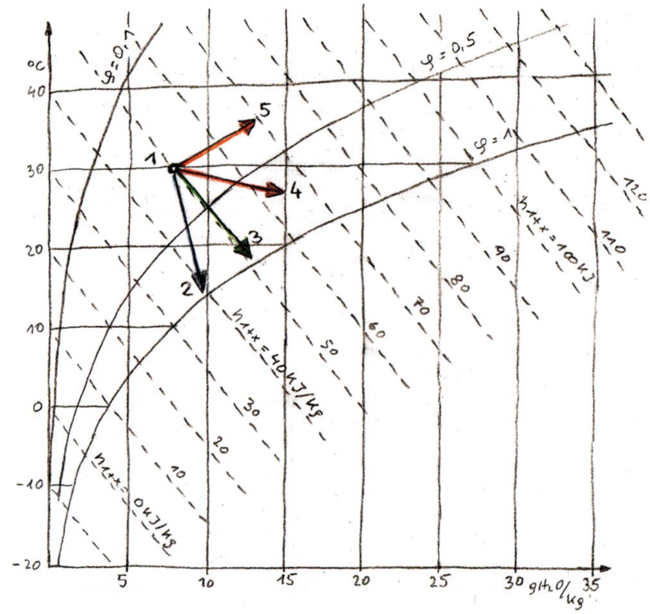

4-5 Wirkung von Dampf

Die Wirkung von Dampf kann sehr unterschiedlich sein: Ausgehend von einer Lufttemperatur von 30 °C und 8 g Wasser je kg Luft absolut (ca. 35 % relative Feuchte) in Punkt 1 können die folgenden Punkte erreicht werden:

Punkt 2, blaue Linie: Zerstäuben von Wasser z. B. mit Ultraschall oder Hochdruckdüse: Das Wasser muss erst von der Luft aufgenommen werden, die Enthalpie sinkt von 50 kJ/kg auf

40 kJ/kg. Gleichzeitig steigen die absolute Feuchte von 8 auf fast 10 g/kg Luft und die relative Feuchte findet sich bei etwa 95 %.

Punkt 3, grüne Linie: Nassdampf, mit ausreichender innerer Energie, um von der Luft ohne Energieverlust aufgenommen zu werden. Obwohl der Dampf eigentlich warm ist, sinkt die Temperatur der Luft, die relative Feuchte steigt wieder auf ca. 90 %, die absolute auf ca. 12,5 g/kg Luft. Das Klima wird schwül.

Punkt 4, dunkelrote Linie: Heißdampf mit hoher innerer Energie: Die Enthalpie der Luft steigt von 50 auf 65 kJ/kg. Wegen der höheren eingebrachten Energie (Wärme) findet nur ein schwaches Abkühlen der Luft von 30 auf ca. 27 °C statt, die relative Feuchte liegt bei 70 %, die absolute bei 15 g/kg Luft.

Punkt 5, hellrote Linie: Stark überhitzter Dampf mit sehr hoher innerer Energie: Die relative Feuchte bleibt fast gleich, die absolute Feuchte steigt auf 13 g/kg Luft, und die Temperatur steigt von 30 auf 36 °C. Dieser Dampfzustand wird auch bei einer Sauna angestrebt; die stark überhitzten Steine werden mit Wasser „aufgegossen".

Das Einbringen von Wasser in die Luft kann, wie das **Bild 4-5** zeigt, verschiedenste Wirkungen haben. Meistens werden die Effekte falsch eingeschätzt, 2 bis 5 Liter Wasser, die jeden Tag in einer Wohnung frei werden, entsprechen immerhin 2000 bis 5000 g und damit einem notwendigen Luftwechsel von ebenso vielen Kilogramm Luft, um nur ein Gramm Wasser je kg Luft abzuführen.

Wird dieser Luftwechsel nicht eingehalten, dann kondensiert das Wasser an jeder kühleren Fläche, egal ob an Fensterrahmen, Scheiben, Wänden, Bauteilen, Rohren (oder in Rohren), im Wintergarten oder sonst wo.

Im technischen Bereich, z. B. bei den Spinnereien, wird eine konstant hohe Luftfeuchte verlangt, um das Garn geschmeidig zu halten. Die Dampfbefeuchter, die seit bald 200 Jahren im Einsatz sind, arbeiten meistens im Bereich zwischen den Punkten 3 und 4: Befeuchten und etwas Kühlen.

Trocknen

Der letzte Prozessschritt betrifft das Trocknen von Mauern und Bauteilen über die Raumluft (mechanische Entfeuchtung). Der Prozess ist der gleiche wie bei den Kondensattrocknern für die Wäsche, Luft wird angewärmt, nimmt Feuchte auf, wird abgekühlt und das Wasser abgetrennt.

Das Trocknen von Bauteilen mit mechanischen Geräten hat immer das Ziel, Wasser mit Hilfe von Luft aus den Bauteilen zu entfernen. Wegen der besseren Wasseraufnahme wird vorgewärmte Luft verwendet und in/an die Bauteile geblasen. Dabei nimmt sie die Feuchte auf.

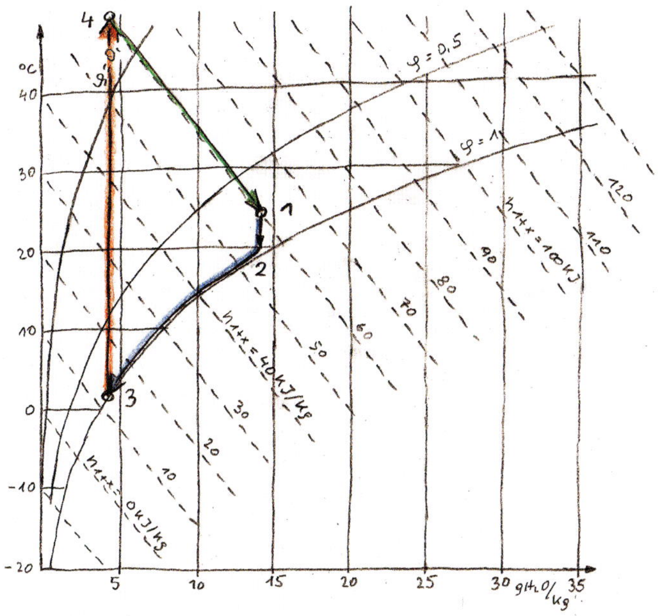

4-6 Trocknen von Bauteilen

Das Trocknen von Bauteilen über die Luft führt quer durch das Mollier-Diagramm, wobei viele unterschiedliche Luftzustände notwendig sind.

Der Prozess verläuft im Mollier-Diagramm nach den folgenden Stufen: Punkt 1 zeigt den Luftzustand nach der Feuchteaufnahme, bevor diese Luft in das Trocknungsgerät kommt. Von 1 zu 2 findet eine normale Abkühlung ohne Kondensation statt, von 2 bis 3 eine weitere Abkühlung mit Kondensation. Ab 3 bis 4 wird die Luft wieder aufgewärmt, in den Raum eingeblasen und nimmt, zum Punkt 1 hin, die Feuchte wieder auf.

Zu beachten ist, dass je kg Luft nur 10 g Wasser entfernt werden. Um 1 Million Gramm Wasser (1000 Liter, nicht sehr viel bei einem Gebäude!) wegzutrocknen, sind im günstigsten Fall 100.000 kg Luft notwendig, wahrscheinlich ein Mehrfaches, da die Trocknungsprozesse mit geringer werdendem Feuchtegehalt ungünstiger verlaufen. Zusätzliche Wärme in den Bauteilen kann diese Trocknung sehr fördern, wenn die Wärme direkt an bzw. in die kritischen Stellen gebracht wird.

Sanieren

Das Sanieren eines Wohn- oder Lebensbereiches sollte mehr umfassen als nur eine Verringerung der Heizkosten und einen besseren optischen Eindruck.

Zum sachgerechten Gebrauch eines Gebäudes gehört mehr als Strom und Wasser und ein paar Abgaben zahlen. Interessanterweise wird für das teuerste Objekt im Leben vieler Bürger keine Gebrauchsanweisung erstellt oder mitgegeben. Somit entstehen unkontrolliert und aufgrund mangelnder Sachkenntnis Lösungen, die später zu erheblichen Problemen führen, wie bei Feuchte in den Wänden, Defekten bei Türen und Fenstern und Schlimmeren. Wird der Luftwechsel nicht beachtet, dann sind Schimmel und andere Probleme die Folge. Zu geringes Heizen, aus Sparwut oder aus sonstigen Motiven, hinterlässt ebenfalls tiefgehende Spuren mit feuchten Ecken etc.

Erhebliche Probleme können auftreten, wenn eine moderne Kühldecke oder kühle Wände vorhanden sind: Im Sommer hat die Außenluft wesentlich mehr Feuchtigkeit gespeichert gegenüber der Winterzeit. Sind die Bauteile kälter als die Lufttemperatur, dann kondensiert das Wasser aus, und es kommt an den verschiedensten Stellen zu Durchfeuchtungen. Ziegelwände können diese Wassermengen leicht aufnehmen und speichern, bis die Feuchtigkeit im darauffolgenden Winter ohnehin wieder abgegeben wird.[23] Bauteile ohne oder mit sehr geringer Speicherfähigkeit, wie Glas, Beton oder Gipskartonplatten, reagieren auf die Feuchte mit der Bildung von Tropfen, nassen Flecken oder mit Aufquellen.

Zu einer sachgerechten Sanierung gehört eine gründliche Analyse der Schäden und Probleme, um an der Wurzel anpacken zu können. Leider sind die klassischen Maßnahmen wie verdecken, verstecken und zudecken weit verbreitet, genauso wie das Verstellen feuchter Wände mit Gipskartonplatten, was dazu führt, dass man sich in ein paar Jahren mit einem Abbruch der seinerzeitigen Sanierung konfrontiert sieht. Diese Sanierungen sind keine Hilfen, und zwar weder für das Gebäude noch für die Bewohner, weil hinter den neuen Oberflächen die Feuchte weiter steigt und in den Hohlräumen der Schimmel ein reiches Betätigungsfeld findet.

23 Die Berechnung des Wasserhaushalts in einer Wand geht von einem Halbjahr mit Beladung mit Feuchte aus und einem zweiten Halbjahr, in dem die gespeicherte Feuchte wieder abgegeben wird. Mit einer dichten Farbschicht, einem Dichtputz oder einer Wärmedämmung mit dichtem Material außen kann die Feuchte nur mehr nach innen abtrocknen – und dafür sind die Wohnungen und die Lebensmodelle nicht ausgelegt.

V. Lebensprozesse und Feuchte

Bislang wurden die Feuchteprozesse im Baukörper und in der Luft behandelt. Nur wenige Autoren haben sich mit den Lebensvorgängen und der Feuchte bzw. dem Wasserbedarf befasst. Dabei ist das Gewinnen von Zahlen nicht einmal so schwer. Einschränkend muss festgehalten werden, dass es sich bei der folgenden Abschätzung um grobe Orientierungswerte handelt, die niedriger, aber ebenso auch höher liegen können.

Überraschend ist, dass z. B. das Gießwasser für die Zimmerpflanzen oft nicht als Feuchte in der Luft erkannt wird. Immerhin liegen die Wassermengen für das Gießen in einer Wohnung schon im Literbereich – bei einem Wintergarten mit großen Pflanzen bei bis zu 10 Liter pro Tag, die durch die Assimilation der Blätter in die Luft gehen **(Bild 5-1)**.

Tab 5-1 Wasserbedarf pro Tag

Vorgang	Verbrauchte Wassermenge Liter/Tag	Davon in der Luft Liter/Tag
Wasserbedarf 1 Person für Stoffwechsel (Trinken, Kochen)	2…4	1…2
Wäsche waschen[24], trocknen, Körperpflege	50…100	1…3
Kochen, Lebensmittel	30	0,1…0,5
Pflanzen	0…10	0…10
Katze	0,2…1	0,2…1
Hund groß	20…40	2…4
	102…185	4,3…20,5

24 Beispiel: Wäsche trocken in die Waschmaschine: 3,8 kg, nach Waschen und Schleudern bei 1400 U/min 5,85 kg; zu trocknen sind 2,05 kg Wasser. Im günstigsten Fall müssen 50 % vom Gewicht der Wäsche als Wasser zum Trocknen gerechnet werden, bei Ausdrücken mit der Hand mehr als 100 %.

Die verbrauchte Wassermenge pro Tag kennen wir von den diversen Angaben der Wasserversorger. Über den Rest, der in die Luft geht, hat man sich wenig Gedanken gemacht, obwohl gerade diese Zahlen über den Zustand der Bausubstanz, die Lebensgewohnheiten und die Benutzung Auskunft geben.

Werden die Wassermengen, die täglich im Wohnbereich in die Luft gehen, näher analysiert, dann zeigen sich die Werte für den erforderlichen **Luftwechsel**. Um die Analyse einfach zu halten, wird mit einer Aufnahme von 5 g Wasser je kg Luft gerechnet.

Tab 5-2 Wassermenge der Luft in einer Wohnung, bei 1 Person

Eingetragene Feuchtemenge	Wassermenge je Person	Täglicher Luftwechsel mit	Tägliche Luftwechselzahl zum Abtransport der Feuchte	Gesamte Wassermenge pro Jahr (kg)
Geringe Menge mit 5 l / d	5000 g / d	1140 kg Luft / d	2,2	1825
Mittlere Menge mit 10 l / d	10.000 g / d	2000 kg Luft / d	4,4	3650
Größere Menge mit 20 l / d	20.000 g / d	4500 kg Luft / d	8,9	7300

Der Wassereintrag in den Wohnbereich, durch die üblichen Lebensprozesse verursacht, wird in der Literatur sehr wenig beachtet.

Sind mehrere Personen in einer Wohnung, dann kann als unterer Wert mit einer geringen Menge je Person gerechnet werden. Besteht z. B. bereits ein größerer Eintrag von Wasser in die Luft, durch einen Wintergarten mit dichtem Pflanzenbewuchs, dann wird die Basislast bei z. B. 20.000 Gramm Wasser je Tag liegen. Bei drei Personen im Wohnbereich wird eine Person mit der Basislast mit gerechnet, aber zwei weitere mit

5-1 Wassereintrag

Der Wassereintrag allein durch die Zimmerpflanzen liegt bei einigen Litern pro Tag.

rund 3000 g/d, pro Person, als unterer Bereich. Die Werte liegen etwas niedriger gegenüber einer Einzelperson, weil in der Regel einmal für alle gekocht wird, die Wäsche gemeinsam gewaschen wird etc. Aber die zusätzlichen Mengen reichen aus, um die Feuchtebelastung in die Höhe zu treiben:

Tab. 5-3 Wassermenge in einer Wohnung, bei 3 Personen

Eingetragene Feuchtemenge	Wassermenge von 3 Personen	Täglicher Luftwechsel mit	Tägliche Luftwechselzahl zum Abtransport der Feuchte	Gesamte Wassermenge pro Jahr (kg)
Geringe Menge mit 11,7 l / d	11.700 g / d	2340 kg Luft / d	5,2	4270
Mittlere Menge mit 16 l / d	16.000 g / d	3200 kg Luft / d	7,1	5840
Größere Menge mit 28,5 l / d	28.500 g / d	5700 kg Luft / d	12,7	10403

In einer Wohnung mit 150 m² Grundfläche sind rund 450 kg Luft enthalten. Die Luftwechselzahlen lassen sich aus der mit Feuchte belasteten Luft für den Luftwechsel und dem Vergleich der in einer Wohnung vorhandenen Luftmenge durch Division bestimmen. Im günstigsten Fall ist das gesamte Luftvolumen in einer Wohnung, unter brauchbaren Bedingungen der Außenluft, 2,5 Mal pro Tag zu wechseln, unter weniger günstigeren 12,7 Mal.

Um die Rechnung für den **Luftwechsel** übersichtlicher zu halten, soll noch einmal von den eingetragenen Wassermengen ausgegangen werden.

$$\text{Luftwechsel pro Tag} = \frac{H_2\text{Oein in g pro Tag}}{(H_2\text{Oaufgen in g/kg}) \times (\text{mLuft in kg})}$$

H_2Oein: eingetragene Wassermenge durch Lebensprozesse pro Tag
H_2Oaufgen: von der Raumluft je kg aufgenommene Wassermenge, z. B. 5 g/kg
mLuft: Masse der Luft im betrachteten Bereich, Raum, z. B. 450 kg

Die Luftwechselzahl ist eine reine Zahl, ohne Einheit.

Treten z. B. im Sommer negative Werte auf, weil die Außenluft feuchter ist als die im Raum, dann findet ein Gewinn an Feuchte statt. Anstelle einer Trocknung wird alles feuchter (mit den bekannten Prozessen z. B. im Keller oder in kulturhistorischen Bauten mit massiven Wänden und ohne Wärmeeintrag).

Die jährliche Wassermenge, die von einer Wohnung abgebaut werden muss, errechnet sich aus der täglichen Wassermenge x 365 Tage. Die über die Luft abzuführenden Wassermengen liegen, über ein Jahr betrachtet, zwischen 2000 und 10.000 kg, was ziemlich viel ist.

Welche Konsequenzen hat eine Luftwechselzahl von z. B. 10-fach? Bei 450 kg Luft in einer Wohnung müssen 4500 kg getauscht werden. Das sind immerhin 187 kg/h bzw. 52 g/s (50 l/s). Von der Lüftungstechnik her gerät dieser Luftwechsel an die Grenzen der Behaglichkeit. Die Strömungsgeschwindigkeit sollte unter 5…10 cm/s liegen, und die ist bei einfachen Anlagen bald überschritten. Wird der Luftwechselbedarf größer, dann wird es rasch ungemütlich – mit der Konsequenz, dass die Anlagen abgeschaltet werden.

Ist die Außenluft, die zum Luftwechsel genutzt wird, feuchter, dann können sich die erforderlichen Zahlen auch schnell verdoppeln, oder sie werden illusorisch, weil die Luft im Sommer bei 30 °C und 80 % rel. Feuchte nichts mehr aufnehmen kann. Im Klartext: Jedes Gramm Wasser, das unter diesen Bedingungen (Luftzuständen) verdunsten soll, kann nur mehr in die Bauteile gehen.

Zum Glück dauern diese dauerfeuchten, (sub)tropischen Wetterlagen im gemäßigten Klima nicht ewig, und das Mauerwerk hat im Herbst und Winter eine Chance, diese Wassermengen abzugeben – wenn die gebäudetechnischen Voraussetzungen eine Trocknung zulassen.

Natürlicher Luftwechsel

Nachdem der Feuchteeintrag durch die Lebensprozesse dargestellt worden ist, sollen die verschiedenen Arten des natürlichen Luftwechsels näher angesehen werden. Die abzuführende Menge beträgt, über ein Jahr betrachtet, zwischen 2000 und 10.000 kg, abhängig von den Lebensgewohnheiten und der Ausstattung an Haustechnik. Die jährliche Betrachtungsweise ist hier hilfreich, weil ein Mittelwert über alle Be- und Entfeuchtungsprozesse getroffen werden kann. Der Abbau der großen Wassermengen sollen anhand der verschiedenen Luftwechselarten betrachtet werden.

In der klassischen Bauphysik werden üblicherweise ein paar Faktoren analysiert – so wie die Fugendurchlässigkeit bei Wind und ohne Wind, es gibt vielleicht ein paar Hinweise zu den Abluftkanälen, den Kaminen und das Lüften, und das war es dann in der Regel.

Heizungen

Aus der Praxis des Wohnbaues sind einige Fälle zu unterscheiden:

- Luftwechsel bei Einzelofenheizung oder Etagenheizung und alten Fenstern und Türen,
- Luftwechsel bei Einzelofenheizung oder Etagenheizung und neuen, dichten Fenstern und Türen,
- Luftwechsel bei Zentralheizung außerhalb des Wohnbereichs und alten Fenstern und Türen sowie
- Luftwechsel bei Zentralheizung außerhalb des Wohnbereichs und neuen, dichten Fenstern und Türen.

Um die Analyse vorzubereiten, sind ein paar Abschätzungen notwendig. In einem Ofen werden Brennstoffe verbrannt, um die notwendige Wärme für den Wohnbereich bereitzustellen. Hier interessiert vor allem die Luftmenge, die für die Verbrennung notwendig ist und die, als Nebeneffekt, die Feuchte aus der Luft mitnimmt. Anstelle von vielen Messungen lässt sich der Luftbedarf auch mit ein paar Methoden aus der Chemie bestimmen.

Stöchiometrische Berechnung der Verbrennung

Bei der stöchiometrischen Berechnung eines chemischen Vorganges werden die molaren Massen für die Massenbilanz herangezogen. Auf diese Art lässt sich leicht bestimmen, wie viel Sauerstoff zur Verbrennung von einer bestimmten Menge von Kohlenstoff notwendig ist. Nur: Der Sauerstoff ist in der Luft nur zu 21 % vertreten, der Rest sind Stickstoff und Edelgase.

Für den ersten betrachteten Verbrennungsvorgang soll nur Kohlenstoff, C, betrachtet werden, um die Rechnung übersichtlich zu halten.

Tab 5-4 Verbrennung von Kohlenstoff

Element	Atommassenzahl	Masse (g)	Reaktion	Reakt. Masse (g)
Kohlenstoff	12	12	1	12
Sauerstoff	16	16	2	32
			CO_2	46
Stickstoff, passiv	14	14	5 × 2	140
			Summe	**186**

Der natürliche Luftwechsel durch Kamine war lange Zeit ein wesentlicher Beitrag, um die Feuchtigkeit in der Luft und damit im Wohnbereich niedrig zu halten.

Für 12 g Kohlenstoff sind 186 g Abgas – 12 g Kohlenstoff = 174 g Luft erforderlich. Für ein leichteres Rechnen soll der Luftbedarf für 1 g Kohlenstoff gerechnet werden: 174 g Luft / 12 g Kohlenstoff = 14,5 g Luft je g Kohlenstoff.

1 g Kohlenstoff braucht für die Verbrennung 14,5 g Luft.

Wird der Energiebedarf einer Wohnung mit 20 MWh angesetzt, dann sind z. B. 2000 l Heizöl oder 4500 kg Kohle für eine Vollbeheizung notwendig. Da im vorigen Teil nur der Kohlenstoff berechnet worden ist, soll mit Kohle weitergerechnet werden:

14,5 g Luft/g C × 4.500.000 g Kohle = 65.250.000 g oder 65.250 kg Luft für die Verbrennung in einem Jahr. Diese Zahl gilt nur bei einem Lambda-Wert[25] von 1, bei idealen Zustän-

25 Die Lambda-Zahl gibt das Verhältnis zwischen dem stöchiometrisch, für die Reaktion notwendigen Sauerstoffbedarf und dem tatsächlichen Sauerstoff im Abgas an. Ein Lambda-Wert von 1 bedeutet, dass alle Ausgangsstoffe im notwendigen Verhältnis für eine vollständige Reaktion vorhanden sind. Zahlen größer als 1 weisen auf einen Sauerstoffüberschuss hin, Zahlen kleiner als 1 bedeuten, dass restlicher Kohlenstoff als

den für die Verbrennung. Liegt der Lambda-Wert unterhalb von 1, dann kommt es zu einer zunehmenden Ruß- und/oder Teerbildung, bei Zahlen größer als 1 wird von einem Luftüberschuss gesprochen. Bei Festbrennstoffen können Überschusswerte bis zu 10-fach erwartet werden, wobei allerdings wegen der persönlichen Aufwendungen für das Heizen oft auch nur ein Drittel des Brennstoffs tatsächlich verbraucht wird. Diese Ergebnisse stammen von einer Studie über den Wärmebedarf von Gebäuden und Wohnungen und dem Vergleich mit den statistisch erhobenen Brennstoffdaten aus der Häuser- und Wohnungszählung 1980.

Lebensbereiche mit dichten Fenstern, dichten Türen und ohne geregelte Luftzu- und Abfuhr können eine gefährliche Falle bilden.

Werden wieder 5 Gramm Feuchte je kg Luft gerechnet, dann werden durch die **Verbrennungsluft** im Idealfall auch 326.250 g Wasser ausgetragen. Realistischer ist ein Wert um 1 Million g Wasser, weil die klassischen Festbrennstoffheizungen eher schlecht geregelt werden. Auch dieser technisch bedingte Luftwechsel reicht nicht aus, die mindestens 5 kg Wasser je Tag (1825 kg/Jahr) allein durch die Verbrennungsluft auszutragen.

Automatische Systeme wie Gas- oder Ölheizungen setzen wesentlich weniger Luft durch, sie sind meist für eine Luftwechselzahl von 1,2…1,3 eingestellt. Nachdem die automatischen Heizungen eine eigene Luftzufuhr aufweisen müssen, ist keine besondere Abfuhr der Feuchtebelastung aus dem Wohnbereich zu erwarten.

Die folgende Tabelle behandelt die Effekte von Sanierungsmaßnahmen im Wohnbau, die eingangs festgestellt wurden.

Wie die Tabelle zeigt, reichen wenige gut gemeinte Eingriffe in ein Gebäude, um primär Energie zu sparen, aber in der weiteren Folge äußerst riskante bis lebensbedrohende Zustände zu erreichen. Moderne Heizsysteme sind zwar mit CO_2-Sicherungen, Rückströmungssicherungen und dergleichen ausgerüstet, trotzdem kommt es immer wieder zu bedenklichen Zuständen bis zu tödlichen Unfällen.

Ruß, Teer, Kohlenmonoxid und dergleichen auftritt. Auf alle Fälle wird der Brennstoff nicht optimal genutzt, es ist mit Schäden im System zu rechnen.
Der Sauerstoffwert im Abgas eines Verbrennungssystems wird z. B. mit einer elektrochemischen Sonde gemessen, die bei Sauerstoff wie eine Batteriezelle arbeitet. Aus dem Verhältnis Luftsauerstoff zu Restsauerstoff ergibt sich der Lambda-Wert. Er wird bei modernen Systemen zum Regeln der Verbrennungsluft oder der Brennstoffmenge verwendet.

Tab 5-5 Luftwechsel und Heizsysteme

System	Luftwechsel	Risiko
Einzelofenheizung oder Etagenheizung und alte Fenster und Türen	Ausreichend bei geringen Einträgen an Feuchte	Höherer bis hoher Heizenergiebedarf aufgrund der Transmissions- und Fugenverluste
Einzelofenheizung oder Etagenheizung und neue, dichte Fenster und Türen	In der Regel viel zu gering	Akuter Luftmangel mit Eintritt von Rauchgasen in den Wohnbereich, Vergiftungsgefahr durch Kohlenmonoxid und Kohlendioxid, Feuchte sammelt sich im Wohnbereich an
Zentralheizung außerhalb des Wohnbereichs und alte Fenster und Türen	Ausreichend bei geringen Einträgen an Feuchte	Höherer bis hoher Heizenergiebedarf
Zentralheizung außerhalb des Wohnbereichs und neue, dichte Fenster und Türen	In der Regel viel zu gering	Feuchte sammelt sich im Wohnbereich und/oder in den Bauteilen an

Abluftkanäle

Modernere Wohnung weisen neben den Kaminen auch Leitungen für die Abluft aus Bad, WC oder Küche auf. Die Feuchtesituation eskaliert deswegen nicht, weil diese Leitungen auch eine beachtliche Luft- und damit Feuchtemenge austragen. Eine einfache Rechnung zeigt, dass ein Abluftkanal, der dauernd offen ist, bei einer Ableitung von 5 Liter Luft je Sekunde an die 158.000 m^3/a Luft aus einer Wohnung abzieht. Diese Menge entspricht einer Masse von 180.000 kg Luft, die in unserer Annahme mit 5 g Wasser je kg Luft fast 800 kg Feuchte entfernen kann. Gefordert wird allerdings eine Austragung von mindestens 1825 kg Feuchte im Jahr, unter günstigsten Bedingungen. Der Rest kann nur mehr durch die Fensterlüftung und durch die Wände gehen.

Werden, im Sinne des Energie Sparens, diese Öffnungen auf das nutzungsbedingt notwendige Maß mit Absperrklappen gesteuert, dann ist ihre Dauerwirkung zu vernachlässigen. Diese Systeme verringern allerdings den direkten Eintrag von Feuchte, z. B. vom Kochen oder aus dem Nassbereich unmittelbar, tragen somit zur Entlastung bei.

Mit diesen Kanälen sieht die Entlastung schon besser aus. Bei geringem Feuchteeintrag, einer intakten Haustechnik und einem Ein-Personen-Haushalt kann der sichere Bereich erreicht werden.

Anders sieht es bei Wohnungen mit hohem Belag und starkem Feuchteeintrag aus. Hier sind 10.000 kg Wasser zu entfernen, und dafür reichen die vorhandenen Abluftleitungen nicht aus.

Fensterlüftung

Die bisherigen Abschätzungen weisen auf einen Feuchteüberschuss im Wohnbereich hin. Falls ein Hygrometer vorhanden sein sollte, würde es ab 60 % rel. Feuchte darauf hinweisen, dass etwas gegen den Dunst zu machen ist. Die einfachste Maßnahme besteht darin, in der kalten Jahreszeit die Fenster zu öffnen und die Feuchte hinauszulassen. Auch dieser Effekt soll für ein Fenster abgeschätzt werden.

Messungen am geöffneten Fenster, bei 0 °C außen und 20 °C im Innenbereich, haben eine Luftgeschwindigkeit von 1 m/s gezeigt. Das sind, über den halben Querschnitt gerechnet, an die 100 Liter Luft je Sekunde. Ausgehend von 100 Lüftungsstunden pro Jahr werden 36.000 m^3 Luft getauscht, das sind an die 40.000 kg Luft. Bei 5 g Luftfeuchte, die in der Abluft enthalten sind, werden 180 kg Wasser entfernt. Die abzuführende Wassermenge beginnt bei 1800 kg, die klassische Fensterlüftung wird daher nicht ausreichen.

Um einen Trocknungseffekt zu bekommen, müsste mit 1000 Lüftungsstunden gerechnet werden. Damit werden 1800 kg Wasser ausgetragen, ziemlich wenig bei einem höheren Feuchtgehalt. Es muss auch darauf hingewiesen werden, dass 1000 Lüftungsstunden, vor allem im Winter, ein ziemliches Energieproblem abgeben. Allein das Verdunsten von 1000 kg Wasser bindet an die 750 kWh Wärme. Bei 10.000 Liter Wasser sind das 7,5 MWh, was mehr ist, als etliche Wohnungen über ein Jahr an Wärme brauchen. Dazu kommt noch der Wärmebedarf für 400.000 kg Luft.

Zusammenfassend lässt sich feststellen, dass die Heizung allein nicht ausreichen wird, um genügend Feuchte aus dem Wohnbereich zu entfernen. Zusammen mit weiteren Abluftkanälen sieht die Situation schon besser aus (siehe **Tab 5-6**).

Die Fensterlüftung ist auf alle Fälle ein wesentlicher Teil des erforderlichen Luftwechsels. Allerdings kann nicht davon ausgegangen werden, dass tatsächlich an die 1000 Stunden gelüftet wird. Wahrscheinlich liegen die Zahlen wesentlich darunter, schon deshalb, um Wärmeenergie zu sparen.

Austragung durch	Luftmenge (kg)	Wassermenge (kg)
Kamin	73.350…180.000	326…800
Abluft Küche	180.000	800
Abluft Bad / WC	180.000	800
Fenster, 1000 h	400.000	1.800
Summen	433.350…540.000	3.726…4.200

Tab 5-6 Übersicht beim Luftwechsel

Versuch: Feuchtebelastung der Raumluft

Die vorangehenden Rechnungen zeigen, dass der übliche Luftwechsel kaum ausreicht, um die Feuchte aus den Räumen auszutragen. Daher muss ein anderer Prozess hinzukommen, der einen beachtlichen Ausgleich an Feuchte schafft. Um diese Frage abzuklären, wurde ein normaler Lebensprozess für den Versuch herangezogen. Nach dem Waschen wurde die feuchte Wäsche abgewogen, um den Wassergehalt zu bestimmen. Erwartet wurde, wegen des fehlenden Luftwechsels, ein sprunghaftes Ansteigen der relativen Feuchte von 52 % auf Werte um 80 % und mehr.

Tatsächlich stieg die relative Luftfeuchte nur um 3 %, obwohl rund 15 m^2 Wäsche stoßartig die Feuchte abgeben. In absoluten Zahlen ist der Wassergehalt der Luft nur um 1 g/kg Luft gestiegen, obwohl 1500 g Wasser in wenigen Stunden abzutrocknen waren. Bei einer Luftmenge von 80 kg im Raum gehen somit rund 80 g von den 1500 in die Luft, der Rest innerhalb weniger Stunden in die Bauteile des Raumes, vor allem in die Wände. Bei einer gesamten Oberfläche von ca. 80 m^2 gehen ca. 19 g Wasser je m^2 in die Wände, Decke und in den Boden. Das klingt nicht nach sehr viel, aber diese Wassermengen müssen per **Diffusion** nach außen entweichen können.

Eigentlich müsste jede Wohnung um die 1000 Stunden gelüftet werden, vor allem im Winter. Der Feuchtetransport durch die Außenwände trägt dazu bei, eine beachtliche Menge an Wasser durch die Wand auszutragen.

Effekte der feuchten Luft an und in der Wand

Auf alle Fälle wird ein Teil der Feuchte in der Luft einer Wohnung oder eines genutzten Raumes durch die Bauteile, vor allem durch die Wände, gehen. Bezüglich der Mengen ist eine Abschätzung nicht leicht, zumal die Ausstattung mit Abluftsystemen und deren Benutzung erhebliche Unterschiede bewirken. Klarheit kann nur eine Messung und die Erstellung einer Feuchtebilanz bringen, wobei die Effekte der in der Regel kühleren Außenwand nicht zu unterschätzen sind.

Um die Prozesse und ihre Wirkungen zu zeigen, soll ein Überschuss von 1000 kg Wasser bei 150 m^2 Außenwandfläche angenommen werden. Das sind 6,6 kg Wasser je m^2 Wandfläche und Jahr, die durch Diffusion nach außen gehen.

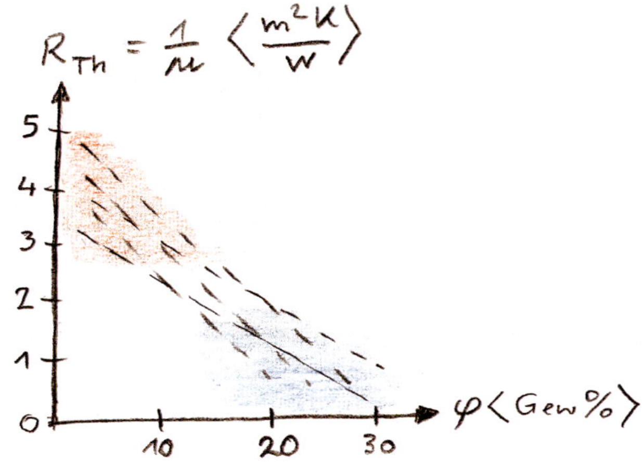

5-2 Thermischer Widerstand R_{Th} und Bauteilfeuchte

Ausgehend von einer trockenen Ziegelwand mit 5 Gewichtsprozent Ausgleichsfeuchte zu Beginn und einem Gewicht von 1700 kg/m³ sind bei einer Stärke von 30 cm und einem Quadratmeter an die 560 kg Wand mit Feuchte zu füllen. Dieser Prozess wird einige Jahre dauern, bis die Wand eine Feuchte jenseits der 10 Gewichtsprozent erreicht hat. Je mehr Feuchte in einer Außenwand enthalten ist, umso besser wird die Wärmeleitung – womit die Bedingungen für eine weitere Feuchteaufnahme wieder besser werden und so weiter. Der Effekt verstärkt sich von selbst.[26] **(Bild 5-2)**

Je nach Wandkonstruktion kann ein steigender Feuchtegehalt in einer Ziegelwand den Wärmeabfluss um den Faktor 3 erhöhen.

Ab einer Außentemperatur von 10 °C und weniger wird es dann interessant: Je nach gespeicherter Wassermenge, Oberflächentemperatur und Zustand der Außen- und Innenluft sind erste Kondensationseffekte an der Außenoberfläche möglich, wie das h-x-Diagramm zeigt. Bei 20 °C und 50 % rel. Feuchte im Innenbereich, wie von der Behaglichkeit gefordert, sieht die Situation außen völlig anders aus: Dieselbe Luft hat jetzt 10 °C und praktisch 100 % rel. Feuchte, sie ist an der Kondensationsgrenze. Die Effekte werden durch die Speicherfähigkeit der Wand selbst und durch die langsam ablaufenden Prozesse der Anreicherung erheblich, über Jahre und Jahrzehnte, verschleppt, aber irgendwann kommen die gespeicherten Wassermengen an irgendeiner der Oberflächen heraus. Nebelluft kann die Effekte noch wirksam unterstützen, wobei für den Beobachter nicht mehr zu unterscheiden ist, ob das Wasser an der Oberfläche jetzt vom Nebel, vom Regen oder von innen kommt.

Experiment **dichte Farbschicht (Bild 5-3)**: Nebel und Regen gibt es ein paar Tage bis Wochen im Jahr, Feuchte von innen über das ganze Jahr. Damit beantwortet sich auch die Frage, welchen Effekt eine dichte Farbschicht außen haben wird. Für ein paar Tage bis Wochen werden der Regen oder Nebel abgehalten, aber die Trocknung der Wand, sprich der **Feuchtedurchgang** von innen nach außen, wird über das ganze Jahr verhindert. Damit sammelt sich die Feuchte unter

5-3 Feuchteschäden durch eine dichte Farbschicht

der gutgemeinten Farbschicht, das Kondensat unmittelbar darunter löst den Kalk oder die Bindemittel, zusammen mit dem Kohlendioxid in der Luft. Der Frost im Winter sprengt die Schicht vom Untergrund ab. Es entstehen die bekannten Blasen in der Farbschicht, die wenig später aufbricht und in Flecken herunterfällt.

Das Gleiche passiert auch bei den dichten Wärmedämmungen: Es kommt zu **Durchfeuchtungen der Dämmung**, und je nach Feuchtetransport im Dämmstoff bilden sich beim Außenputz die bekannten Blasen; das Material durchnässt und wird unwirksam oder der Dämmstoff ist dicht für die Feuchte, bis das Mauerwerk dahinter kein Wasser mehr aufnehmen kann. Eine der Folgen sind die bekannten Beschwerden wegen Schimmelbildung in den Wohnungen. Von den thermodynamischen Modellrechnungen her möchte man einen besonderen Feuchteanfall an den Ecken vermuten, weil sie wegen der größeren Außenfläche, im Verhältnis zur

26 In der Elektrotechnik wird von einer fallenden Kennlinie gesprochen: Je mehr Wasser oder Feuchte im Bauteil drinnen ist, umso mehr kommt dazu. Der Wärmeschutz der Wand geht verloren, es kommt aufgrund der Temperaturdifferenz noch mehr Feuchte an die kranke Stelle und die Durchnässung geht rapide weiter.

Innenfläche, einen größeren Temperaturgradienten aufweisen. Tatsächlich geht die Feuchte den kürzesten Weg in den Außenwandflächen und dorthin, wo Vorschädigungen durch Kältebrücken bestehen, z. B. Keller- oder Dachanschlüsse. Der Weg in den Ecken ist um ca. 40 % weiter, wobei die Diffusion durch das Material als Bremse wirkt. Auch sind die Diffusionsbedingungen für eine Trocknung wegen der größeren Außenfläche besser gegenüber einer ebenen Wand, weshalb der Eckbereich gelegentlich weniger von Feuchte betroffen ist.

Abhilfen bei Feuchteschäden im Hochbau

Die erste und wichtigste Maßnahme ist eine möglichst komplette Aufnahme des oder der Schäden und der Nutzungsgewohnheiten. Registrierende Datenlogger, die über ein halbes Jahr oder, besser, ein ganzes Jahr installiert werden, liefern die Temperatur- und Feuchteinformationen, um die Belastungen festzustellen. Die gravimetrische Messung der Wandfeuchte sollte auf keinen Fall unterbleiben, sie liefert sichere Ausgangswerte für die Beurteilung des weiteren Verlaufs. Gleichzeitig können mit Hochfrequenzmessgeräten die relativen Werte aufgenommen werden, für eine rasche und zerstörungsfreie Kontrolle während der Maßnahmen.

Ausgehend vom ersten Abschnitt, den Trocknungsverfahren, müssen bei einem Feuchteschaden an einer Außenwand zwei Fälle unterschieden werden:

- Die Außenwand besteht aus einem homogenen Aufbau, z. B. Ziegel.
- Die Außenwand weist eine zusätzliche Wärmedämmung außen auf oder es handelt sich um einen Schichtaufbau.

Die Maßnahmen sollen an vier Seiten angreifen:

- Verringern der Feuchtebelastung durch Ändern des Nutzungsverhaltens
- Sanieren der Schimmelstellen
- Einbringen von Wärme in den feuchten Bereich
- Lüftungsmanagement

Die ersten beiden Maßnahmen sind selbst erklärend, es kann z. B. ein Entfeuchter aufgestellt werden, wenn sich die Belastungen nicht anders verringern lassen. Eine Sanierung von befallenen Stellen sollte selbstverständlich sein, Schimmelsporen haben nichts im Wohn- und Lebensbereich verloren.

Der vorletzte Punkt bringt möglicherweise Probleme mit sich: Wird Wärme in eine Wand ohne dichte Außenschicht eingebracht, dann treibt die Wärme die Feuchte vor sich her, bis sie außen verdunstet. Dieses Verdunsten stellt kein Problem dar, wenn die Außenhaut für die Dampfdiffusion offen ist und das Wasser weg kann. Selbst vorgehängte Fassaden lassen, solange die Wärmedämmung einen nur geringen Diffusionswiderstand hat und die Fassade selbst hinterlüftet ist, keine Schwierigkeiten erwarten. Die vorgehängte Fassade muss auch in der Lage sein, die Feuchte von innen sicher als Kondensat abzuführen.

Eine Wärmedämmung ist oft eine Barriere für die Feuchte – mit Bohrungen soll das Wasser wieder entweichen können.

Wesentlich anders sind die Bedingungen bei einer dichten Wärmedämmung, z. B. auf Kunststoffbasis. Die Wärme treibt die Feuchte vor sich her, aber nur bis zur Wärmedämmung. Hier staut sich das Wasser und wird andere Bereiche durchnässen. Ein kleiner Teil schafft es durch die Fugen der Wärmedämmung, womit die bekannten Blasen entstehen.

5-4 Entlastungsbohrungen durch die Wärmedämmung

Eine Lösung besteht darin, mit **Bohrungen durch die Wärmedämmung**, bis in das Mauerwerk, der Feuchte einen Ausweg zu geben **(Bild 5-4)**. Womit der Zustand der hinterlüfteten Wärmedämmung nachträglich, nach Eintritt eines erheblichen Schadens und mit beachtlichen Kosten, geschaffen wird.

Damit sind zwar die hohen Erwartungen in die energiearmen Bauten verfehlt, aber man kann in ihnen wenigstens ohne Abbruch des Gebäudes weiter – und hoffentlich gesünder – leben.

Für die Feuchte ist mit den Bohrungen unter dem Dach und oberhalb der Fenster ein kleiner Ausweg geschaffen, ungefähr zwei Promille der Fläche, die vor der Wärmedämmung an Außenwand zur Verfügung gestanden sind. Ob die freigelegten Flächen ausreichen, scheint nicht sicher zu sein. Die Durchmesser sind zwar größer gegenüber den sogenannten Mauerlungen oder Trocknungsröhrchen, die um 1950 gegen die Feuchte in die Wände gebohrt worden sind, deren Effektivität war aber nicht gerade überzeugend.

Zusätzliche Wärme kann die Situation verbessern, doch muss eine Eigenschaft der Temperierung beachtet werden: Sie treibt die Feuchte von den Rohren weg in kühlere Zonen. Wird die Wärme im Bereich der Bohrungen eingebracht, dann wird es mit einiger Sicherheit an einer anderen kühleren Stelle wieder Probleme geben. Eine echte Hinterlüftung der Wärmedämmung, mit einer Luftschicht von 10…20 mm zwischen der Wand und dem Dämmstoff (hier Styropor), wäre die bessere Variante.

Bei allen Brennstoffen entsteht bei der Verbrennung auch Wasser. Bei ungeeigneten Kaminen kommt es zur Kondensation des Wassers im Kamin und damit zu einer Durchnässung von innen.

Unterschätzte Feuchtequellen: Kamine und Abluftleitungen

Kamine

Ein Blick in die Tabellen über die Abgase von Brennstoffen (Recknagel-Sprenger) weist darauf hin, dass z. B. Erdgas bei der Verbrennung rund 2 m³ Wasserdampf je m³ Erdgas erzeugt. Das ist eine beachtliche Wassermenge, die zwar durch die mitgezogene Luft verdünnt wird, aber sehr leicht zum Kondensieren neigt. Die empfohlenen Abgastemperaturen der Gerätehersteller sollen nicht unterschritten werden, um eine Kondensatbildung zu vermeiden. Auch müssen die Abgasleitungen aus demselben Grund bis zur Mündung vor dem Auskühlen geschützt werden.

5-5 Versottungen an einem Kamin

Bei alten Abgaskanälen, z. B. Ziegelkaminen, wird die Durchfeuchtung der Ziegel an der Oberfläche in Kauf genommen. Mit der Restwärme und der andauernden Luftspülung kann die Feuchte wieder abtrocknen und der Kamin nimmt keinen (besonderen) Schaden.

In der Bildmitte **(Bild 5-5)** ist der Kamin nur mehr anhand der dunkleren Farbe zu erkennen. Hier gibt es massive **Versottungen** mit dem Austritt von Teer durch das Mauerwerk. Die Nässe aus dem Kamin zieht sich bis in das umliegende Mauerwerk. Eine Sanierung ist nur durch den Austausch des Kamins und von Teilen des Mauerwerks möglich, da die in der Mauer und in den Ziegeln gespeicherte Teermischung jederzeit wieder mobil werden kann, wenn Feuchte dazukommt.

5-6 Versottungen im frei stehenden Teil eines Kamins

Ursache für die Versottung ist ein ungeeigneter Kamin für den Kessel und ein sehr sparsames Heizen aus Geldmangel. Wegen der geringen Wärmeabgabe kann der Kamin sich nie durchwärmen und sammelt alle Feuchtigkeit mitsamt den Rauchinhaltsstoffen im Material.

Auch der obere Teil des Kamins weist deutliche Feuchtespuren auf **(Bild 5-6)**.

Wird an einen klassischen Kamin, wie gezeigt, ein modernes Brennwertgerät angeschlossen, sind alle Vorgaben für einen massiven Schaden gegeben:

- Die Abgastemperatur liegt weit unter den geforderten von 140…200 °C.
- Die Zeit zum Abtrocknen fehlt, weil die Luftklappen im Gerät nach dem Brennvorgang schließen. Die Feuchte in den Ziegeln bleibt, wo sie ist.

Es kommt, trotz modernster Technik, zur Anreicherung von Feuchte, bis zur vollständigen Durchnässung des Mauerwerks. Die Hinweise bei einem neuen Gerät, dass es nur an einen entsprechenden Kamin angeschlossen werden darf, sind unbedingt zu erfüllen.

Kondensation in Abluftleitungen

Ähnliche Vorgänge gibt es in den Abluftleitungen: Wird massiv feuchte Luft abtransportiert, z. B. vom Herd oder einem Wäschetrockner, dann sollten die Leitungen auch Zeit haben, nach der Belastung abzutrocknen. Beim Energiesparen wird jedoch mit dem Abschalten der Geräte der weitere Lufttransport automatisch abgestellt, die Belastung durch die Feuchte bleibt im Kanal.

Gern wird bei Abluftleitungen auch darauf vergessen, dass feuchte Luft in der Kälte kondensiert. Werden die Rohrleitungen ungedämmt über Dach geführt, dann muss mit Wasser gerechnet werden.

Besonders dramatisch wirkt sich dieser Effekt bei den häufig eingebauten Kunststoff- oder Metallrohren aus, weil das Kondensat leicht bis zur Einmündung rinnen kann und sich dort als nasser Rand bemerkbar macht.

Die Schäden machen sich als Schimmelränder oder Schimmelflecken bemerkbar. Nach der Sanierung der Abluftleitungen können diese Schäden leichter behoben werden.

Heizen

Richtiges Heizen gilt als zentrales Thema, um die Probleme mit der Feuchte unter Kontrolle zu halten. Das ist grundsätzlich richtig, denn je wärmer es ist, desto mehr Feuchte kann die Luft aufnehmen. Nur widerspricht das verstärkte Heizen den Bestrebungen des sorgsamen Umgangs mit Energie. Somit geht eine Schere auf:

- entweder Energie sparen und mit zunehmenden Feuchteproblemen kämpfen
- oder mehr heizen und mehr Energie verbrauchen.

So enden die meisten Beratungen mit einem „Sie müssen mehr heizen und mehr lüften, damit die Feuchte aus der Wohnung hinausgeht!“. Für eine Gesellschaft, die auf fremden Planeten landet, jede Information binnen Sekunden um die Erde schicken kann und das Wissen der Welt in ein paar Minuten zur Gänze von A nach B übertragen kann, eine wenig befriedigende Leistung.

Ähnlich sieht es bei der Nutzung der Umweltenergie aus: Die Lösungen sind aufwändig, es ist sehr viel Technik notwendig, um die verfügbare Energie aus der Natur endlich nutzbar zu machen. Eine Entwicklung zu einfachen, leicht zu nutzenden Systemen scheitert an der nicht ausgesprochenen, aber immer mitgedachten Voraussetzung, dass jedes System eine Versorgung zu 100 Prozent und mit Sicherheiten darüber hinaus gewährleisten muss. Also werden zu jedem Wind- oder Solarsystem oder was gerade genutzt werden soll, riesige Ganzjahresspeicher für die Energie mit erfunden, alles mit Sicherheiten und der totalen Versorgung. Mit einem Schnitt sollen alle Probleme gelöst sein, sonst zählt das System nicht. Das Ergebnis sind technische Anlagen mit einem spezifischen Preis von 5.000 bis 10.000 Euro je kW Heizleistung, während eine Etagenheizung mit Gas oft mit weniger als einem Zehntel von diesem Aufwand auskommt. Bei den hochtechnischen Anlagen heben dann die Wartungskosten für die diversen Filter, die Reinigung der Rohrleitungen für die Zu- und Abluft etc. die Ersparnisse an Energiekosten rasch auf, während bei den klassischen Systemen eher geringe Betriebskosten anfallen.

Auch in Abluftleitungen bildet sich Kondensationswasser, das meistens sehr unerwünscht nasse Ränder bei der Lüftung hinterlässt.

Eine Kombination von Heizsystemen ist immer günstiger gegenüber den Lösungen mit nur einem alternativen Energieträger wie der Sonne und einer Speicherung der Wärme für den Winter.

Jeder Planer von Wärmenetzen kennt die Auslegung nach der **Heizgradtagkurve**. Wird das Wärmenetz mit nur einem System für 100 % Deckung ausgelegt, dann sind die Anlagen unwirtschaftlich, weil gewaltig überdimensioniert. Also werden Spitzenkessel im System vorgesehen, um bei besonderem Wärmebedarf kurzzeitig, für ca. 5 % der Zeit, den erhöhten Bedarf abzudecken. Die Investitionskosten sind meist um ein Drittel niedriger und die paar Stunden für die erhöhte Leistung spielen in der Jahresabrechnung eine sehr geringe Rolle.

Dass Zwischenwege vielleicht mit einem Bruchteil an Aufwand den Energiebedarf halbieren können, das gilt in der Energiediskussion nicht. Die Diskussion geht entweder zur Gänze weg vom heutigen Versorgungssystem oder in Richtung totale Versorgung wie bisher, aber nicht in Richtung sinnvolles Miteinander. Ein Übergang gilt anscheinend als Schwäche eines der Systeme, das unterstützend wirkt. Über die Kosten wird vorsichtshalber nicht nachgedacht, da reicht

Mit der Gratis-Energie von der Sonne lässt sich die Substanz an Altbauten kostengünstig und nachhaltig verbessern. Die Politik zeigt sehr wenig Interesse.

die politische Pauschalaussage, dass die Systeme günstiger werden müssen. Der Weg dorthin wird mit Auflagen und Kontrollen gespickt, sodass jeder Anlauf von vornherein zum Stehen kommt.

In den Stromnetzen haben wir inzwischen den Mix von Umwelt- und konventioneller Stromerzeugung, noch dazu ziemlich ungeregelt. Bei der Wärme ist hier noch nichts geschehen. Nur einzelne private Anlagen weisen eine Einbindung der Wärme auf, wobei auch hier die technologischen Entwicklungen erhebliches Verbesserungspotenzial aufweisen.

Im ersten Abschnitt der Studie wird immer wieder auf die Möglichkeiten einer **Temperierung** hin gewiesen, um mit Feuchteproblemen im Bauwesen umgehen zu können. Eine feuchte Wand ist auch nicht viel anders als eine Ladung feuchte Wäsche oder frisches Holz. Am besten trocknen die Gegenstände an frischer Luft und mit etwas Wärme. Natürlich wird Wäsche zum Trocknen bei Sonnenschein aufgehängt – warum nicht die Wärme der Sonne in die Wände leiten?

Im zweiten Abschnitt hat sich gezeigt, dass sich Feuchte in den Bauteilen, in den Außenwänden, ansammeln kann. Diese Prozesse brauchen lange Zeiträume, bis sich die Feuchte durch Verfärbungen oder andere Schäden bemerkbar macht.

Aufgrund dieser Fakten – ein temporäres Angebot an Umweltenergie, ein einfaches System, um die Wärme in die Bauteile zu bringen, und ein System, das nicht ständig Wärme braucht, wird die einfache Nutzung der Umweltenergie „Sonne“ für die Temperierung der Wände und anderer Bauteile ausreichen – ohne große Speicher für die Wärme und unabhängig von einem für die Raumwärme notwendigen Heizsystem.

Das System kann nicht alle Probleme in Gebäuden lösen, die von Feuchte betroffenen sind, aber es liefert sehr günstig eine Verbesserung der Situation, mit geringen **Betriebskosten**. Auf alle Fälle bringen die mit einer Temperierung versehenen Bauten eine bislang nicht gekannte Wohnqualität mit sich. Gegenüber modernen Neubauten mit nichtspeichernden Bauelementen besteht im sanierten Altbau ein ausgeglichenes Wohnklima mit einem konstanten Niveau der Luftfeuchte, und zwar ohne viel Technik. Es funktioniert einfach, überschaubar und mit sehr erträglichen Kosten.

Erfordernisse für das Lüften bzw. Entfeuchten

Der Umgang mit der Raumluft scheint, nach den bisherigen Überlegungen und Voraussetzungen, ein wenig erforschtes Gebiet zu sein. Immerhin haben sich die Fixpunkte herauskristallisiert:

- Lüften dann, wenn die Luftfeuchte hoch ist, und
- Luftwechsel und Entfernen der feuchten Luft dort, wo die Feuchte anfällt.

Damit werden, bei konsequenter Beachtung, mehr als die Hälfte der Feuchteeinträge in den Raum direkt abgeleitet. Allerdings steht das Lüften dem sparsamen Umgang mit Energie entgegen: Die Luft hat mit der Feuchtigkeit, grob gesprochen, ein Drittel mehr Energie aufgenommen gegenüber einer trockenen Luft. Diese Energie kann nur mit Wärme- und Feuchtetauschern, also einer Klimaanlage, zurückgewonnen werden, wobei es fraglich ist, ob die Feuchte überhaupt wieder zurückgeführt werden soll.

Die Rückführung und Regelung der Feuchte ergibt bei Gebäuden ohne ausreichende Feuchtespeicherung in den Wänden Sinn, das notwendige Feuchteniveau muss maschinell hergestellt werden.

Ganz anders ist die Situation bei Gebäuden mit einem Überschuss an Feuchte, z. B. Wohnungen mit mehreren Personen und Pflanzen. Hier muss die Feuchte abgebaut werden, bevor Schäden entstehen. Es ist sinnvoll, ein automatisch gesteuertes Entfeuchtungsgerät einzusetzen, um die Feuchte andauernd unter Kontrolle zu halten.

Wieder anders ist die Situation bei nur temporär genutzten Räumen, wie z. B. ausgebauten Kellern. Der Feuchteanteil ist, zumindest nach der Sanierung, in der Regel sehr hoch und muss mit allen Mitteln entfernt werden. Wärme ist einer der Schlüsselfaktoren, aber Wärme allein reicht nicht. Die Feuchtigkeit muss kostengünstig und dauernd abgeführt werden. Wegen der beachtlichen Betriebskosten, ist es angezeigt, so weit wie möglich die **Umweltenergie** für diese Aufgaben zu nutzen.

Nassräume

Ein alltägliches Beispiel soll die Komplexität der „richtigen Lüftung“ zeigen: Wird in einem Bad geduscht, dann entsteht durch das warme Wasser eine erhebliche Befeuchtung der Luft. Die feuchte Luft wird sich in der Regel unter der Decke des Badezimmers sammeln, weshalb die Bauordnungen eine Entlüftung im Deckenbereich vorschreiben. Ein Blick zu den Luftzuständen zeigt die Zusammenhänge: Geht die Luft von der Dusche mit 30 °C und 80 % rel. Feuchte ab, dann steigt sie wegen der Wärme auf. Oberflächen mit weniger als 27 °C bieten bereits die Voraussetzungen für die Kondensation, somit sind praktisch alle Wände etc. betroffen, weshalb auch die Spiegel in Baderäumen beim Duschen, Baden und spätestens beim Abtrocknen beschlagen. Kondensat bedeutet, dass die Bedingungen für Schimmel erfüllt sind. Jetzt hilft nur ein sofortiger Luftwechsel, um das Kondensat auch wieder zu entfernen.

Nur eine halbe Stunde später dreht sich das System völlig um: Jetzt hängen die feuchten Handtücher im Bad, die Duschkabine selbst ist auch noch nass, aber kalt. Offenes Wasser bedeutet aber ein Verdunsten mit einem Wärmeentzug, weil das Wasser je kg 2,26 MJ an Wärme benötigt. Dieses Verdunsten entspricht einer Kühlleistung von 628 Wh, was bedeutet: Der Raum wird kühler und die feuchte, kühle Luft findet sich im Bodenbereich. Was anfangs mit der Entlüftung im Deckenbereich völlig richtig war, ist jetzt unwirksam, wie die vielen Schimmelschäden in den Bädern und Duschen zeigen. Wird jetzt kalt gelüftet oder ist das Bad selbst schlecht beheizt, um Energie zu sparen, wird das Verdunsten der überschüssigen Feuchte behindert. Die Wärme für das Verdunsten oder Trocknen fehlt, nach zehn Minuten spätestens ist die Lüftung wieder beendet und der Rest an Feuchte konzentriert sich bis in den Schimmelbereich auf.

Gehen wir nach einem Duschvorgang von 0,25 kg Wasser aus, das in der Folge über die Luft zu trocknen ist – und das ist ziemlich niedrig angesetzt –, dann werden bei 20 °C und 50 % Luftfeuchte ungefähr 2 g Wasser je kg Luft entfernt. Für die 0,25 kg oder 250 g sind somit 500 kg Luft erforderlich. Das ist mehr, als viele Wohnungen überhaupt an Luftvolumen haben. „Richtiges Lüften" ohne die Pufferfähigkeit der Baustoffe würde exakt diese Luftmenge benötigen, mehrmals am Tag und allein für das Bad. Günstiger ist es, die Absorptionsfähigkeit der Baustoffe auszunutzen und das Wasser etwas langsamer und schonender wieder hinauszubefördern. Nur dürfen dabei die Speicherkapazität und die Fähigkeit zum Transport der Feuchte durch die Werkstoffe nicht übersehen werden.

Die richtige Entlüftung müsste sich nach einer halben Stunde von selbst vom Deckenbereich auf den Boden umstellen, um dort die Feuchte abzusaugen und die Luftfeuchte auf einen Wert unter 55 % zu halten. Im günstigsten Fall gibt es bei der Tür zum Bad unten einen breiteren Schlitz, Bohrungen oder einen Spalt, damit die feuchte Luft durch die natürliche Strömung aufgewirbelt und nach oben abtransportiert wird, wenn eine Dauerlüftung vorhanden ist. Damit ist aber noch kein Ende in Sicht: Kommt der Trocknungsprozess zum Ende, dann wird die feuchte Luft wieder auf die z. B. 25 °C aufgewärmt. Sie ist aber feuchter als vorher, damit leichter und steigt wieder nach oben.

Wird Energie gespart und das Bad oder die Dusche nur zum Gebrauch beheizt, dann bleiben die Oberflächen und die Handtücher wesentlich länger feucht. Die feuchte Luft sinkt nach unten und weil keine Wärme mehr kommt, sind die Bedingungen für das Wachsen von Schimmel wesentlich besser gegenüber einem ausreichend beheizten Bad.

Eine Übersicht über die Vorgänge in einem Bad unmittelbar nach der Benutzung:

Vorgang	Temperatur d °C	Relative Feuchte j %	Entropie h kJ/kg	Absolute Feuchte x g/kg Luft	Dichte r kg/m³	Verhalten der Luft
Dusche wird verlassen	25	70	61	14,1	1,158	Ausgangszustand der Luft bei Verlassen der Dusche
Handtücher trocknen	21	100	61	15,6	1,172	Luft kühlt bei der Wasseraufnahme ab und sinkt nach unten, mit 100 % rel. Feuchte, der Energiegehalt der Luft (Entropie) bleibt gleich
Die Heizung erwärmt die Luft wieder auf 25 °C	25	77	65	15,6	1,156	Die Luft erwärmt sich wieder; sie ist feuchter als vorher, aber bei gleicher Temperatur steigt sie nach oben[27]

Tab 5-7

Die Zahlen wurden für das Beispiel aus einem h-x oder Mollier-Diagramm gewonnen. Entscheidend ist das Verhalten der Luftdichte bei unterschiedlichem Feuchte- und Temperaturgehalt. Es ist jede Position der höchsten Feuchtekonzentration möglich, je nach Trocknungszustand, Nutzung und Wärmezufuhr.

Der Auftrag „Sie müssen richtig lüften, um Schimmel zu vermeiden!" ist somit, ohne exakte Erklärungen und Anweisungen, so hilfreich wie der Befehl, sich weniger zu duschen, weniger zu atmen, zu trinken etc. Um die Energiemenge anschaulicher zu machen: 628 Wh, um 1 kg Wasser zu verdunsten, sind zwischen 5 und 10 Stunden am Hometrainer, je nach Leistungseinstellung. Und wer gerade in den feuchten Räu-

27 Feuchte Luft ist leichter als trockene, weshalb sie nach oben aufsteigt – siehe Dichte der Luft in der Tabelle. Sie steigt so lange nach oben, bis die sinkende Temperatur in der Atmosphäre zur Kondensation führt. Ab dieser Stelle entstehen Wolken, der Beginn der Kondensation wird Wolkenbasis genannt.

men Energie sparen will, wird ein Vielfaches vom ersparten Geld für die nächste Sanierung benötigen.

Keller

Was im obigen Teil gezeigt worden ist, nämlich dass die Verdunstung des Wassers sehr wohl die Temperatur der Luft und damit die Dichte und das Auftreten der erhöhten Feuchte beeinflusst, gilt natürlich auch für die Keller. Gerade Naturkeller weisen häufig feuchte Wände auf, weshalb sich die Feuchte im Bodenbereich verstärkt bemerkbar machen wird. Eine Entlüftung, wie bei Weinkellern im obersten Bereich, ist daher weitgehend wirkungslos, die kalte und feuchte Luft bleibt unten liegen. Daher wird auch bei der Verbesserung eines Kellers eine unten wirkende Absaugung der Luft notwendig sein, was bei Kohlendioxid in der Luft auch eine ganz gute Empfehlung sein kann.

Entlüftungsleitungen sollen eine Notwendigkeit bei erdanliegenden Böden sein, unterhalb der Abdichtungen. Damit können die Bodengase wie Radon oder Feuchte abgeleitet werden.

Wegen der gelegentlich größeren Temperaturunterschiede bei Kellern unter beheizten Wohnhäusern reicht das Aufwirbeln der kühlen, feuchten Luft durch diverse Türfugen nicht aus; die Außenluft geht, vor allem im Sommer, den einfacheren Weg und lässt die kühlere Luft mit ihrem Feuchtegehalt liegen. Es kommt, mit den bekannten Folgen, wegen der Diffusion der Feuchte in die kalten Schichten, zu einer unerwünschten Anreicherung. Der Effekt kann so weit gehen, dass die Feuchte in der Form von Lacken auf dem Boden zu sehen ist, wie z. B. bei manchen Weinkellern.

Eine preiswerte Abhilfe kann durch einen oder mehrere nicht benutzte Kamine gefunden werden: Der **Naturzug des Kamins**, auch ein thermodynamischer und strömungstechnischer Effekt, kann die Luft aus dem Bodenbereich des Kellers gratis mitnehmen, wenn die Leitung für eine Absaugung entsprechend nach unten verlegt wird. Damit wird ein möglicher Trocknungseffekt unterstützt; als alleinige Maßnahme wird diese Lüftung aber eher selten ausreichen.

Erdanliegende Böden

Räume ohne Unterkellerung weisen einen bedeutenden Anteil an **Bodengasen** im Rauminneren auf. Diese lassen sich in etlichen Bereichen Europas anhand der Radonkonzentrationen in der Luft nachweisen. Daher sollte bei jeder Sanierung, falls machbar, eine Ableitung der Bodengase nach außen erfolgen.

Bild 5-7: Für die Ausführung der Entlüftung kann ein handelsübliches Drainagerohr verwendet werden oder ein PVC oder PE-Rohr mit etlichen Bohrungen mit ca. 4 mm. Das Rohr [1] liegt in dem Bereich, wo die Bodengase und die

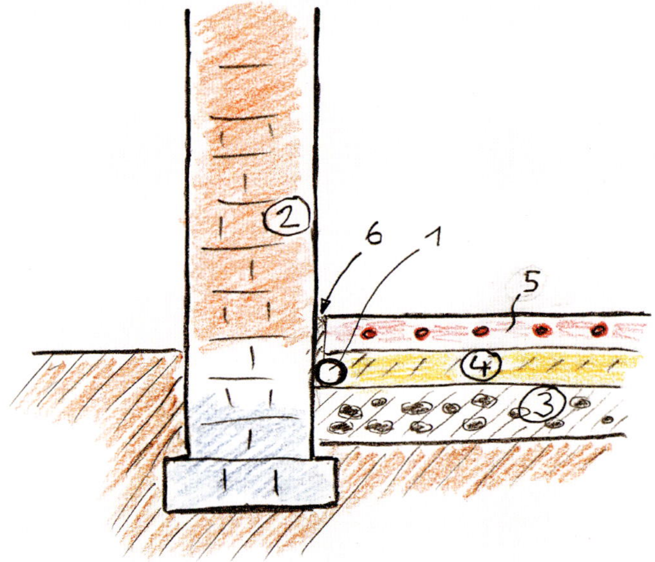

5-7 Entlüftungsleitung bei erdanliegenden Böden in Wohnräumen

Feuchtigkeit leicht aufsteigen können, also in der Kehle zur Außenwand [2] und dem Rohboden [3]. Auf dem Rohboden [3] liegt eine Dämmschicht [4], die für Gase durchlässig sein soll. Der Estrich [5] schließt das ganze System mit einer elastischen Randfuge [6] ab. Im Estrich [5] war eine Fußbodenheizung verlegt, die zur Trocknung der darunterliegenden Schichten und der Außenwand [2] beigetragen hat.

Überraschend war, dass beim Ausgang der Entlüftungsleitung wiederholt **Wasseraustritte** bis sogar erhebliche **Eisbildungen**, auch nach zwei Jahren, zu beobachten waren **(Bild 5-8)**. Der Dampfdruck des Wassers – und somit auch der Partialdruck der Bodengase – reichen aus, um doch beachtliche Wassermengen abzuleiten.

Die **Drainagerohre** können natürlich auch in der Rollierung unter der Rohdecke verlegt werden, wenn sie noch zugänglich ist. Bewährt hat sich eine Durchlüftung der Rohre mit zwei Anschlüssen im Freien, um die Bodengase inklusive der Feuchte durch den Wind bzw. Naturzug abzutransportieren. Der Energieverlust ist, wegen der verringerten Strömung aufgrund der Rauigkeit der Rohre, sehr gering. In Regionen mit **Radonbelastung** aus dem Untergrund sollte diese Entlüftung generell vorgesehen werden, als mindeste Schutzmaßnahme vor dem Radon. Wegen der Radonemanation gilt ein Luftspalt unter dem Gebäude in Skandinavien und den Vereinigten Staaten als Standard.

5-8 Eisbildung rund um eine Entlüftungsleitung

Die Entlüftungsrohre können im warmen Bereich in jeder beliebigen Lage geführt werden, wie auch bei dem Beispiel der Fall ist. Ab Erreichen der kühleren bis kalten Zonen einer Außenwand müssen sie im Gefälle nach außen verlegt werden, damit das Kondensat, wie beobachtet, auch nach außen abfließen kann. Auf alle Fälle haben diese Leitungen eine Entlastung der Raumluft bewirkt, der Geruch nach Boden war nach dem Einbau verschwunden. Die Messung der natürlichen Radioaktivität (Radon) hat gegenüber der Umgebung einen höheren Anteil am Ende des Rohres gezeigt.

Wohn- und Aufenthaltsräume

Mit Blick auf Wohn- und Aufenthaltsräume indes liegt die Situation vielschichtiger. Sind viele Personen im Raum oder gibt es viele Pflanzen, dann wird eine ausreichende Lüftung oder Entfeuchtung notwendig sein. Ob sie mit Geräten oder offenen Fenstern erfolgt, hängt von den Möglichkeiten ab, ebenso die Notwendigkeit, in welchem Niveau abgesaugt wird. Mit einem Hygrometer kann festgestellt werden, wie die Feuchteverteilung über die Raumhöhe aussieht und die zutreffende Maßnahme getroffen werden.

Werden die Räume nur temporär genutzt, wie es z. B. bei Schulen der Fall ist, dann kann die Kapazität der Wände ausreichen, den Feuchteanfall bei Nutzung aufzunehmen und anschließend, in den Ruhezeiten, wieder abzugeben. Eine mechanische Entfeuchtung oder Konditionierung der Luft wird nur bei modernen Bauten notwendig sein, weil Baustoffe wie Glas, Beton und Keramik praktisch keinen Feuchteausgleich kennen. Klassische Ziegelbauten können diese Belastungen leicht ausgleichen, wie sich in den oft an die hundert Jahre alten Schulen zeigt. Kritisch wird es dann, wenn die notwendige Verbindung zur Außenatmosphäre durch dichte Schichten (Wärmedämmung, dichte Putze, Kunststoffbeschichtungen oder hochgradig dichte Fenster und Türen, keine Kamine mehr oder zugemauert) unterbunden wird. Hier ist Schimmel programmiert.

Vor allem bei **Einzelofenheizungen** entstehen massive Temperaturunterschiede zwischen der aufsteigenden Luft vom Ofen, unter der Decke, mit z. B. 26 °C an der Oberkante der Fensterwand und nur mehr 16 °C an der Unterkante der Fensterwand. Selbst am Fußboden konnten Strömungsgeschwindigkeiten der Luft mit bis zu 1 m pro Sekunde gemessen werden, was außerhalb jeder Behaglichkeit liegt (eigene Messungen, 1971–1980).

5-9 Einzelofenheizung

Der Einbau einer innenliegenden Wärmedämmung aus Styropor, mit feuchtedichtem Anschluss und mit nur 20 mm Stärke, konnte diese unbefriedigenden Zustände erheblich verbessern, doch sind an allen Verbindungsstellen zur Außenwand, vor allem Steckdosen und Wandanschlüssen, massive Kondensatprobleme aufgetreten. Die Oberflächentemperatur der Wände lag im Winter unter 10 °C, der Wärmedurchgang durch die Ziegelwände war sehr hoch.

Eine Sanierung dieser kalten Wände kann mit einer außenliegenden Dämmung erreicht werden, die aber offenporig sein muss, damit die Feuchte hindurchdiffundieren kann.

Zu geringe Feuchte in der Luft

Bauten mit modernen Werkstoffen, wie viel Glas, Beton, Gipskarton oder Holz, weisen im Winter eine geringe Luftfeuchte auf. Oft liegt die relative Feuchte bei 20…30 %, womit die Schleimhäute austrocknen, die Augen brennen etc. Ursache ist die geringe bis nicht vorhandene Aufnahme von Feuchte durch die Werkstoffe, womit sie auch nichts mehr abgeben können.

Nicht hilfreich ist das Lüften im Winter, bei z. B. 0 °C und Nebelluft außen. Das Lüften wird gern damit argumentiert, dass „Feuchtigkeit in die Wohnung kommen soll", tatsächlich gibt es nur eine Aktivierung des menschlichen Körpers, der Personen, durch die Kälte, womit auch ein Effekt erreicht wird.

Nach dem Mollier-Diagramm weist die Außenluft nur 4 g Wasser je kg Luft auf. Um bei 20 °C die gewünschten 8…9 g Wasser je kg Luft zu bekommen, müssen 4–5 g Wasser in jedes kg Luft gebracht werden.

Keine Hilfe sind die oft angebotenen Verdunster, die an die Heizkörper gehängt werden. Obwohl nur wenige Gramm Wasser je kg Luft notwendig sind, um die Situation zu verbessern, liefern die Verdunster einfach zu wenig. Eine maschinelle Befeuchtung oder ein Ultraschallzerstäuber leisten gute Dienste, allerdings ist der Energiebedarf für das Verdunsten nicht gering; es kann mit einem Drittel mehr an Heizkosten gerechnet werden, wenn konsequent befeuchtet wird. Deshalb gelten Klimaanlagen auch als Energiefresser, weil sie diese Defizite mit technischen Maßnahmen ausgleichen. Bei einem Altbau machen das die Wände gratis.

Belüftung in Museen und kulturhistorisch bedeutenden Objekten

Beim Luftwechsel in Gebäuden besteht Handlungsbedarf. Die Politik und die Forschung sehen keine Notwendigkeiten.

Eine allgemeine Aussage kann nicht getroffen werden. Auf alle Fälle gelten konstante Werte für die Luft, mit einer rel. Feuchte um 50…55 %, als erstrebenswert, um die Kunstgegenstände und die Einbauten möglichst lange zu erhalten. Wird es zu trocken, dann schwinden organische Materialien wie Holz, Papier, Leder, wird es zu feucht, gibt es Probleme mit dem Schimmel.

Spezielle Exponate wie alte Hölzer aus dem Boden müssen wesentlich feuchter gehalten werden, weil sie sonst zerfallen, bei Metallen, Gläsern oder Keramiken hingegen sollte für Trockenheit gesorgt werden.

Alte Bauten eignen sich eher für museale Zwecke als moderne, weil die dicken, massiven Wände einen natürlichen Schutz vor den Schwankungen des Außenklimas abgeben. Vor jeder Maßnahme sollte der Rat von Fachleuten gesucht werden, um unerwartete Folgeprobleme zu vermeiden. Es besteht noch beachtlicher Entwicklungsbedarf im Bereich der Mess- und Regeltechnik, damit ein hoher Schutz für die Exponate und Kunstschätze erreicht werden kann.[28]

28 Diese notwendige Entwicklung, mit den erforderlichen Sicherheiten, wurde dank der Sparpakete ab 1995 nicht mehr weiterverfolgt.

5-10 Vorwärmen der Luft im Boden für ein Gebäude

Planung der Be- und Entlüftung

Die Luftführung soll bei jedem Projekt bzw. Gebäude genau überlegt werden. Bei der klassischen Lüftungstechnik wird jeder Raum einzeln be- und entlüftet. Bei Wohnungen mit geringem Belag reicht es jedoch aus, die Luft von der Eintrittsstelle über ein oder zwei Räume bis zur Absaugung oder Ableitung zu führen. Bewährt hat sich eine gesammelte Entlüftung über WC und Bad/Nassräume, wobei die Gänge des Wohnbereichs auch für die Führung der Luft verwendet werden. Die Undichtigkeiten alter Fenster und Türen lassen genügend Luft in den Wohnbereich, um den erforderlichen Luftwechsel zu erreichen.

Selbstverständlich kann die Abluft mit Anlagen der Raumlufttechnik energetisch genutzt werden, doch ist der Aufwand mit dem Verlegen der notwendigen Leitungen zu beachten. Ebenfalls interessant kann es sein, Luft durch eine Leitung durch das Erdreich zu temperieren **(Bild 5-10)**. Hier ist noch eine größere Spielwiese offen. Immerhin hat das Erdreich eine Jahresmitteltemperatur von ca. 8 Grad in Mitteleuropa, während in den Wintermonaten schon die Mitteltemperatur der Luft um 0 Grad liegt. Das Gleiche gilt für die Temperaturspitzen im Sommer, die ziemlich regelmäßig die 30 Grad erreichen. Wird die Zuluft in ein Gebäude durch die Rohrleitungen in der Erde geführt, können die Temperaturspitzen in beiden Richtungen fast gratis abgebaut werden.

VI. Feuchteschäden durch Kondensation

In der Einleitung werden viele Mechanismen für Feuchteschäden beschrieben. Die durch defekte Installationen verursachten Schäden sind hier nicht von Interesse, sie lassen sich relativ leicht durch Beobachten und Verfolgen der diversen Leitungen finden. Hier geht es mehr um die Probleme, die bei üblichen Konstruktionen „völlig überraschend" nach Jahren und Jahrzehnten auftreten.

Chemie des Kondensats

Aus der Luft kondensierendes Wasser kann mit destilliertem Wasser verglichen werden. Es enthält keine gelösten Ionen, aber Kohlendioxid und Sauerstoff aus der Luft. Die Flüssigkeit muss als aggressiv angesehen werden, weil sie bestrebt ist, Ionen aus dem Material, auf dem sie kondensiert, herauszulösen. Diese Eigenschaft ist vor allem bei kulturhistorischen Bauten zu beachten, weil das Kondensat regelmäßig und über Jahrzehnte bis Jahrhunderte wirken kann. Nur dichteste Materialien wie Quarz werden durch das Kondensat nicht beeinträchtigt, alle anderen Baustoffe unterliegen einem mehr oder weniger starken Abbau und einer Verlagerung der gelösten Ionen. Selbst Glas wird über die Jahrhunderte zu einem porösen Skelett abgebaut.

Der Schutz vor Kondensation und dem Kondenswasser kann als eine der wichtigsten Maßnahmen zur Erhaltung von Bauten angesehen werden. Dabei kommen nur zwei Wege infrage:

- Reduktion der Luftfeuchte auf Werte, bei denen keine Kondensation möglich ist.
- Zufuhr von Wärme in die bedrohten Bereiche.

Alle anderen Maßnahmen bringen nur vorübergehende Entlastungen, aber keine nachhaltige Verbesserung.

Wand-Decken-Konstruktionen

Wand-Decken-Konstruktionen sind über Jahrhunderte bis Jahrtausende stabil, wenn keine organischen Materialien verwendet worden sind. Gut bekannt sind die zahllosen etruskischen und römischen Brücken, Gewölbe, Tunnel, Abwasseranlagen und nicht zuletzt Via- und Aquädukte.

6-1 Antike Baukonstruktion bei Außenwänden

Kondensation kann auch an sehr verborgenen Stellen entstehen, wenn die Bedingungen vorhanden sind.

Je dünner die Außenwände werden, umso mehr sind die Balkenköpfe wegen Kondensation gefährdet.

Sobald Holz mit eingebaut wird, müssen über die Dauer des Bestandes gewisse Spielregeln eingehalten werden. Holz zerfällt bei größerer Feuchte, wobei die Feuchtequelle ziemlich egal ist. Ein undichtes Dach wirkt genauso schädlich wie eine Konstruktion, die zu einer Ansammlung von Wasser führt. Während in den Wüstenstädten die Holzteile auch nach Jahrtausenden noch vorhanden sind, weil die Luft die meiste Zeit eben sehr trocken war, sind die Bedingungen im gemäßigten Klima völlig anders. Hier gibt es lange Zeiten mit hoher Luftfeuchte und wenig Wärme, was die Kondensation sehr begünstigt. Holz muss beim Hochbau als offenporiger bis sehr durchlässiger Werkstoff für die Feuchte gesehen werden. Der Dampfdruck der Feuchte sorgt für einen raschen Transport des Wasserdampfs zur kältesten Stelle, sprich zur Kondensation.

Bei den mittelalterlichen Burgen wurden die Außenwände mit Dicken zwischen 1,5 oder 2, auch 3 m im Bodenbereich, ausgeführt **(Bild 6-1)**. Die Dicke war notwendig, um den üblichen Rammböcken bei den häufigen Auseinandersetzungen länger standzuhalten. Klimatisch haben sie den Vorteil, dass mit den Natursteinen eine sehr große Speichermasse vorhanden ist. Die Schwankungen des Außenklimas gelangen mit erheblichen Verzögerungen nach innen.

Die **tragenden Holzbalken** für die Deckenkonstruktion wurden, obwohl die Wand so dick war, auf nur ca. 15 cm aufgelegt. Wegen der besseren Stabilität möchte man einen tieferen Einbau vermuten, doch zeigen viele Ruinen nur knappe Auflager für die Balken. Diese Bauweise kann zwei Gründe haben: Einmal die Knappheit an Material, lange Balken waren schwieriger zu beschaffen als kürzere, und zum anderen vielleicht die Beobachtung, dass kürzergelegte Balken länger halten als die anderen, die tief in die Wand gehen.

Auf alle Fälle waren die **Balkenköpfe** auf dem Mauerwerk in einer gleichmäßigen Atmosphäre, der Temperaturdurchgang durch die Außenwand spielt praktisch keine Rolle. Dazu kommt, dass die Außenmauern mit jeder Etage um etwa 15 bis 20 cm zurückgesetzt worden ist. Damit war die Belüftung der Köpfe noch einmal besser; es gab keinen Grund für einen vorzeitigen Verfall. Kondensation ist fast nicht möglich, die Konstruktion kann bei etwas Pflege des Gebäudes auch mehr als 1000 Jahre halten.

Mit dem Aufkommen der gebrannten Ziegel[29] für den Hochbau ändert sich die Konstruktionsweise grundlegend. Ziegel haben wegen der gleichmäßigen Abmessungen weitaus bessere Voraussetzungen, die Wände mit weniger Material zu errichten. Die Funktion der Bauten ändert sich auch massiv gegenüber der Antike: Anstelle der Wehrhaftigkeit kommt es nun auf Repräsentation an, es entstehen Klöster, Schlösser und reiche Bürgerhäuser. Die Wand-Decken-Konstruktion wird, wie gehabt, durch das Auflegen der Balken in einen Teil der Wand gestaltet.

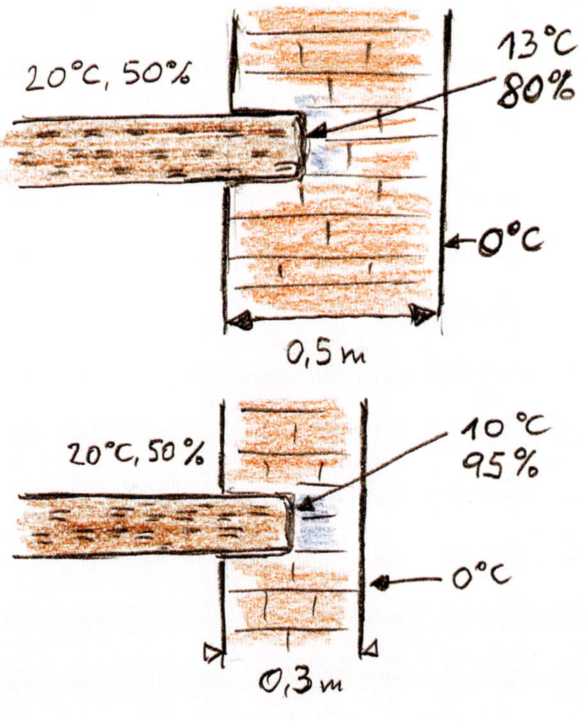

6-2 Wandkonstruktion mit Ziegeln

Der Deckenbalken wird in die Wand eingebaut **(Bild 6-2)**. Die Einbautiefe wird in etwa von der Antike übernommen, aber die abnehmende Wanddicke nicht mehr überall. Damit entsteht der einseitig oder auch doppelseitig eingespannte Träger, mit allerdings unterschiedlichen Eigenschaften beim **Balkenkopf**. Während in der Antike der Kopf weitgehend frei gelegen ist, wirkt sich hier die Luftfeuchte aus. An der Stirnseite des Kopfes hat es, bei einer dickeren Wand, z. B. noch 13 °C,

29 Lehmziegel mit Stroh gibt es seit mehr als 5000 Jahren, doch kann der Wassergehalt von Lehm größer sein als beim gebrannten Ziegel. Antike Lehmbauten hatten im gemäßigten Klima Europas, mit längeren Feuchtperioden, nicht den langen Bestand gegenüber arider Zonen, z. B. Mesopotamien.

womit die Luftfeuchte im Winter allerdings auf 80 % ansteigt. Damit sind erste Bedingungen für einen Zerfall durch Pilze gegeben.

Je dünner die Außenwand wird, z. B. in den preiswerteren Wohnhäusern der Gründerzeit, desto mehr kommt dieser Kondensationseffekt beim Balkenkopf zum Tragen. Beträgt die Temperatur nur mehr 10 °C in der Wand, dann steigt die Luftfeuchte auf 95 %, die Durchfeuchtung im Kopfbereich beginnt. Es dauert zwar viele Jahre bis Jahrzehnte, bis ein Balken mit 15 x 15 cm bricht, aber die Grundlage für den Verfall liegt in der Konstruktion.[30]

Das manchmal empfohlene oder auch vorgeschriebene Einlegen von Isolierfolien oder von Schaumstoffplatten beim Kopfende verschärft das Problem: Die Feuchte der Raumluft ist der treibende Motor, und eine noch saugende, sonst trockene Ziegelwand trägt dazu bei, die Feuchte in das umliegende Mauerwerk abzuleiten. Eine Folie verhindert gerade diese Reduktion in das umliegende Mauerwerk, es entstehen **Feuchtenester** beim Kopf des Balkens.

Bei einem Schaumstoff ist die Situation etwas komplexer: Der Wärmedurchgang ab dem Balkenkopf bis zur Außenwand wird wie gewünscht verringert. Damit wird die Außenwand aber kühler, die Wärme geht am Kopf mit dem Schaum ringförmig vorbei, und die Kondensationszone entsteht dort.

Fatal bei diesen Konstruktionen ist, dass viele nichtkontrollierbare Einflussfaktoren wie die Beheizung, der Feuchteeintrag in die Räume, die Lüftung, die Besonnung der Wand sowie das Außenklima bis hin zu den verwendeten Materialien eine Rolle spielen. Und die Prozesse können sich über Jahrzehnte langsam entwickeln.

Bei **Betonbalken** bzw. Stahlträgern als Balken sind diese Probleme nur bei wesentlich gröberen Fehlern zu erwarten. Beide Materialien leiten die Wärme aus dem Raum recht gut in die Auflager, und beide Materialien sind sehr dicht. Damit sinken die Chancen für eine Korrosion; es entstehen aber die bekannten Wärmebrücken nach außen. Hier kann eine außenliegende lokale Dämmschicht hilfreich sein, weil kaum Kondensat in dem Bereich zu erwarten ist.

Tür- und Fensteranschlüsse

Die Tür- und Fensteranschlüsse an eine Wand sind eine häufige Fehlerquelle. Während bei einer homogenen Außenwand eine Positionierung des Fensters in der Mitte der Wand oder auch im äußeren Drittel ein guter Kompromiss darstellt, gelten diese Regeln beim modernen Stahlbetonbau mit außenliegender Wärmedämmung nicht. Bis zur Neuzeit wurden Fenster auch direkt eingemauert (siehe **Bilder 6-3** bis **6-6**).

6-3 Mittelalterliche Fenster mit eingemauerten Scheiben

Gotische Fenster (oben), **6-4** mit eingemauerten Scheiben (**6-5** rechts oben: mit Bleifassung)

6-6 Barock: Fenster eingemauert (links)

30 Ein knapperes Auflager mit z. B. 5…8 cm kann wegen der Standsicherheit bei Erdbeben nicht vorgeschlagen werden.

Anschlüsse von Fenstern und Türen an eine Wand

Vorsatzfenster mit Heftbändern (unten links und Mitte), Kastenfenster mit durchgehendem Holzrahmen (unten rechts)

6-7

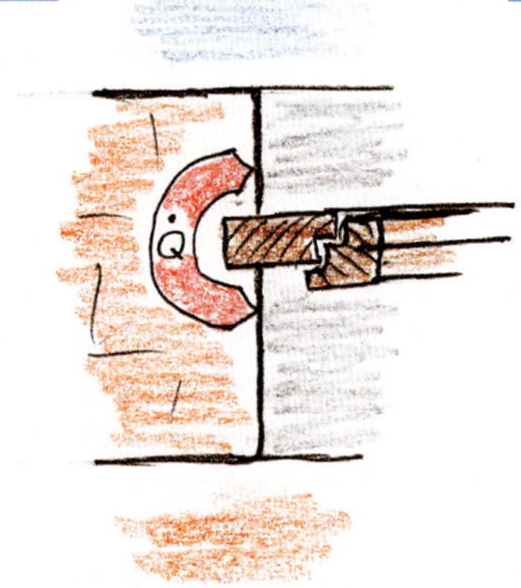

6-8

6-11

6-12

6-9

6-10

6-13

Das erste **Teilbild 6-7** zeigt ein typisches Fenster, wie es viele Jahrhunderte in die Wand eingebaut worden ist, nämlich als einfacher Rahmen mit ein paar Zentimetern Dicke und einem Fensterflügel mit einer Scheibe. Der Wärmedurchgang $\dot{Q}$ durch das Mauerwerk war noch lange kein Thema.

Weil eine Scheibe im Winter etwas wenig war und Glas dank der aufkommenden Industrie preiswerter wurde, entstand das **Vorsatzfenster**, sprich ein zweiter Rahmen auf der Außenseite, mit einem Flügel, der nach außen aufgeht. Festgehalten wurde der Außenrahmen oft mit Eisenbändern, die am ursprünglichen Stock befestigt waren (**Bilder 6-8** bis **6-10**).

Die bessere Variante war der durchgehende Fensterstock, das **Kastenfenster** mit Flügeln, die in beide Richtungen aufgehen können. Der Abstand zwischen den Flügeln beträgt zwischen 10 und 15 cm. Das massive Rahmenholz wirkt als Bremse für die Wärmeverluste, es entsteht eine ausreichende Anpassung an das Mauerwerk, die von der Elektrotechnik abgeleitete „Thermische Impedanz". Die Fugen zum Mauerwerk sind nicht unbedingt dicht, ebenso die Fugen beim Fenster selbst, wodurch ein dauernder Luftwechsel stattfindet. (**Bilder 6-11** und **6-13**)

Moderne Fenster haben wieder einen schmalen Stock von weniger als zehn Zentimetern. Diesmal geht es um höchstwertige Lösungen, mit hervorragenden Dämmwerten, mit Folien, um jede Fuge zu verhindern, und mit Gläsern, die ebenfalls keine Wärme mehr durchlassen. Die Außenluft ist hermetisch abgeriegelt, es gibt keinen Luftwechsel mehr. **(Bild 6-12)**

Wegen der schmalen Konstruktion des Rahmens, mit besten Dämmwerten, kommt es zu einem unerwarteten Effekt:

6-14 Moderner Fensterrahmen

6-15 Moderner Fensterrahmen mit Thermoputz und eigener Putzleiste

Im klassischen Mauerwerk wird die Strecke von der kalten Außenatmosphäre bis nach innen sehr kurz, vielleicht 10 cm. Dafür sind die Ziegel nicht geschaffen; es entsteht eine Kältebrücke und rund um den Rahmen kann die feuchte und warme Luft des Innenraumes kondensieren.

Während bei den alten Kastenfenstern sowohl die längere Strecke für die Wärme als auch der ständige Luftwechsel für eine trockene Zone auf der Innenseite gesorgt haben, geht es hier hart zur Sache: Schwarze Ränder zieren bald die teuren, höchstwertigen Fenster, weil die **Abstimmung mit dem Mauerwerk** nicht stimmt. Eine einfache Lösung besteht darin, die Fenster mit einem Thermoputz, sprich mit ein paar Zentimetern Stärke, einzuputzen. Damit entsteht ein atmungsaktiver Wärmeschutz ohne komplizierte Technik, einfach als dickere Putzlage. Die Methode hat sich über mehr als 20 Jahre gut bewährt. (**Bilder 6-14** und **6-15**)

Eine Sanierung kann auch durch den Einbau einer Temperierung im Bereich des Fensters erreicht werden. Die zusätzliche Wärme, es geht um ein paar Grad, verhindert die Bildung von Kondensat, trocknet die Wände aus und schafft, im Gegensatz zum kalten Fenster, eine angenehme Wärmestrahlung rund um das Fenster.

6-16 Einbau von Fenstern und Türen bei einer außenliegenden Wärmedämmung

Der Wärmewiderstand vom Fensterrahmen und der Wand müssen zusammenpassen. Dann gibt es keine Kondensatschäden entlang der Rahmen.

Moderne Hochbauten weisen eine strenge Trennung zwischen dem tragenden Betonkern und der Wärmedämmung auf.

Der Betonkern ist, wegen der Klimastabilität, warm, und das Fenster soll exakt dort liegen, wo sich die Mitte der Wärmedämmung befindet. Verschiedene **Einbaurahmen** sollen diese Anforderungen erfüllen, führen aber immer wieder zu Überraschungen wegen der Dichtheit.

Eine Lösung besteht aus einem für die Montage geeigneten wärmedämmenden Material für den Blindstock **(Bild 6-16)**.

Thermische Brücken

Thermische Brücken können in den verschiedensten Formen entstehen; eine häufige, verdeckte Form kann bei der Deckenkonstruktion auftreten. **(Bild 6-17)**

Obwohl die Außenseite [1] der Decke [2] mit Dämmstoff [3] nach außen abgedeckt ist, kann die Wärme [4] durch das Mauerwerk nach außen. Ursache ist eine thermische Fehlanpassung zwischen einem z. B. hochdämmenden Ziegel und einer Betondecke klassischer Bauweise.

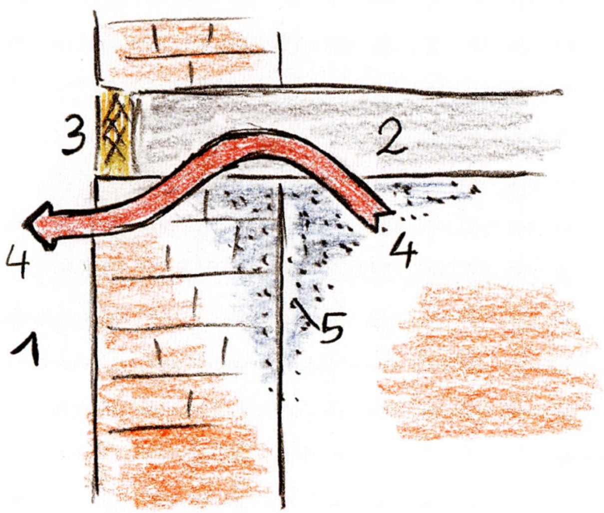

6-17 Typische Wärmebrücke im Deckenbereich

Kommt es zur Kondensatbildung [5] und Durchfeuchtung, sind die Spuren bald an den Schimmelflecken zu sehen. Eine Abhilfe kann mit der Temperierung gefunden werden, um sowohl das Wasser auszutrocknen als auch den Kältezug zu unterbinden.

6-18 Kondensat bei einem Fenster

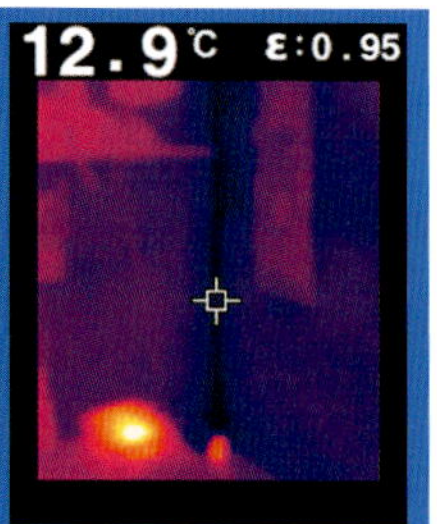

6-19 Kalte Ecke mit Kondensat

Im Raum hat die Luft 22 °C und 55 % relative Feuchte. Bei einer Oberflächentemperatur von nicht einmal 13 °C bildet sich in der Wandkehle Kondensat, wobei das Kondensieren durch die hygroskopischen Eigenschaften der Wandfarbe unterstützt wird. Eine leichte Schimmelbildung ist bereits sichtbar. Der helle Punkt unten ist ein elektronisches Gerät, dessen Wärmeabgabe hier zu sehen ist.

Verstärktes Lüften und Heizen, ohne Sanierung, kann diese Wärmebrücken nicht beheben. Die Feuchte ist schon in den Wänden, sie bekommt durch die häufig vorgeschlagenen Maßnahmen keinen Impuls zur Verbesserung.

Installationen

Im modernen Wohnbau sind Verbindungsleitungen zwischen der Außenwand und dem Innenraum notwendig. Rohrleitungen für Wasser oder die Kanalisation sind von Natur aus wasserfest, ein allfälliges Kondensat im Rohr spielt keine Rolle.

Schwieriger wird es bei Entlüftungen und Elektroinstallationen. Das Thema der luftführenden Leitungen wurde unter Kaminen und Abluftleitungen bereits behandelt. Oft

6-20 Kondensat bei einer Steckdose

übersehen werden jedoch **Elektroleitungen**, die von innen nach außen führen: sie werden häufig in Installationsrohren verlegt, die eine Verbindung zwischen innen und außen herstellen oder streckenweise in einem kalten Bereich liegen **(Bild 6-20)**. In diesen Zonen bildet sich durch den Naturzug oder durch Druckdifferenzen Kondensat, das dank der Rohre an irgendeiner Stelle herausläuft. Diese Überraschungen lassen sich mit einer luftdichten Unterbrechung der Rohre, neben den Leitungen, leicht vermeiden. Die Wärmeleitung, z. B. durch die Kupferdrähte, spielt dabei praktisch keine Rolle. Zur Unterbrechung können, neben den Drähten, Schaumstoffe in die Rohre gesteckt werden. Sie sollten aber so angebracht werden, dass sie im Bedarfsfall leicht zu erkennen und zu entfernen sind.

Schwieriger ist die Bereitschaft zur Kondensation an **Kaltwasserleitungen**. Ein ausreichender Wärmeschutz, der unbedingt luftdicht auszuführen ist, kann diese Neigung zu Kondensat entlang der Leitungen vermeiden helfen. Das Einwickeln mit Filz hilft im Übrigen nichts. Der Filz durchnässt völlig und vergrößert nur die Oberfläche – womit noch mehr Kondensat entsteht.

Innenhöfe

Während der Arbeiten mit Elektroosmose (1980–1986) wurde ein Arbeitskreis zur Qualitätssicherung bei Trockenlegungen gegründet. Das Thema der Innenhöfe wurde dabei ausgiebig diskutiert, weil keines der Trockenlegungsverfahren bei den typischen Innenhöfen der sehr dichten gründerzeitlichen Bebauung von Wien auch nur halbwegs zuverlässige Erfolge erwarten lässt. Das Thema wurde auch wiederholt bei den staatlichen Museen und Schlössern angeschnitten, wobei von den Planern häufig eine Überdachung als Lösung angeboten worden ist. Auch hier drehte sich der Streitpunkt sofort darum, wie dicht die Überdachung sein darf und wie der Luftwechsel aussehen soll.

6-21 Typischer Innenhof, hier z. B. im III. Wiener Gemeindebezirk Landstraße

Die Bebauung in **Bild 6-21** ist zwischen 12 und 16 m hoch, unten hat der Innenhof eine Breite von ca. 7 m und eine Tiefe von 10 m. Alle vier Seiten sind dicht, die Verbindung zur Straße erfolgt über 2 sehr dichte Metalltüren. Wegen der Feuchte und der Brandgefahr steht im Hof noch eine Waschküche [1].

Die Wände sind bis zu 3 m konstant feucht bis nass [2], die untenliegenden Wohnungen [3] und die Waschküche [1] ebenso. Die Feuermauern weisen oft Versottungen 4 von den Kaminen auf. Das sind die bekannten braun-grauen Flecken entlang der Kaminleitung, die in der Skizze als senkrechte, gewellte Linien dargestellt werden.

Die Luftzustände in Innenhöfen werden häufig unterschätzt. Eine Messung von Temperatur und Feuchte außerhalb des Innenhofes sagt nichts aus über die Zustände drinnen.

Selbst bei starkem Wind [5] gibt es nur im obersten Bereich einen Luftwechsel, wie die Pfeile [6] und [7] zeigen.

Eine Messung der Temperaturen zeigt auch die ganze Problematik: Wenn im April z. B. die ersten warmen Tage mit 20 °C und nur 50 % rel. Luftfeuchte zu messen sind, liegen die Temperaturen in den dichten Innenhöfen oft bei nicht einmal 10 °C. Der Wind hat keine Chancen, bis nach unten die feuchte und kalte Luft zu bewegen; sie bleibt tagelang liegen, mit einer Luftfeuchte um die 100 %.

Aus den Temperaturen lassen sich die Feuchte und die Dichte ablesen (mehrere Beobachtungen von 1980 bis 1990):

Tab 6-1 Luftzustände im Innenhof

Höhe m	Temperatur °C	Rel. Feuchte %	Dichte der Luft kg / m³
15	20	50	1,185
5	10	98	1,230
0	8	100	1,235

Meistens dauerte es eine Woche, bis die Wärme von außen auch unten ankommt. Jeder Regenfall hinterlässt tagelang seine Spuren mit erhöhter Feuchte. Trockene Steine von der Pflasterung gibt es nur im Herbst und im Winter, wenn der Boden wärmer ist als die Luft und ein wenig Feuchte abgeben kann. Eine Trocknung der Gebäude kann aufgrund der lokalen klimatischen Bedingungen ausgeschlossen werden.

In gemäßigter Form waren diese Probleme auch bei den Innenhöfen der kulturhistorischen Bauten anzutreffen: häufige Feuchteschäden im Sockelbereich und viele Diskussionen wegen der Überdachung, sei es in dichter Bauweise bis zur Klimatisierung der Innenhöfe bis zum offenen Flugdach. Natürlich war der Energiebedarf für eine allfällige Beheizung ein Thema, die Auswirkungen für den Sockelbereich konnten nicht geklärt werden. Die vorherrschende Meinung bei den Diskussionen um 1986 war, dass die Probleme mit dem Sockel von den Niederschlägen ausgelöst werden. Die Verbindung zwischen den bekannten Dolinen, den Karsttrichtern im Gebirge, der Umkehr des Klimas und der oben genannten Auswirkungen auf die Innenhöfe wurde als nicht zutreffend abgelehnt.

Bei einer Beratung in einem Museumsbau im Jahre 1994 wurde ebenfalls die Problematik der Innenhöfe besprochen. Vorgeschlagen wurde eine Querschnittsmessung, um die Bildung von kalten Luftschichten in den Innenhöfen nachzuweisen, sowie die Bedingungen, die zu diesen Schichtungen führen. Der Vorschlag wurde wegen der Kosten der Temperaturfühler, der Verdrahtung und nicht zuletzt der Auswertung der Daten abgelehnt – mit dem Hinweis, dass ohnehin eine Wetterstation mit einer Temperatur- und Windmessung auf dem Dach installiert sei. Die voranstehend genannten Beobachtungen wurden, wegen des Charakters eines typischen Innenhofs, ebenso abgelehnt.

Unbeheizte Räume von einer Wohnung stehen trotzdem im Luftverbund mit den beheizten Räumen. Feuchteschäden durch Kondensation sind zu erwarten.

Ein zentraler Punkt war die Planung von **Überdachungen**, wobei man sich wegen der Auswirkungen bezüglich Luftwechsel und Feuchtigkeit nicht sicher war. Um das Klima in den Höfen zu verbessern, wurde die Installation von elektrisch betriebenen Infrarotstrahlern mit Leistungen von mehr als 10 kW diskutiert. Die Ansätze blieben dann wegen der zu erwartenden Energiekosten stecken; der Mehrbedarf würde eine eigene Trafostation erfordern, um alle Innenhöfe zu beheizen.

Günstiger wäre der Einsatz von Solarenergie, um das feuchte Mauerwerk aufzuheizen und damit zu trocknen. Mit einer überschaubaren Kollektorfläche für 10 bis 20 kW Solarthermie je Innenhof lässt sich eine ausreichende Wärmemenge in das Mauerwerk bringen, um eine Trocknung und damit eine Sicherung des Bestands zu erreichen. Die Kollektoren können ohne Weiteres auch abseits der kulturhistorischen Bauten stehen, um das Ensemble nicht zu stören. Es ist jedenfalls nicht notwendig, für die Trocknung und Erhaltung Strom, den teuersten Energieträger, zu verwenden. Ergänzend macht es auch Sinn, den Luftwechsel mit einem oder auch mehreren Abluftkaminen zu unterstützen.

Zeitweise genutzte Räume

Zeitweise genutzte Räume unterliegen besonderen Belastungen bezüglich der Feuchte und Kondensation. Für die Einschätzung sind drei Fälle zu unterscheiden:

- unbeheizte Räume wie Kirchen,
- zeitweise beheizte Räume und
- voll beheizte Räume wie Veranstaltungssäle.

Unbeheizte Räume

Bei den unbeheizten Räumen treten die Probleme mit der Feuchtigkeit am schärfsten auf. Als Beispiel sei die Mitternachtsmette zu Weihnachten gezeigt, mit Schneefall außen und einem unbeheizten Kirchenraum **(Bild 6-22)**. Der Kirchenraum hat eine Temperatur um 0 °C, die Wände ebenso, da die Effekte nach einer längeren Kälteperiode beobachtet werden können. Die Außenluft hat eine Temperatur von –5 °C. Folgende Aspekte sind zu beachten:

- Durch den Schneefall werden pro Person rund 50 g Wasser in den Kirchenraum gebracht. Bei 500 Personen sind das 25.000 g Wasser in einer Stunde. Durch die Körperwärme verdunstet ein Großteil der Feuchtigkeit von den Personen und geht in die Raumluft.
- Die Raumluft kann bei 0 °C gerade 6 g Wasser maximal aufnehmen. Die Außenluft hat eine Feuchtigkeit von ca. 4 g Wasser.
- Die Luftmenge zum Entfernen der überschüssigen Feuchte lässt sich anhand der 2 g Wasser je kg Luft leicht bestimmen: Es müssen 12.500 kg Luft in der einen Stunde getauscht werden. Die Kirche hat ein Luftvolumen von 2000 m^3, d. s. 2600 kg Luft. Bei dieser Rechnung fehlt noch die Feuchtebelastung durch die Atmung, sie erhöht die Werte.
- Der erforderliche Luftwechsel beträgt 4,8 Mal das Volumen der Kirche pro Stunde, was ein völlig illusorischer Wert ist. Übliche Werte liegen weit unter 1 Luftwechsel je Stunde.

Die gezeigte Situation zieht natürlich Folgewirkungen nach sich:

- In der Mitte der Personengruppe 5 steigt die wärmere, feuchte Luft 1bis zur Decke des Raumes auf.
- An der kalten Außenwand 6 sinkt die Raumluft 2 und 3 wieder herunter, wobei die Luftfeuchte an die Wandoberfläche abgegeben wird. Im beobachteten Fall wurden die Farbschichten durchweicht.

6-22 Zeitweise genutzte Räume ohne Beheizung

- An den einscheibigen Fenstern 7 bildet sich Kondensat, weshalb ein Erhalter der Kirche bereits Blechrinnen 4 zum Auffangen des Kondensats hat anbringen lassen.
- Die Strömungsgeschwindigkeiten an den Wänden können Werte um 0,5 m/s annehmen; ein Bereich, der weit außerhalb der Behaglichkeit liegt.
- Die kalten Wände geben ebenfalls keine Wärme ab, der Raum bleibt unangenehm.

Zeitweise beheizte Räume

Gegen diese Situation werden verschiedene Abhilfen angeboten:

Beheizung der Kirchenbänke: Die häufigste Beheizung der Kirchenbänke erfolgt mit Strahlern, die unter den Sitzflächen montiert sind. Sie bewirken vor allem eine Erwärmung der Füße, mit Trocknung des Schuhwerks. Damit wird die Feuchtelast weiter erhöht, die Probleme an den Wänden und Fenstern werden verschärft.

Luftheizungen: Um den Versammlungsraum wenigstens zurzeit der Nutzung warm zu bekommen, werden massive Warmluftheizungen installiert. Meistens arbeiten diese Heizungen einige Stunden vor der Benutzung des Raumes, allerdings mit einem Problem: Der Feuchtegehalt der erwärmten Luft liegt bei den genannten 5…7 g Wasser je kg Außenluft. Wird die Luft auf z. B. 40 °C aufgeheizt, um etwas Wärme in den Raum zu bekommen, dann hat die Luft eine relative Feuchte von weniger als 10 %. Dieser Wert liegt weit unter der üblichen Gebrauchsfeuchte von Holz oder Textilien, womit die Gefahr besteht, dass sie verspröden oder reißen.

Die Wände werden durch die kurze Einwirkung der Luft nicht warm, die Gefahr der Kondensatbildung bleibt. Auf alle Fälle gibt es Kondensatbildung bei den Fenstern.

Zeitweise genutzte Räume wie Kirchen weisen bei Versammlungen eine massive Kondensatbelastung aller Bauteile auf.

Fußbodenheizungen und Wandheizungen: Die Fußboden- und Wandheizungen werden sehr selten eingesetzt, weil die Errichtung mit erheblichen Baumaßnahmen verbunden ist. Damit die Heizung wirkt, sind lange Vorlaufzeiten einzurechnen, was die Energiekosten in die Höhe treibt.

Temperierung mit Umweltenergie: Die Dauertemperierung mit Umweltenergie kann eine kostengünstige Alternative darstellen, weil die Umweltenergie selbst nichts kostet und das Mauerwerk bzw. der Boden als Speicher benützt werden. Der Bauaufwand ist geringer gegenüber den anderen Systemen; es erfolgt eine Dauererwärmung, die selbst zur schonenden Trocknung beiträgt.

Aufgrund der Speicherung der Wärme kommt es zu keinen Stoßbelastungen zur Erwärmung, wie bei allen anderen Systemen. Das Gebäude ist durch die ständige Zufuhr von Wärme gegenüber klimatischen Belastungen und Kondensation gut geschützt.

Sollte es, wie im Beispiel gezeigt, zu einer hohen Stoßbelastung durch eingetragene Feuchte kommen, bewirkt dieses System, wegen der Dauererwärmung, einen guten Schutz bzw. eine nachträgliche Trocknung.

Voll beheizte Räume

Für vollbeheizte Räume reicht die Solarenergie im Winter nicht aus. Die Kombination der verschiedenen Heizsysteme kann durch technische Maßnahmen erfolgen, wie z. B. eine **Integration der Solarthermie** in ein bestehendes Heizungssystem, aber auch durch getrennte Anlagen.

Falls ein Warmwasser-Heizungssystem vorhanden ist, kann die Temperierung der Wand durch eigene **Heizkreise** erfolgen, während das Aufheizen auf Raumtemperatur z. B. über klassische Radiatoren erfolgt. Damit ist eine ausreichende Regelfähigkeit gegeben, obwohl z. B. die Wände wegen Feuchtigkeit dauernd erwärmt werden.

Wirkung von Heizsystemen bei feuchten Wänden

Einzelofenheizung (Bild 6-23)

Einzelofen aus Metall, meistens an der Mittelwand eines Gebäudes, um die Abwärme der Rauchgase über die Mittelwand auch zu verteilen.

Vorteile: Preiswert, nur ein Ofen und ein Kaminanschluss notwendig.

Nachteile: Ungeregeltes Heizsystem, schnell heiß und schnell kalt. Zuluft für die Verbrennung erforderlich.

Wirkung auf den Baukörper: Baukörper wird nur kurzzeitig durch Konvektion und Strahlung erwärmt, bleibt kalt. Zu wenig Wärme für feuchte Wände, fördert die Kondensation an den kalten Stellen.

Behaglichkeit: Bei gleichmäßiger Heizung mit Koks oder Kohle brauchbar, bei Holz sehr problematisch, da eine Füllung in längstens einer Stunde abgebrannt ist. Mäßige bis starke Zugerscheinungen durch die aufsteigende Warmluft über dem Ofen (siehe **Bild 6-23**).

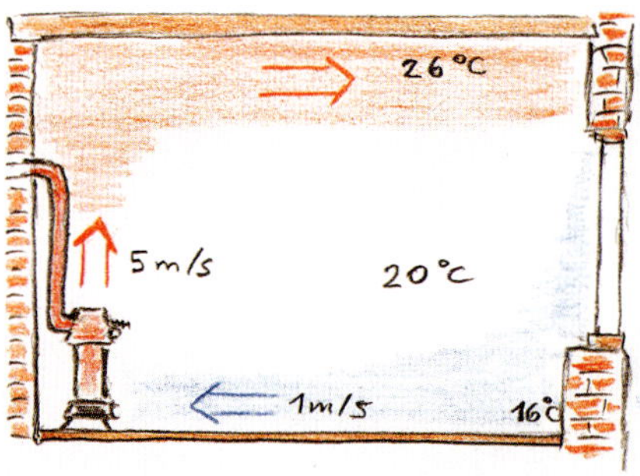

Einzelofenheizung (6-23 links), Kachelofen (6-24 rechts)

Kachelofen (Bild 6-24)

Einzelofen aus gebrannten Werkstoffen wie Kacheln, Schamotte, Ton als Bindemittel, meistens an der Mittelwand eines Gebäudes, um die Abwärme der Rauchgase über die Mittelwand auch zu verteilen.

Vorteile: Wärmespeicherung je nach Bauweise und erwärmter Masse, ein Kaminanschluss notwendig, oft gestalterisches Element im Wohnraum.

Nachteile: Ungeregeltes Heizsystem, Abstimmung der Brennstoffaufgabe mit dem Wärmebedarf, langsames Aufheizen, lange Wärmeabgabe auch ohne Feuer oder Glut. Zuluft für die Verbrennung erforderlich.

Wirkung auf den Baukörper: Baukörper wird durch Strahlung und Konvektion angewärmt, nicht ausreichend für feuchte Wände. Besser als eine Einzelofenheizung, da die nachhaltige Wärmestrahlung für eine längere Zeit Wärme zuführt.

Behaglichkeit: Höhere bis hohe Behaglichkeit, abhängig vom Typ des Kachelofens. Oft Sitzgelegenheiten, integriert bis in der Nähe des Kachelofens. Langwellige Infrarot-Wärmestrahlung, geringere Konvektion gegenüber Einzelofen.

6-25 Radiator-Zentralheizung

Radiator-Zentralheizung (Bild 6-25)

Wärmeabgabe über Radiatoren, meistens unter oder in den Fensternischen, Zufuhr der Wärme über Rohrleitungen; diese sind wegen Schall und Wärmeverlust üblicherweise isoliert bzw. wegen der Rohrdehnung bei Wärme beweglich in der Wand eingebaut.

Vorteile: Weit verbreitetes, günstiges Heizsystem, leicht und schnell steuerbar.

Nachteile: Geräuschübertragung, entlüften.

Wirkung auf den Baukörper: Baukörper wird durch Strahlung und Konvektion angewärmt, im Bereich des Heizkörpers sind Verbesserungen (Trocknung) möglich. Die Rohrleitungen zu den Heizkörpern tragen wegen der Isolierung kaum zur Verbesserung bei.

Behaglichkeit: Höhere bis hohe Behaglichkeit, langwellige Infrarot-Wärmestrahlung, deutlich geringere Konvektion gegenüber Einzelofen. Gleichmäßige Durchwärmung der Räume, der Eintritt der Kälte wird an den Schwachstellen der Gebäudehülle bekämpft. Derzeit Standard im Bürobau.

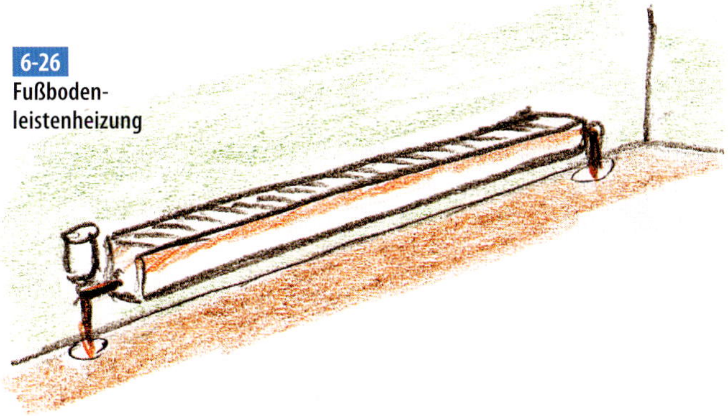

6-26
Fußbodenleistenheizung

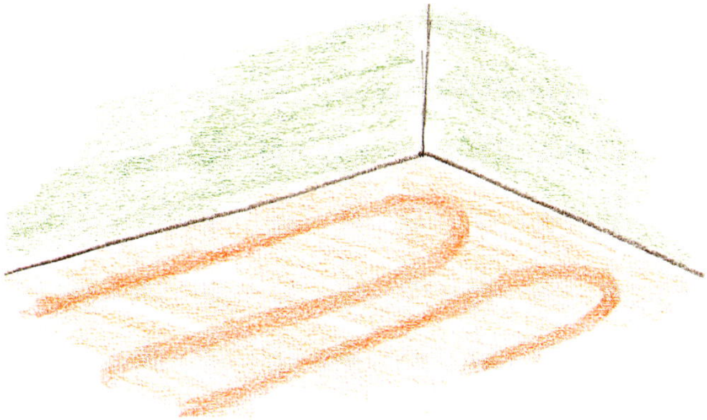

6-27
Fußbodenheizung

Fußbodenleistenheizung (Bild 6-26)

Wärmeabgabe über Radiatorleisten entlang der Wandkehlen, Fenster und Türen werden oft ausgelassen, weil keine Nischen für die Heizkörper vorhanden sind (bauseitig nicht vorgesehen). Nach der Theorie bildet sich ein Warmluftschleier entlang der Wände aus, womit eine hohe Wohnqualität erreicht werden soll. Wenig verbreitet, da Nachteile für die Einrichtung der Räume.

Vorteile: Günstiges Heizsystem, leicht und schnell steuerbar.

Nachteile: Geräuschübertragung, Fußbodenkehlen sind verstellt, Einrichtung muss an das Heizsystem angepasst werden oder steht von der Wand ab. Konvektionstyp.

Wirkung auf den Baukörper: Baukörper wird durch Konvektion angewärmt, im Bereich des Heizkörpers sind Verbesserungen (Trocknung) möglich. Die Rohrleitungen zu den Heizkörpern tragen wegen der Isolierung kaum zur Verbesserung bei.

Behaglichkeit: Höhere Behaglichkeit, Konvektion überwiegt gegenüber der Wärmestrahlung. Gleichmäßige Durchwärmung der Räume.

Fußbodenheizung (Bild 6-27)

Wärmeabgabe über Heizleitungen im Estrich, weitgehend über Wärmestrahlung. Konvektion spielt keine Rolle. Estriche werden üblicherweise mit Randstreifen „schwimmend" aufgebaut, schlechter Wärmeübergang auf die Wände.

Vorteile: Weit verbreitetes, günstiges Heizsystem, Rohrleitungen reichen aus.

Nachteile: Wegen der großen Masse des Estrichs schlecht steuerbar. Bei weniger wärmegeschützten Gebäuden wird der Estrich sehr warm, kann auch unangenehm werden.

Wirkung auf den Baukörper: Estrich wird durch Kontakt mit den Rohren oder Heizleitern angewärmt. Im Bereich des Estrichs sind Verbesserungen (Trocknung) möglich. Die Rohrleitungen zum Fußboden tragen wegen der Isolierung kaum zur Verbesserung bei.

Behaglichkeit: Höhere Behaglichkeit, Langwellige Infrarot-Wärmestrahlung, praktisch keine Konvektion. Gleichmäßige Durchwärmung des Estrichs, die Wände werden nur unzureichend erwärmt. Derzeit Standard im Wohnbau.

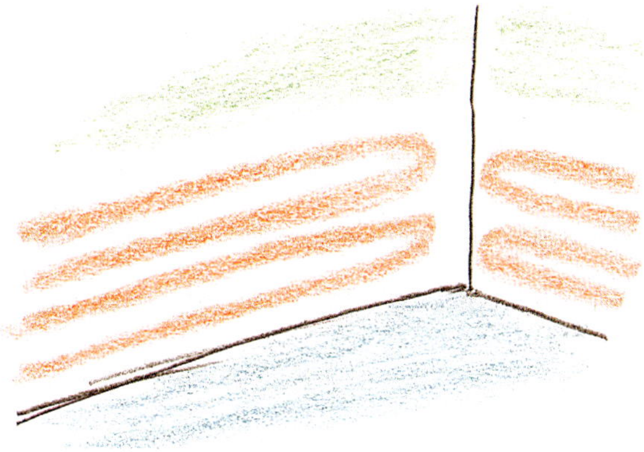

6-28
Wandheizung

Mit der Aktivierung von großflächigen Bauteilen wie Wände oder Fußboden wird der größte Effekt beim Vertreiben der Feuchte erreicht.

Wandheizung (Bild 6-28)

Wärmeabgabe über Heizrohre in den Wänden. Die Wände werden innen, unter Putz, aufgeheizt.

Vorteile: Leichter steuerbar als eine Fußbodenheizung.

Nachteile: Montagen an der Wand werden behindert, da Rohrleitungen unter Putz liegen. Großflächiger Eingriff in den Baukörper, der gesamte Putz muss mit der Heizung neu aufgebaut werden. Wenig verbreitetes Heizsystem.

Wirkung auf den Baukörper: Baukörper wird durch Kontakt angewärmt, optimal bei feuchten Wänden.

Behaglichkeit: Höhere bis hohe Behaglichkeit, langwellige Infrarot-Wärmestrahlung, sehr geringe Konvektion. Gleichmäßige Durchwärmung der Räume, der Eintritt der Kälte wird an den Schwachstellen der Gebäudehülle bekämpft. Feuchte in den Wänden wird ausgetrocknet.

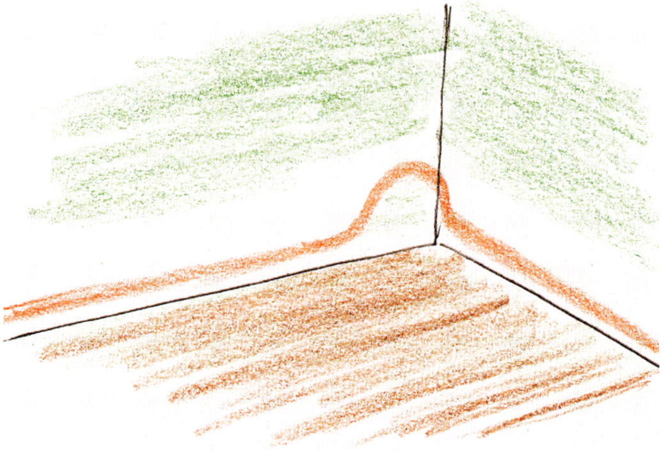

6-29 Heiz- oder Wärmerohr

Selbst ein einfach verlegtes Wärmerohr kann große Effekte bei der Beseitigung der Feuchte bewirken.

Heiz- oder Wärmerohr für die Trockenlegung (Bild 6-29)

Wärmeabgabe über Heizrohre in den Wänden. Die Wände werden innen, unter Putz, aufgeheizt. Heizsystem für den Baukörper, nicht als alleiniges Heizsystem zu sehen. Langfristiger Betrieb unabhängig von der Raumheizung.

Vorteile: Trägt zur Raumheizung bei, Energie geht nicht verloren. Montage an der Wand und Einrichtung werden nicht betroffen, da die Heizung in der Regel nur in den Wandkehlen verlegt wird. Versorgung mit Wärme über eine thermische Solaranlage sinnvoll, in Ergänzung oder zusammen mit der Raumheizung.

Nachteile: Rohrleitungen liegen unter Putz. Eingriffe in den Baukörper, um die Rohre zu verlegen. Kaum verbreitetes Heizsystem.

Wirkung auf den Baukörper: Baukörper wird durch Kontakt angewärmt, optimal bei feuchten Wänden.

Behaglichkeit: Höhere bis hohe Behaglichkeit, langwellige Infrarot-Wärmestrahlung, sehr geringe Konvektion. Gleichmäßige Durchwärmung der Räume, der Eintritt der Kälte wird an den Schwachstellen der Gebäudehülle bekämpft. Feuchte in den Wänden wird ausgetrocknet.

6-30 Warmluftheizung

Warmluftheizung (Bild 6-30)

Wärmeabgabe über Warmluft, die in eigenen Kesseln aufgeheizt wird. In der Regel keine Befeuchtung, kalte Außenluft wird aufgeheizt und damit sehr trocken. Häufig kurzfristiger Einsatz in Kirchen, Versammlungsräumen etc., die sonst kalt stehen.

Vorteile: Sehr schnell warme Luft im Raum.

Nachteile: Sehr trockene Luft, rein auf Luftbewegung (Konvektion) aufgebaut. Trocknet alles während des Betriebs aus. Sehr große Luftkanäle, Durchmesser bis in den Meterbereich, baulich erhebliche Eingriffe notwendig, um die Luftauslässe einzubauen. Oft Gitterkonstruktionen für die Luft im Boden oder in der Wand. Übertragung von Schall über weite Strecken möglich.

Wirkung auf den Baukörper: Baukörper wird nur während der Nutzungszeiten durch Konvektion angewärmt, im Bereich des Warmlufteintrittes sind Verbesserungen (Trocknung) möglich. Die Rohrleitungen für die Warmluft tragen wegen der Isolierung kaum zur Verbesserung bei. Mit Feuchte angereicherte Warmluft, die an die kalten Wände kommt, führt zu Kondensationserscheinungen (Kirchen mit Tauwasser an den Fenstern im Winter, Kondensatrinnen unter den Fenstern).

Behaglichkeit: Geringe Behaglichkeit, es fehlt die langwellige Infrarot-Wärmestrahlung, die Konvektion ist vergleichbar mit einer Einzelofenheizung.

Warmluftheizung Schloss Lednice: **6-31** Gitter (oben) **6-32** Auslass (unten)

Strahlungsheizflächen (Bild 6-33)

Wärmeabgabe über Strahlungsheizkörper, die überall montiert sein können. Zufuhr der Wärme über Rohrleitungen oder elektrische Beheizung.

Vorteile: Günstiges Heizsystem, leicht und schnell steuerbar, oft elektrische Heizflächen mit einfacher Regelung. Wird als sehr sparsames Heizsystem vermarktet, da nur Strom notwendig ist und eine leichte Installation mit Wandhaken.

Nachteile: Strahlungsheizkörper liefert vor allem Wärmestrahlung, die während der Nutzung eines Raumes erwünscht ist. Luft bleibt kühl, die Wände in der Regel kalt. Wärmestrahlung von oben wird nicht von allen Personen als angenehm empfunden.

6-33 Strahlungsheizflächen

Strahlungsheizflächen und eine Vollklimatisierung haben weniger Effekt bei Feuchteproblemen.

Wirkung auf den Baukörper: Baukörper wird durch die Strahlung angewärmt, im Bereich des Heizkörpers sind Verbesserungen (Trocknung) möglich. Die notwendige Energiemenge für eine Trocknung feuchter Wände wird in der Regel nicht übertragen, vor allem nicht in nur zeitweise beheizten Räumen. Wegen der angewärmten Luft kann Feuchte vermehrt an den kalten Wandteilen kondensieren.

Behaglichkeit: Behaglichkeit kann verbessert werden, kaum Konvektion. Eine gleichmäßige Durchwärmung der Räume kann nur bei Dauerbetrieb erreicht werden. Der Eintritt der Kälte kann an den Schwachstellen der Gebäudehülle durch Wärmestrahlung verringert werden, allerdings nur im Strahlungsbereich.

6-34
Vollklimatisierung

Vollklimatisierung (Bild 6-34)

Wärme- und Kälteabgabe über eigene Leitungssysteme, Heiz- oder Kühlkörper mit innenliegendem Gebläse, System wirkt über die Luft, keine Strahlungsflächen.

Vorteile: Weit verbreitetes System zur Vollklimatisierung, leicht und schnell steuerbar.

Nachteile: Geräuschübertragung, Zugerscheinungen durch die systembedingte Luftbewegung.

Wirkung auf den Baukörper: Baukörper wird nur durch Konvektion angewärmt, im Bereich des Heizkörpers sind Verbesserungen (Trocknung) möglich. Die Rohrleitungen zu den Heizkörpern tragen wegen der Isolierung kaum zur Verbesserung bei. An Kälteleitungen kann sich Kondensat bilden, womit eine Feuchtequelle besteht.

Behaglichkeit: Höhere bis hohe Behaglichkeit, Langwellige Infrarot-Wärmestrahlung, deutlich geringere Konvektion gegenüber Einzelofen. Gleichmäßige Durchwärmung der Räume, der Eintritt der Kälte wird an den Schwachstellen der Gebäudehülle bekämpft. Derzeit Standard im Wohnbau.

Hinweise zu den Energieträgern

Feste Brennstoffe und Heizöl werden in der Regel bei der Lieferung bezahlt. Nachforderungen sind nicht möglich. Gas, Fernwärme und Strom sind sogenannte leitungsgebundene Energieträger. Wird mehr Energie verbraucht, dann sind Nachforderungen die Regel. Es lohnt sich auch, die Lieferverträge und die Abrechnungen auf die Nebenkosten anzusehen. Die Nebengebühren für das Leitungsnetz, die Bereitstellung, die Abrechnung, die Zähler, Abgaben an die Gebietskörperschaften und, in jüngster Zeit, für gestrandete Investitionen, können den eigentlichen Energiebezug erheblich übertreffen. Umweltenergie, wie Solarthermie, Photovoltaik, Wind, Geothermie und eigene Energieträger auf eigenem Grund, zählen zu den günstigsten Energieträgern. Ihre Nutzung ist im Vergleich mit den klassischen Anlagen mit mehr Aufwand verbunden. Bei Neuplanungen und größeren Umbauten sollte ein verbindlicher Voranschlag für die zu erwartenden **Heizkosten** angefordert werden.

VII. Umweltenergie zur Vermeidung von Feuchteschäden

Energiepolitik

Der gegenwärtige Trend in der Energiepolitik geht, wie schon angedeutet, zum **Nullenergiehaus** bis zum Haus als Energiequelle. Dieses Ziel ist recht ambitioniert, geht aber am Baubestand, vor allem in alten Stadtzentren, vorbei. Abgesehen davon weist die Sanierungs- oder Neubaurate, gemessen am Bestand, einen realen Wert von nur 1 % pro Jahr auf. Energiepolitisch wirksame Effekte sind daher mit dieser Vorgabe nicht zu erreichen, schon gar nicht mit den geltenden Beschränkungen der finanziellen Mittel. Somit überlässt die Politik, ohne Hilfe zu bieten, an die 99 % aller Entscheidungen bezüglich der Sanierung von Altbauten dem „freien Markt".

Bei den hehren Zielen, Häuser zu Energielieferanten umzufunktionieren, sind zwei Fragen zu behandeln:

- Wird nur die **Jahressumme** von Verbrauch und Energieertrag, die Jahresbilanz, als Kriterium herangezogen?
- Ist die Speicherung der Energie im Gebäude, im Projekt, vorgesehen? Mit welchen Technologien wird die überschüssige Energie gespeichert, verteilt und/oder genutzt?

Bei der gegenwärtigen Nutzung der Wind- und Solarenergie wurde nur die sehr simplifizierende erste Frage als alleiniges Kriterium zur Bewertung herangezogen, die zweite hingegen ausgeklammert, mit massiven Folgen für die Stromnetze. Die Lösung kann nicht darin bestehen, den Abnehmern von Energie, von Strom, noch Geld zu zahlen, wenn sie den Überschuss im Netz verbrauchen helfen. Diese Notmaßnahmen haben mit einem Ziel wie „Energiesparen" überhaupt nichts zu tun, ebenso wenig wie der verstärkte Ausbau der Netze, um die unerwünschten Energiemengen nach irgendwo zu verschieben.[31]

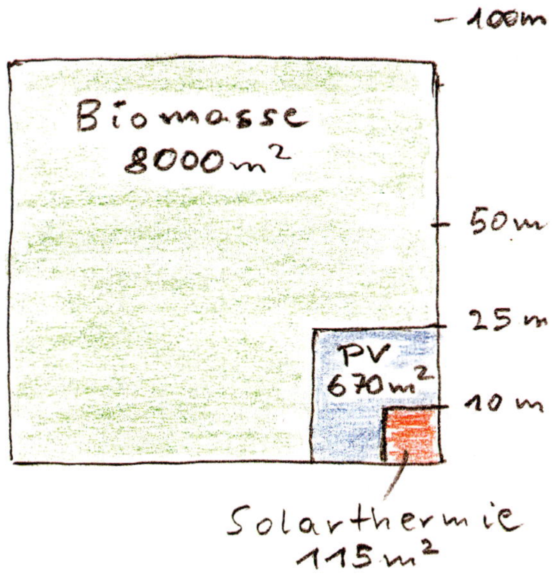

7-1
Flächenbedarf für Biomasse, Photovoltaik und Solarthermie für 20 MW

Die Wärme von der Sonne benötigt die geringste Fläche, braucht aber ein ergänzendes Heizsystem.

Tatsächlich führt diese politische Vorgabe, nach der die Jahresbilanz für den Titel **„Passivenergiehaus"** ausreicht, zu massiven Mehrbelastungen aller Netze. Gibt es Sonne oder Wind, dann erzeugen auch die Häuser unkontrolliert einen Überschuss. Kaum ist es dunkel oder der Wind schläft ein, muss der gesamte Energiebedarf aus dem Netz gedeckt werden. Damit entsteht eine erhebliche **Pendellast**, bei der das öffentliche Netz gratis als Speicher missbraucht wird, eine Aufgabe, für die es nicht ausgelegt worden ist. Statt gleitender Algorithmen, die den Verbrauch beeinflussen könnten, gibt es nur die Doktrin, dass die öffentlichen Netze eine Ab-

31 In der englischsprachigen Literatur wird von *energy saving* gesprochen, das auch mit einem sorgsamen Umgang mit Energie übersetzt werden kann. Der deutsche Begriff „Sparen" hat eine sehr enge Verbindung zum sehr knappen bis knauserigen Umgang mit Geld: Jede Münze muss mehrfach umgedreht werden, bevor sie ausgegeben werden darf.

deckung stets und zu 100 % und Reservehaltung zu leisten haben und gleichzeitig mit der gesamten, ungeregelt eingespeisten Leistung fertig werden müssen.

In der Praxis bedeutet das, dass zu jedem kW alternativer Energie ein kW konventioneller Leistung bereitgehalten werden muss, aber nicht genutzt werden darf. Die nicht planbare Umweltenergie hat Vorrang, unabhängig von den Gestehungskosten und Stützungen durch die öffentliche Hand und die Stromkonsumenten etc. Statt einer Verpreiswertung der Energie kommt es, wegen der Folgeinvestitionen in die konventionellen Energieträger und in die Stromnetze, zu Verteuerungen, die von der öffentlichen Hand, sprich dem Steuerzahler – also uns allen –, mit verschiedenen Ökologieabgaben beglichen werden müssen.[32] Wir können hier bis zu einem Drittel der Stromrechnung ansetzen, während lokale Verbrauchslösungen – wie hier – keinen Eingang gefunden haben.

Eine kostengünstige – und damit leistbare Lösung liegt in der Kombination von Heizsystemen.

Abgesehen von den geringen Erträgen der alternativen Stromerzeugung stehen die Flächen für die Photovoltaik auf den Dächern der Häuser in Konkurrenz mit dem Wärmebedarf des Gebäudes darunter. Die leicht nutzbaren Flächen sind verbaut, für einen langfristigen Pachtvertrag mit mäßigem Ertrag wird eine thermische Sanierung darunter blockiert **(Bild 7-1)**.

Der Einsatz alternativer Energien ist auf alle Fälle zu forcieren, aber wie bei jeder Technologie muss eine Abschätzung der Folgen durchgeführt werden.[33] Wird die alternative Energie lokal verwendet, dann ändert sich die Situation grundlegend. Kühlen oder Heizen mit Solarenergie, sprich die thermische Nutzung der Wärme von der Sonne, kann sehr viele Vorteile bringen, wenn die Anlagen entsprechend ausgelegt sind. Auch hier wäre noch einiges an Planungsarbeit zu leisten, um die Einbindung von solarer Kälte oder Wärme in die lokalen Netze oder in die Gebäude zu optimieren.

Autarkie als Selbstzweck hinterlässt mehr Schäden, als sie Nutzen bringen kann. Ein Zuviel an alternativer Energie verteuert sie, entgegen allen Regeln des Marktes.

Erschreckend ist auch die Naivität der gegenwärtigen Energie- und Umweltpolitik, die glaubt, mit der Finanzalchemie der CO_2-Abgaben tatsächlich etwas bewirken zu können. Das Gegenteil ist der Fall: Es werden nur die Lösungen angestrebt, die aus dieser Umweltbörse zusätzliche finanzielle Leistungen lukrieren können. Nach dem Wissen des Autors ist aus der CO_2-Abgabe kein einziges Forschungsprojekt finanziert worden, was einen sinnvolleren Einsatz der Mittel dokumentieren würde. Stattdessen werden die Belastungen mit einem problematischen Gas an den Börsen gehandelt und Scheingeschäfte mit dem Verschieben der Emissionen gemacht, z. B. mit CO_2-Senkungen in „preiswerten" Gegenden wie in Afrika. Dort werden allerdings jahrhundertelang genutzte Ackerbaugebiete mit fruchtlosen Bäumen bepflanzt, als CO_2-Senke für die Industrieländer, was dort Hunger und Flüchtlinge hinterlässt.[34] Der Natur und dem Klima sind derartige Aktionen einer Menschheit völlig egal, sie führen in der Evolution nur in eine der üblichen Sackgassen, aus denen es meistens kein Zurück mehr gibt. Beispiele sind entscheidend, nicht große Konferenzen, bei denen das Problem sehr medien- und marktwirksam aufgerührt wird. Die großen Treffen hinterlassen nur noch mehr fossiles CO_2 in der Atmosphäre.

Diese notwendigen Entwicklungen werden „dem freien Spiel der Marktkräfte" überlassen, womit genau das passiert, was heute Europas Wirtschaft schwer belastet, nämlich nichts. Mit technischen und wissenschaftlichen Fragen werden, gemäß der heutigen Wirtschaftsauffassung, die Geldtempel befasst, aber von dort wird nie eine Lösung kommen. Die Verwalter des monetären Reichtums bewerten neue Denkansätze nach den Basel-Kriterien zur Kreditwürdigkeit, also sehr skeptisch, bevor noch die erste Schraube gedreht worden ist. Stagnation und Mutlosigkeit, mehrfach und gegenseitig abgesegnet, mit massiver Rückwirkung auf den Standort Europa sind die Folge.

Geld ist nur ein Hilfsmittel, das von der Menschheit für ein leichteres Wirtschaften erfunden worden ist. Es gibt in den Naturwissenschaften kein Äquivalent für Geld. Eine statistische Korrelation kann zwischen der Arbeit, der Zeit und dem Geld angesetzt werden, und da zeigt schon die tägliche Erfahrung, dass gleiche Arbeit und gleiche Zeit keinen fixen Umrechnungsfaktor zum Geld haben. Aus diesem einfachen Grund werden Geld und eine Geldwirtschaft keine der heute drängenden Fragen, wie oben gezeigt, lösen, weil ein neuer Denkansatz per se „wertlos" ist, sprich noch keinen Preis hat.

Neue Wege und neue Verfahren entspringen dem Interesse der Personen, dem Wissen, der Neugier, ob etwas geht – und diese Eigenschaften haben mit Geld überhaupt nichts zu tun. Diese Werte können auch nicht gekauft werden und lassen sich nicht an den Börsen handeln. Sie sind aber der bestimmende Faktor, ob und wie sich eine Region, ein Land oder ein Bereich entwickeln. Der Neoliberalismus hat auch hier

32 Hier ist ein ökonomisches Paradoxon entstanden: Ein Mehr von einem Gut, ein Überschuss, führt zu steigenden Preisen.

33 Es macht wenig Sinn, von einer energieautarken Siedlung etc. zu reden, wenn der lokale Bedarf mit rund dem hundertfachen an „grüner Energie" zugeschüttet wird. Das ist keine Energiewirtschaft, sondern ein Fluten des Marktes mit einem nicht immer erwünschten Produkt.

34 Thementag 3. Februar 2015, arte: „Natur – Spekulationsobjekt mit Zukunft".

schon seine Offenbarung mit der Privatisierung der Bildung und des Wissens abgegeben. Wert hat nur, was Geld bringt, wenn auch schon mit negativen Zinssätzen, also einer Entwertung des verehrten Kapitals. Bildung im alten humanistischen Sinn gehört jedenfalls nicht dazu, ist in dieser Kategorie nicht messbar.[35]

Die Folgen des „Energiesparens"

Das europäische Modell des Energiesparens geht davon aus, jedes Zehnteljoule an Wärme und sonstiger Energie dort zu halten, wo es gerade ist. Im Wohnbereich bedeutet das, die erwärmte Luft dort zu halten, wo sie gerade ist. Dass sich die Luft verändert, hat schon Panzhauser (TU Wien, 1985) festgestellt und auch die ersten Schimmelbildungen im Wohnbereich registriert. Der Bericht[36] weist auf viele Probleme hin, die heute massiv vorhanden sind.

Die wirtschaftspolitischen Entscheidungen gingen trotz der Warnungen in eine andere Richtung: Dämmen, was nur machbar ist, **Luftwechsel gegen Null** fahren, um die Wärme in der Luft und damit im Wohnraum zu halten und als Folge der aufgetretenen Probleme Vorschriften zur Lüftung von Wohnungen und die Zwangsbelüftung. Womit die Wärme jetzt mit viel Technik und erheblichen Investitionen wieder hinaus befördert wird.

Um die Folgen dieser Politik zu sehen, kann ein klassischer, sanierter Wohnraum in einem Altbau als Beispiel dienen: In einem Gebäude aus dem 16. Jahrhundert wird eine Wohnung saniert. Nach heutigen Maßstäben bedeutet das: dichteste Fenster und Türen, mit Dichtfolie in den Putz, Abluft nur im Bad, aber hier auch mit einer Dichtklappe, damit die Luft nur bei Benutzung des Bades – und bei Einschalten durch die Bewohner (!) – abgeführt wird. Eine Zwangsbelüftung wurde nicht vorgesehen, sie hätte den Aufwand für das Restaurieren erheblich vergrößert. An der Kochstelle gibt es keinen Dunstabzug.

Die Wohnung ist ebenerdig, in den Wänden gibt es keine Isolation, die war im 16. Jahrhundert noch nicht bekannt. Nach einigen Jahren hat sich in den Wänden eine Wassermenge von runden 10.000 Litern angesammelt, bevor es zum Schimmelbefall gekommen ist. Die Wohnung war mit Radiatoren mäßig beheizt, womit das Wachsen des Schimmels sehr gefördert worden ist. Die Luftfeuchte liegt ständig über 70 %, wobei dieser Wert dafür spricht, dass Teile der Wand und des Gewölbes noch Feuchte aufnehmen. Ein Vermieten oder ein Verkauf der Wohnung ist undenkbar, das Befolgen aller Normen und Regeln zum Energiesparen hinterlässt einen Torso ohne Wohnwert. Die Physik und die Thermodynamik lassen sich nicht durch Reglementierungen beeinflussen.

Der Zustand der Wohnung und des Gebäudes wird sich weiter verschlechtern, wenn nicht bald regelnd eingegriffen wird, wahrscheinlich bis zum Auftreten von Feuchteschäden in den Wohnungen oberhalb, sobald die Wände und das Gewölbe bis zur Sättigung durchnässt sind. Dieser Prozess wird noch ein paar Jahre dauern.

„Energiesparen" als Selbstzweck führt nur in eine der üblichen Sackgassen. Nur das Verstehen der Zusammenhänge kann die notwendige Entwicklung weiterbringen, nicht das unreflektierte Wiederholen der diversen Energiemantren.

Ursachen

Die Ursachen sind sehr banal: Die ursprünglich „undichten" Fenster und Türen haben, zusammen mit einem inzwischen nicht mehr vorhandenen Kamin (Teilung der Wohnung, Kamin defekt, verfallen?) eine ständige Querströmung durch den Raum bewirkt. Dabei wurde die Feuchte von der Wand gleichmäßig ausgetragen, der Bereich war wenigstens als Lager oder Abstellraum nutzbar.

Kamine und natürliche Abluftsysteme gibt es heute nicht mehr, sie gelten als energiepolitisch unerwünscht, weil die Raumluft einfach entweicht. Die Änderung von Nutzungen – ehemalige Stallungen oder Lager werden zu Wohnräumen umgewandelt – bewirkt die Bildung von nicht mehr natürlich entlüfteten Räumen, mit dem Risiko der Akkumulation von Feuchte. Große Hallen und Räume werden, entsprechend den heute geltenden Vorstellungen, zu vielen kleinen Einzelzimmern und Kleinwohnungen aufgeteilt, womit die einst geplante Durchlüftung mit einem Kamin, mit Dunstabzügen in den Ställen etc. nur mehr dort wirkt, wo sie noch vorhanden ist. Alle anderen Räume sind mit den alten Wänden konfrontiert, womit die Probleme immer schärfer hervortreten.

Lösungen

Wasser braucht Wärme zum Verdunsten. Man kann die Luft erwärmen und die Wände oberflächlich trocknen, was auch in vielen Fällen geschehen ist, man kann aber auch die Bauteile selbst erwärmen. Der Unterschied zwischen warmer Luft zum Trocknen und Wärme im Bauteil ist allerdings beachtlich: Damit die Luft Feuchte aufnehmen kann, muss sie selbst trocken

35 Es ist sehr aufschlussreich, die englischsprachige Kultur nach der Aufarbeitung der Leistungen großer Forscher und Entwickler, Erfinder, anzusehen. Es geht immer um „den Erfolg", der in der jeweiligen Währung gemessen wird. Alles andere wird als „lunatic" abgetan, als verrückte Erfindung zur Belustigung der Menschheit. Aus dem angeblichen Wahn der Erfinder wird dank der Vermarktung durch eine Medienindustrie auch wieder Geld geschlagen.

36 http://www.fgw.at/publikationen/pdf/03/2003-1_Panzhauser.pdf (zuletzt eingesehen im November 2016)

sein. Relative Feuchtewerte der warmen Zuluft um 10 % sind nicht selten, damit überhaupt ein Effekt erreicht wird. Trifft diese warme, sehr trockene Luft auf Holz und andere organische Einbauten, dann sind Risse und Schäden programmiert.

Werden die Bauteile erwärmt, dann kann die Luftfeuchte über die Entfeuchtung oder den Luftwechsel beeinflusst werden. Bei der Kombination beider Verfahren kann die Wand als konstante Feuchtequelle gesehen werden, wobei die Luftfeuchte durch eine geeignete Regelung im gewünschten Bereich gehalten wird. Mit dieser Eigenschaft kommt der Bauteilerwärmung, mit steter Kontrolle der Luftfeuchte, große Bedeutung zu: Es kann jeder Zustand eingehalten werden, der von den Nutzern gewünscht wird, auch während der Trocknung. Später, wenn die Bauteile gebrauchstrocken sind, können sogar Anpassungen für eine Erhöhung der Raumluftfeuchte überlegt werden.

Mit einem überschaubaren Aufwand kann sehr viel Energie nachhaltig eingespart werden. Der Wärmeschutz bringt vergleichsweise wenig, aber das Trockenlegen mit der Sonne sehr viel.

Wärme alleine ist aber zu wenig. Die warme, feuchte Luft muss abgeführt oder technisch getrocknet werden. Die Wassermengen sind dabei beachtlich; es empfiehlt sich, das Sammelgefäß mit einem Ablaufschlauch zu versehen. Zur Erinnerung: Es sind schnell einige 1000 Liter Wasser in den Wänden. Diese Menge wird nur zu einem geringen Teil über die Luft ausgetragen, mehr geht über die Wände zurück und nach außen.

Von besonderer Bedeutung ist der Energiebedarf für die Trocknung. Hier bietet sich die Nutzung der Wärme von der Sonne an. Diese Wärmequelle ist gratis und die Wand speichert genug Wärme, um kürzere Schlechtwetterperioden zu überbrücken. Die Betriebskosten liegen somit nahe bei null, einem Wert, den sonst kein Verfahren bieten kann. Im Winter soll die Trocknung von der normalen Heizungsanlage versorgt werden. Die Belastung wird, sobald der Wassergehalt verringert ist, ziemlich niedrig sein, und ein Großteil der Wärme geht in den vorher belasteten Raum.

Die folgenden Seiten werfen einen Blick auf die Ergebnisse.

Wärme für die Sanierung von feuchten Bauten

Eine Konsequenz hat die Nutzung der Solarwärme auf alle Fälle: Der Anteil an Wärme ist, bis auf die Amortisation der Anlagen, gratis. Kein Gramm an CO_2 wird in die Atmosphäre entlassen. Auf eine Eigenschaft der Verwendung von solarer Wärme für die Sanierung, sprich die Trocknung, darf hingewiesen werden: Wer Wäsche zum Trocknen hat, hängt sie dorthin, wo es Luft, Licht und Sonne gibt.

Bei einem Gebäude können wir die feuchten, kalten Winkel nicht dort hinbringen, wo sie wieder „gesund" werden können. Aber wir können die Wärme dort hinbringen, und zwar mit wenig Aufwand; ein paar Rohre reichen dafür. Sind diese Gebäude trocken, steht die Lebensqualität in diesen sanierten Bauten der von Neubauten in keiner Weise nach. Die Wände haben eine gute Ausgleichsfunktion für die Wärme und die Feuchte, wie sich schon gezeigt hat. Die Häuser weisen kein „Barackenklima"[37] auf, die Luftfeuchte bewegt sich um 45…55 %, wenn alles intakt ist. Von Schimmel keine Spur, obwohl zu Beginn der Sanierung die kritischen Ecken bis unter die Decke schwarz waren.

7-2 Wärmedämmung und teilsolare Temperierung

Das Haus hatte zu Beginn der Sanierung ein feuchtes Mauerwerk, bestehend aus Steinen und Lehm als Bindemittel. Als erste Maßnahme gegen den hohen Energiebedarf von 6500 Litern Heizöl EL pro Jahr wurde eine Wärmedämmung mit 80 mm Dicke außen angebracht, zusätzlich zur Dämmung der Decke mit 15 cm – allerdings mit mäßigem Erfolg. Der Ölbedarf ging um nur 1000 Liter zurück **(Bild 7-2)**.

Bei der Wärmedämmung wurde auf eine Hinterlüftung geachtet, womit die Feuchte aus der Wand leicht austreten konnte.

37 „Barackenklima" wird der Effekt bei leicht zu beheizenden, hochgedämmten Bauten genannt, die eine zu geringe Speichermasse haben. Schaltet die Heizung ab, dann wird es rasch unangenehm, scheint die Sonne, dann sind die Bauten zu warm. Zum „Barackenklima" gehört auch eine zu geringe Speicherfähigkeit für Feuchte, die Luft hat im Winter oft nur 20…30 % rel. Feuchte.

Erst die teilweise Erwärmung des Mauerwerks zur Trocknung und die Installation einer kleinen Solaranlage, mit Einbindung in die Heizung, brachte eine Verringerung des Ölbedarfs auf 2500 l pro Jahr. Auch nach deutlich mehr als zehn Jahren zeigen sich an der Fassade keine Problemstellen, sie ist nur der Zeit entsprechend abgewittert. Das Mauerwerk wurde aus Kostengründen belassen, es dient als massiver Speicher für die Überschusswärme im Sommer.

Von besonderer Bedeutung waren auch die klimatischen Bedingungen für die Nutzung der Solarenergie. Das Gebäude liegt im nebelreichsten Gebiet des Waldviertels, mit ca. 1300 Sonnenstunden, gegenüber den sonnenreichen Gebieten im Süden Österreichs mit 1900 Stunden[38]. Die Erwartungen bezüglich der Nutzung der Sonne waren deshalb gedämpft, vor allem im sehr nebelreichen Herbst und Winter. (Siehe Bild 7-3) Herbstliche Schönwetterlagen mit Sonne im Rest Österreichs bedeuten im Waldviertel wochenlang durch-

7-3 Raureif nach einigen Wochen Hochnebel (27. Dezember 2008)

gehende Nebellagen, mit Temperaturen um −2 bis +5 Grad, am Standort des Hauses sogar im nässenden Nebel. Diese Zeiten sind unmittelbar im Energiebedarf für die Heizung abzulesen. Trotz der geringen Erwartungen hat sich die Nutzung der Sonne sehr deutlich im Energiebedarf bemerkbar gemacht, mit einer Verringerung um 3000 Liter Heizöl.

38 http://www.zamg.ac.at/fix/klima/oe71-00/klima2000/klimadaten_oesterreich_1971_frame1.htm Zentralanstalt für Meteorologie, Wien. Die statistischen Werte verdecken die schwierigen Zeiten und Regionen mit z. B. nur ein paar Sonnenstunden pro Monat (zuletzt eingesehen im November 2016).

Die klimatischen Bedingungen scheinen unter den genannten Nebellagen als sehr ungünstig, trotzdem konnte die Methode erhebliche **Einsparungspotenziale** aufweisen.

Bei der Errichtung der Anlagen sind die geltenden Regeln zu beachten. Auch die notwendigen Ergänzungen wie Überdruckventile, Ausgleichsgefäße, Füll-, Entlüftungs- und Entleersysteme sind nach dem Stand der Technik einzusetzen. Auf sie wird hier nicht weiter eingegangen; die Ausführung der Anlagen soll vom zuständigen Gewerbe durchgeführt werden.

Die Kosten für die Heizenergie kann bei Altbauten gut halbiert werden. Die Politik will, wenn schon alternativ, dann nur einen 100-prozentigen Ersatz, ohne den Weg zeigen zu können. Womit die thermische Sanierung von Gebäuden in Siedlungskernen mit Umweltenergie zu einem Nischendasein abgedrängt wird und die Sanierung von Stadtzentren ebenso eine Illusion wird, weil diese Forderungen nicht zusammenpassen. Passivhäuser, Nullenergie, aber ein auch finanziell gangbarer Weg dazwischen, mit dem Potenzial für die weitere Erhaltung und einer schrittweisen Verbesserungen des Bestandes, das hat anscheinend zu wenig Attraktivität.

Selbst in klimatisch ungünstigen Lagen bringt die Nutzung der Solarthermie erhebliche Einsparpotentiale mit sich. Ein vollständiger Ersatz klassischer Wärmeträger ist noch nicht in Sicht, aber eine Halbierung des Bedarfs ist realistisch.

Die Speicherung der Wärme erfordert üblicherweise größere Warmwassertanks, deren Unterbringung im Gebäude oft nicht leicht ist. Dabei drängt sich eine Lösung auf: Wegen der Feuchte sollen die Bauteile erwärmt werden. Warum nicht die zu schützenden Mauern gleich als Speicher nutzen? Bauteilaktivierung wird diese Maßnahme genannt – und an die 100 kWh thermische Leistung gehen problemlos in ein altes Wohnhaus. Selbst im Hochsommer kann die solare Wärme in die Wände geleitet werden, die Verdunstung und die Erwärmung der Massen nehmen beachtliche Wärmemengen auf – mit dem Vorteil, dass die Wärme das Umfeld getrocknet hat und die Feuchte erst viel später wieder in die Nähe kommen kann.

Der Warmwasserspeicher kann bei dieser Denkweise, der Aktivierung der Baumassen, deutlich kleiner gehalten werden. Einziger Nachteil ist, dass im Frühjahr und im Herbst weniger direkte Wärme aus dem Speicher für eine normale Heizung zur Verfügung steht. Im Winter stellt eine konventionelle Heizung die Wärme zur Verfügung.

Weitere Entwicklungen liegen in einer besseren Abstimmung der Heizungsanlage mit der Solaranlage, einer Änderung auf mehrere Heizkreise, um die Wärme besser lenken zu können, und verbesserte Speichermöglichkeiten, um vor allem bei Schlechtwetterfronten die solare Wärme für 2…3 Tage nutzen zu können. Diese nicht sehr aufwändigen Arbeiten lassen eine Verringerung des Energiebedarfs um weitere 1000 Liter Öl erwarten. Dabei ist anzumerken, dass nur wenig an der Bausubstanz geändert worden ist, die Kosten liegen weit unter denen vieler anderer Sanierungen.

Eine weitere Alternative bietet die Nutzung überschüssiger elektrischer Energie. Ein Teil des Wärmebedarfs kann bei einer besseren Auslegung der Anlage, vor allem des Wärmespeichers, auch mit Luft-Wasser-Wärmepumpen gedeckt werden. Die Entwicklung der Smart Grids im Stromnetz macht es vielleicht eines Tages möglich, die umweltfreundlichen Überschüsse an Strom in Wärme für die Gebäude umzusetzen, wobei die Information für den Betrieb der Wärmepumpe über das Smart Grid kommt. Es wäre ein Beitrag zum sinnvollen Abbau der ungeregelten Strommengen im elektrischen Netz zu hoffentlich günstigen Preisen.

Möglichkeiten der Sanierung mit der Sonne

Das Trockenlegen von Gebäuden mit Hilfe der Sonne stellt einen neuen Ansatz dar. Bislang wurde immer von einer ununterbrochenen Wärmelieferung in die zu trocknende Wand gesprochen, Unterbrechungen von wenigen Stunden würden sogar zu einem Ansteigen der Feuchte in der Wand führen, weil sofort und ungehemmt Wasser aus der Umgebung von den trockenen Stellen angesaugt wird.

Solarthermie bildet eine der günstigsten Säulen, um zumindest einen Teil des Wärmebedarfs von Altbauten zu decken. Der restliche Teil kann vom bisherigen Heizsystem übernommen werden.

Dieser Denkansatz weist zwei Schwächen auf: Um Wasser in porösem Material in nennenswerten Mengen zu transportieren, müsste eine geschlossene Kapillare, ohne Luftblasen, vorliegen. Dieser Zustand würde auch der Sättigungsfeuchte entsprechen, der maximalen Wasseraufnahme des Bauteils, und zwar bis zum Abtropfen des Überschusses. Befindet sich ein Baukörper in diesem Zustand, dann werden alle Verfahren zur Trockenlegung versagen. Es sind massive Baumaßnahmen angesagt, um das Wasser vom Baukörper wegzubekommen. Tatsächlich liegt in den meisten Fällen eine Durchfeuchtung der feinen und feinsten Kapillaren vor; die großen, die Wasser in Quantitäten transportieren könnten, sind mit Luft gefüllt. Damit ist der Transport der Feuchte deutlich erschwert, vor allem können sich nur geringe Wassermengen im Baukörper bewegen.

Die tägliche Sanierungspraxis zeigt auch ein anderes Verhalten der Wände: Der Außenputz feuchter Wände wird abgeschlagen, weil ohnehin zerfallen, verwittert oder nicht mehr mit der Wand verbunden; dann steht die Wand ein Jahr oder auch länger frei. Nach dieser ausgedehnten Trockenperiode an der frischen Luft wird ein grobporiger Sanierungsputz aufgetragen, der in den Poren genügend Raum für Feuchte und Salze aufweist. Anschließend steigt der Wassergehalt in der sanierten Wand langsam, über Jahre und länger, wieder auf den ursprünglichen Wert. Wegen der Poren im Sanierungsputz zeigen sich die Effekte gegenüber dem klassischen Sand-Kalk-Putz erst später. Nach 10 bis 30 Jahren ist der frühere Zustand wieder erreicht und das Spiel beginnt von vorn.

Die Erfahrung aus der Sanierungspraxis ist trotzdem wertvoll, weil sie zeigt, dass die Feuchte ziemlich lange braucht, um nach oben zu steigen. Wie auch die etwas unfreiwilligen Versuche am Musterhaus gezeigt haben, mit Unterbrechungen bis zu einem Monat während der Trocknungsphase, kam es keineswegs zur Bildung von feuchten Flecken an der Wand. Auch hat eine nur lückenhafte Wärmezufuhr in den Sommermonaten keineswegs zu Auffälligkeiten geführt, wie es im Kapitel über die thermische Sanierung der Innenseite der Wände beschrieben wurde (► S. 82).

Klassische Variante Solarthermie

Die klassische Methode der Nutzung der Solarthermie für ein Gebäude besteht aus einem Solarkreislauf von den Kollektoren zu einem Speichertank, aus Wärmetauschern und einer dazu gehörenden Regelung. Der Speichertank als Energiezentrale versorgt das Warmwasser für den täglichen Bedarf und die Heizung. Die zusätzliche Heizung für die Wintermonate liefert die Wärme ebenfalls in den Speichertank. Der Solarkreislauf wird in der Regel mit einem Frostschutz versehen, um im Winter nicht aufzufrieren.

Vom Speichertank aus sollen die Heizkreise für die verschiedenen Aufgaben getrennt geführt werden: einmal wird das konventionelle Heizsystem versorgt, wobei die Regelung z. B. über einen Raumthermostat erfolgt. Der Heizkreis für die Trocknung kann das ganze Jahr über betrieben werden, als eine Art Grundlast zur Erwärmung. Diese Schaltung hat wesentliche Vorteile: Im Sommer kann der konventionelle Heizkreis abgeschaltet werden, weil keine Wärme benötigt wird. Der zweite Kreis für die Behandlung der Wand und der Bauteile kann die Überschüsse an solarer Wärme ab Mai bis August in die Speichermasse der Wände leiten, womit die Wärme eine sinnvolle Arbeit leistet. Die Solaranlage selbst bleibt ständig im Betrieb, das Frostschutzmittel wird nie wärmer als 90 °C und wird nicht thermisch zersetzt. Eine wegen voller Speicher stehende Solaranlage erreicht bei Stillstand im Kollektor Temperaturen jenseits von 200 °C. Das ist zu viel für das Frostschutzmittel, das zu sauren Teilen abgebaut wird. Diese Säure schädigt dann die Anlage von innen; die Flüssigkeit gehört umgehend ausgetauscht.

Variante mit Frostschutzmittel im gesamten System

Wird eine möglichst einfache Anlage benötigt, für nur umwelttemperierte Bauten, dann reicht es aus, die Kollektoren und die Heizrohre direkt zu verbinden und mit dem Frostschutzmittel zu füllen. Durch die einfache Bauweise entfallen viele Bauteile, die sonst zu Störungen führen können.

Soll die Anlage gleichzeitig oder später mit einem klassischen Heizsystem ergänzt werden, dann empfiehlt sich die Verlegung von zwei parallelen Rohrsträngen. Eines der Rohre versorgt die Bauteile mit Wärme von der Sonne und ist mit Frostschutzmittel gefüllt, das zweite Rohr wird an das Heizsystem angeschlossen.

Einfache Anschlüsse an ein bestehendes Heizungsnetz

Eine häufige Frage betrifft die Einbindung einer Wandheizung in ein bestehendes Warmwasser-Radiator-Heizungssystem mit nur einem Kreis. Die Voraussetzungen sind leicht zu erfüllen:

- Das Heizungssystem muss eine Umwälzpumpe aufweisen, weil die Rohre in der Wand nur zwischen 10 und 20 mm Durchmesser haben. Die Leitungen können nicht mit Konvektion betrieben werden, dafür sind sie zu lang und der Strömungswiderstand ist zu hoch.
- Die Heizung kann, wie ein Radiator, an jede Stelle angeschlossen werden, an der ein Heizkreis zur Verfügung steht.
- Die vorhandenen Radiatoren müssen mit Thermostatventilen hoher Qualität ausgerüstet werden, weil die Wärmelieferung auch im Sommerhalbjahr, zumindest zeitweise, erfolgen soll.
- Die Regelung für die Raumtemperatur (Thermostat) soll so angepasst werden, dass eine Wärmelieferung auch in den warmen Raum möglich ist, um die Wand zu erwärmen.

Das System neigt im Sommer natürlich zum Überheizen, weil die Thermostatventile eine ungenaue Kennlinie haben. Viele schließen erst bei Temperaturen jenseits von 25 °C.

In den Vorlauf zum Heizkörper wurde ein T-Stück eingesetzt, und ein Ventil regelt den Wasserfluss im Temperierrohr. Wegen der einfacheren Montage wurde ein Kupferrohr mit 10 mm Durchmesser gewählt und eine Schleife über die Außenwand verlegt.

Die Beheizung erfolgt unregelmäßig, mit den Überschüssen von einer Solaranlage und während der Heizperiode.

7-4 Einfacher Anschluss der Temperierung bei einer bestehenden Heizungsanlage

Die thermische Trockenlegung oder Aktivierung kann auch an bestehende Anlagen angeschlossen werden. Günstiger ist ein eigener Heizkreis, um bessere Möglichkeiten zum Regeln zu haben.

Längere Pausen im Betrieb haben bislang keine gravierenden Auswirkungen gezeigt.

Die Schatten oberhalb der Fußbodenleiste stammen von Straßenbauarbeiten außerhalb des Hauses, mit ziemlich viel Wasser während einer längeren Regenperiode. Die Stellen sind trocken, die Heizung hat das Problem leicht bewältigt.

Bild 7-4: Bei der Ausführung wurde einfaches Material verwendet, das in jedem Baumarkt vorhanden ist. Den größten Anteil der Kosten verursachen die Arbeiten, das Stemmen der Fugen sowie das Verlegen und Verputzen der Rohre.

Der Heizkörper an dieser Stelle wurde entfernt, für ihn war kein weiterer Bedarf. Die Temperierkreise sind unten, im Bild, als weiße Rohre erkennbar, die in der Wand und im Fußboden verschwinden. Absperrventile und eine Entlüftung machen das Füllen der Anlage komfortabel, und zwar ohne Unterbrechung des Heizbetriebes. Die Kreise können bei einer Störung oder bei Umbauarbeiten leicht abgeschaltet werden.

Die Kunststoffrohre führen zu einem Schaltkasten für eventuelle Regelungen, aber dafür war kein weiterer Bedarf.

Ein Kreis weist ein thermostatgesteuertes Durchflussventil auf, das bei einer Temperatur von 30 °C von selbst die Wassermenge verringert. Das Durchflussventil soll auf alle Fälle zugänglich bleiben, weil die Regelstifte gerne verkalken und dann auf Dauer das Ventil sperren. Die Durchflussmenge kann auch statisch an den Durchgangsventilen mit weißer Kappe eingestellt werden. Auch hier haben mehrere Unterbrechungen über jeweils einen Monat keine Probleme gezeigt.

Die Wand hinter der Einleitung kann selbstverständlich verputzt werden, es hat nur noch keiner gemacht. Wahrscheinlich wird die Station in einem Regal in einem kleinen

7-5 Übergabestation anstelle eines Heizkörpers

Bei einer neu errichteten Anlage wurde ein Heizkörper aufgelassen und an seiner Stelle die Heizkreise für die Wandheizung und Trockenlegung angeschlossen.

Zu Bild 7-6: Mehr Energie in die Netze zu pumpen, als man selbst braucht, ist kein Merkmal für eine optimale Lösung. Das Zuviel an Energie verursacht erhebliche Folgeschäden und Investitionen, um die ungelenkten Energieströme zu nutzen. Diese Kosten zahlt die Allgemeinheit, und zwar mit Öko-Aufschlägen.

Einbau verschwinden. Von Vorteil waren die Messgeräte und die diversen Ventile, um die Anlage bei laufendem Betrieb der Heizung in einer Richtung füllen zu können und um die Funktion zu kontrollieren. Ein Ziel war auch, die Anlagen mit einem Minimum an Technik zu realisieren, um allfällige Störungen hintanzuhalten. **(Bild 7-5)**

Höherwertige Alternativen sind denkbar, aber stets mit größeren Umbauten verbunden. Sollte eine bessere Lösung als der direkte Anschluss bei einem Heizkörper geplant werden, dann empfiehlt sich gleich die Anlage eines zweiten Kreises ab dem Heizraum, der nur die zu erwärmenden Wandteile versorgt. Damit werden eventuelle Probleme mit dem Überheizen im Sommer vermieden.

Sollen alte Bauten saniert werden, dann darf angemerkt werden, dass schon die Römer, vor mehr als 2000 Jahren, mit dem System der Hypokausten, der Wandheizung mit den Rauchgasen, ein recht komfortables System gebaut haben. Sie hätten sicher das heutige Wissen im vollen Umfang genutzt, um die kalte Jahreszeit angenehmer zu verbringen. Hier ist viel Können und Bereitschaft zu Neuerungen verloren gegangen.

Beim Schloss Jaidhof wurde der Besitzer ab 1994 bezüglich einer Temperierung bzw. schwachen Wandheizung beraten. Es wurde eine große Anzahl von Räumen mit dem Heiz-

7-6 Schloss Jaidhof, Winter 2014

bzw. Wärmesystem ausgestattet. Nach 20 Jahren hat diese Form der Erwärmung eine erfreuliche Folgewirkung: Die Fassade sieht genauso aus wie unmittelbar nach der Sanierung. **(Bild 7-6)**

Die Anbringung einer Außendämmung wäre völlig kontraproduktiv und würde den Charakter des Schlosses zu einem Industriebau verändern. Eine weitere Ergänzung kann mit der Errichtung einer Solarwärmeanlage gefunden werden, um die Heizkosten zu sparen.

Variante mit Photovoltaik

Zurzeit gilt die Photovoltaik (PV) als eine moderne Lösung für die Energieprobleme. Die PV Anlage produziert Strom, der zu einem günstigen Tarif in das Netz eingespeist wird. Anschließend wird aus demselben Netz, wenn die Sonne nicht scheint, der Strom zum Wärmetarif bezogen. Das ist häufig nur ein Drittel des üblichen Haushaltstromtarifs, der verwendet wird, um mit einer Wärmepumpe aus der Umgebung die Wärme für die Beheizung zu gewinnen. Mit Vorlauftemperaturen um 30…35 °C können sehr hohe Arbeitszahlen um 4…5 erreicht werden. Für die Einschätzung der Folgen dieser Variante soll ein Konversionsgrad der PV von 12 % herangezogen werden und eine Arbeitszahl der Wärmepumpe von 5.

Diese Projekte müssen nach mehreren Gesichtspunkten beurteilt werden:

- **Energiewirtschaftliche Beurteilung nach marktwirtschaftlichen Kriterien** (rein monetäre Betrachtungsweise, es wird die gleiche Energiemenge geliefert, wie verbraucht wird, aber zu unterschiedlichen Zeiten)
  Rein marktwirtschaftlich lassen sich, dank der gestützten Einspeisetarife von 14 Cent pro kWh und einem Strompreis für die Wärme von z. B. 10 Cent/kWh, entsprechende Vorteile herausrechnen: Der Strom aus der PV wird verkauft, der Strom für die Wärmepumpe aus dem Netz gekauft. Die ungleiche Zeit von Stromerzeugung und Verbrauch wird nicht bewertet. Mit 10 Cent für eine kWh Strom kostet eine kWh Wärme ohne Anlagenkosten nur 2 Cent. Diese 2 Cent/kWh Wärme lassen sich durch den Verdienst aus der Photovoltaik auf 0 und weniger herunterrechnen, je nach Größe und Stromlieferung der PV-Anlage. Mit genügend Photovoltaikfläche sind die Wärme und/oder der Strom für den Nutzer kostenneutral; es ist ein **Nullenergiehaus** entstanden. Der tatsächliche Zustand des Gebäudes spielt keine Rolle.
  Für die Nachhaltigkeit sieht die Rechnung etwas anders aus, weil die Speicherkosten aus dem Stromnetz zu berücksichtigen sind (sogenannter „ökologischer Rucksack"). Die Lösung verlagert die Energiespeicherung in ein Netz, das nicht dafür gebaut ist. Ein Stromnetz kann den Strom nicht einmal für eine tausendstel Sekunde speichern. Andere Personen zahlen, meistens unfreiwillig und ohne Information, für diese Speicherung oder für das Bereithalten der Energie.
  In vielen Ländern Europas wird diese bereitzustellende Energie aus Braunkohle, Kernenergie und anderen Kraftwerken gewonnen. Nur wenige Länder verfügen über Ganzjahresspeicher für die Stromerzeugung, wobei z. B. die Kapazitäten Österreichs bei Weitem nicht ausreichen. Somit finanzieren andere das vermeintliche Nullenergiehaus und das mit beachtlichen Summen. Als Richtwert kann man vom 20-fachen Anlagenwert der Photovoltaik ausgehen, der sich bei einer Anpassung des Leitungsnetzes noch einmal verdoppeln kann.
- **Beurteilung der Nachhaltigkeit der Lösung** (Belastungen der Umwelt durch eine Technologie, Nutzung des Netzes zur Stabilität des Systems)
  Eine nachhaltige Lösung verlangt, mit den Ressourcen sehr sorgsam umzugehen. Eine direkte Nutzung der Solarenergie kommt dem Gedanken sehr entgegen, da die Energie unmittelbar verwendet wird, ohne Zwischenschalten von Speicherungen außerhalb des Gebäudes. Das Netz wird nur zur Verbesserung der Stabilität verwendet, z. B. bei der netzsynchronen Stromerzeugung.
  Eine nachhaltige Lösung zeichnet sich durch einen geringen Ressourcenverbrauch aus, die bestehenden Energienetze reichen völlig und langfristig aus, weil ein Großteil des Bedarfs lokal erzeugt und verbraucht wird. Es ist, mit Freiheitsgraden für die Entwicklung, die schonendste Variante.
- **Beurteilung der Autarkie** (vollständige Selbstversorgung, kein Netz notwendig)
  Der Testfall für die Autarkie einer Lösung lässt sich leicht herstellen: Es werden alle Leitungen zum Objekt unterbrochen. Damit zeigt sich, ob und wie lange das Objekt sich selbst versorgen kann.
  Diese Radikalmaßnahme wird derzeit in den meisten Fällen nicht möglich sein. Aber an jedem Versorgungspunkt gibt es, im Interesse der Lieferanten, diverse Messgeräte, um die bezogenen Mengen zu bestimmen. Diese lassen das Defizit zur Autarkie erfassen. Die Preise für den Bezug spielen dabei eine untergeordnete Rolle, sie geben nur eine finanzielle Summeninformation über das jeweilige Produkt, ohne Bezug zur Umwelt und den Folgen.
  Autarkie ist seit Beginn des Lebens eine Selbstverständlichkeit. Jede Wirtschaftsform musste sich selbst erhalten, jede Siedlung, jeder Betrieb, jedes Lebewesen musste seinen Energiehaushalt selbst auslegen. Das Umland musste ausreichende Ressourcen bieten, wie z. B. Holz für die Heizung oder Öl für das Licht, damit das oder die Gebäude versorgt werden können. Von außerhalb der Grenzen des Besitzes kamen keine Energieträger.
  100 Jahre Wasser- und Energienetze und ein paar hundert Jahre einer arbeitsteiligen Wirtschaft haben dieses einfache Kriterium vergessen lassen. Es war einfach zu verlockend, statt der Vorratswirtschaft jedes Einzelnen sich auf die Netze, die 100-prozentige Lieferfähigkeit und die Entscheidungen anderer zu verlassen. Diese Lebensform kann, wenn eine Ausgewogenheit besteht, mit einer Symbiose verglichen werden.
  Gerade bei den Stromnetzen zeigt sich, dass eine Unterbrechung von nur wenigen Minuten schon eine mittlere

Eine nachhaltige Lösung darf keine externen Kosten verursachen. Das Projekt muss so abgestimmt sein, dass der Eigenbedarf gut gedeckt wird und sich in einem wirtschaftlichen Rahmen bewegt.

Katastrophe auslöst, weil alles am Netz hängt. Alle automatisierten Systeme fallen aus, das Mobilfunknetz ist weg und es gibt kein Licht und keine Wärme. Die ganze schöne Photovoltaik ist, ohne Regulativ durch das Netz, wirkungslos, wenn sie nicht für einen Inselbetrieb ausgelegt ist. Der Begriff „Inselbetrieb" ist nur eine andere Bezeichnung für Autarkie.

Mit der Autarkie oder dem „Inselbetrieb" kommt man der Wahrheit näher: Wie groß sind die Gesamtkosten für eine Anlage, die ohne jede Unterstützung von außen, autonom, ihre Versorgungsaufgabe erfüllt? Hier zeigt sich, dass z. B. die Kühlung eines Objekts im Sommer sehr wohl autonom erfolgen kann, weil die Photovoltaik oder ein Absorptionssystem die Energie von der Sonne unmittelbar bereitstellt, wenn der Bedarf besteht. Ein Puffern von ein paar Stunden, sei es mit elektrischen oder thermischen Systemen, ist mit keinerlei Problemen verbunden.

Hingegen bietet die Wärme im Sommer, mit einer Speicherung für das Winterhalbjahr, ein erhebliches Problem. Die meisten Langzeitspeicher weisen beachtliche Verluste auf und Mehrphasensysteme sind noch immer in den ersten Anfängen. Unter dem Blickwinkel der Autarkie – und damit auch der wesentlich geringeren Verletzlichkeit und wesentlich besseren Stabilität – fallen jetzt die bei der ersten Beurteilung nach betriebswirtschaftlichen Grundsätzen nicht notwendigen Anlagenteile sehr ins Gewicht, und zwar sowohl mit den Verlusten als auch mit den Investitionen. Deshalb gibt es auch praktisch keine autarken Systeme, die **Energieneutralität** steht nur auf dem Papier. Der Gewinn aus den Tarifunterschieden – der Strom aus der Photovoltaik wird mit 14 Cent verkauft, die thermische Nutzung von Strom kostet nur 10 Cent/kWh, wie im Beispiel angenommen – bietet momentan eine Einstiegsdroge, ist aber weit weg von den wirklichen Kosten. Die nämlich sind von der Allgemeinheit zu bezahlen. Eine vergleichbare Lebensform kann bei Parasiten gefunden werden – sie wollen auch nicht den vollen Preis für eine selbstständige Existenz zahlen. In der Volkswirtschaft wird bei diesen Phänomenen von einer Fehlallokation der Mittel gesprochen. Die gegenwärtige Lösung der EU, mit verordneten Stromsparmaßnahmen für die Haushalte, wie Energiesparlampen, Energiesparstaubsauger und Energiespartoaster, soll nur die Verteuerung der Energie für die EU-Bürger mit Verordnungen verdecken, ändert aber nichts an dieser volkswirtschaftlichen und ökologischen Sackgasse. Es sollte nicht Ziel einer geopolitisch bedeutsamen Regionalmacht sein, sich mit Glühbirnen, Staubsaugern, Pommes frites und Toastern zu befassen. **(Bild 7-7)**

7-7

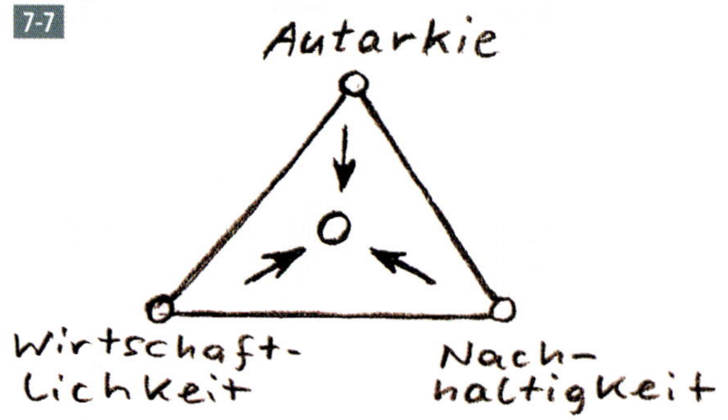

Aus den Kriterien zur Bewertung von umweltrelevanten Maßnahmen lässt sich das Dreieck entwerfen:

Jedes Projekt und jede Lösung lässt sich in diesem Dreieck abbilden: Die Lösung mit der Photovoltaik und angeblichen Nullenergie hat den Schwerpunkt allein bei der Wirtschaftlichkeit, bei der Nachhaltigkeit und bei der Autarkie gibt es wenig einzutragen.

Eine thermische Nutzung der Solarenergie, die hier auch ein zentrales Thema darstellt, kann, abhängig von der Güte des Projekts, in der Mitte des Dreiecks liegen. Hier kommt es auf die Allokation der Mittel an, wie viel wofür aufgewendet wird. Es liegt in der Hand des Planers, die Abstände in diesem Allokationsdreieck gering zu halten oder, leichter verständlich, mit einem überschaubaren Aufwand eine günstige und nachhaltige Wirkung zu erreichen, wobei alle drei Ziele zu einem großen Maß zugleich erfüllt werden müssen.

VIII. Beispiele zum Umgang mit Feuchte

Eine wesentliche Zielsetzung bei den Fallbeispielen war, mit geringem Aufwand die richtige Maßnahme zu treffen. Geringer Aufwand heißt, mit wenigen Veränderungen oder einem überschaubaren Einsatz von Mitteln eine Lösung zu finden. Es gibt aber auch Fälle, bei denen die einfachen Mittel versagen – versagen müssen, weil die Fehler zu zahlreich sind, zu schwer und eine Behebung in der Größenordnung eines Neubaus liegt.

Unerlässlich ist bei jeder Problemstellung eine exakte Analyse, wie der Fehler zustande kommen kann. Bei den Arbeiten hat sich ein Fragebogen ergeben, der die wichtigsten Punkte aufgreift. Dieser Bogen soll die Aufmerksamkeit auch darauf lenken, die Umgebungsbedingungen mit einzubeziehen und auf Gewohnheiten, Baustoffe, Klima, Boden und viele kleine Details zu achten.

Die Checkliste geht aus von der Lage des Gebäudes in einer Gemeinde, dem Boden, dem Klima, Flora und Fauna. Beim Gebäude selbst interessieren das Baualter, um die Bauweise abzuklären, die Baugeschichte wegen der Umbauten, ein eventueller Denkmal- oder Ensembleschutz sowie Schutzzonen.

Dann geht es in die Details: Die einzelnen Bauteile sind anzusehen und die Schäden festzustellen. Dabei ist der Wasserhaushalt rund um die Bauteile von besonderer Bedeutung: Feststellen der wesentlichsten Feuchtequellen, Zu- und Ablauf von Wasser, zu erwartende Luftfeuchte über ein Jahr und die Klimabedingungen.

Grundsätzlich ist jedes Verfahren für eine Verbesserung des Bauzustandes möglich. Häufig sind schon Maßnahmen versucht worden, diese sollen ebenfalls erfasst und über ihren Verlauf beschrieben werden. Nachdem Gebäude zum Wohnen und für die menschliche Nutzung gedacht sind, darf auch eine Verbesserung des Raumklimas ein Thema sein, vor allem dann, wenn sogenannte Umweltenergie genutzt werden kann. Deshalb wird auch die Ausrichtung des Gebäudes angesehen und die Möglichkeit geklärt, Solarenergie (Wärme!) zu nutzen.

Detailanalysen zu einzelnen Wänden und die Möglichkeiten einer Sanierung schließen die Bestandsaufnahme ab. Die einzelnen Lösungen sind genauso vielfältig wie die unterschiedlichen Gebäude und Aufgabenstellungen und wie die Beispiele zeigen werden.

Eigenleistungen bei Feuchteproblemen

Wenn Sie von Feuchteproblemen betroffen sind, dann sind einige Schritte zu beachten. Das weit verbreitete Wegsehen hilft hier leider nicht, von allein wird hier nichts besser.

Feuchteprobleme werden nicht von allein besser. Das Erkennen der Ursachen bildet einen wesentlichen Schlüssel, um die Schwächen erfolgreich zu beseitigen oder zumindest zu verringern.

Erster Schritt: Schaden aufnehmen

- Liegen die feuchten Stellen unten und sind die Räume auf dem Niveau des Erdbodens, dann wird mit aufsteigender Feuchte zu rechnen sein.
- Sind vor allem die Ecken betroffen, dann sieht es nach einem zu geringen Wärmeschutz und einer Belastung mit feuchter Luft aus.
- Sind die Übergänge zwischen den Wänden und der Decke feucht, dann wird ein zu geringer Wärmeschutz der Decke etc. die Ursache sein.
- Haben sich Flecken mitten in einer Wand gebildet, dann kann die Installation schadhaft sein.

Die vier Fälle gehören zu den häufigeren Aufgaben. Sind die Stellen bekannt, dann lohnt es sich, die Lufttemperatur, die Oberflächentemperatur im Schadensbereich und außerhalb und die Feuchte der Luft zu messen. Diese Messgeräte sind ab 30 Euro je Gerät bei den Baumärkten oder über Versandfirmen zu bekommen. Je teurer, umso genauer sind die Geräte. Diese haben zwar mehr Messmöglichkeiten, in der Regel braucht man diese aber nicht.

Die Messwerte werden zusammen mit dem Außenklima (Temperatur, Niederschläge) notiert, um das Verhalten der Stellen zu beobachten. Defekte Dachableitungen können auch nach längerer Zeit zu feuchten Stellen führen. Von einem „Besser-werden-durch-Abwarten" ist abzuraten, die Probleme werden größer, solange keine Änderung stattfindet. Beginnender Schimmel sollte z. B. mit reinem Alkohol unmittelbar behandelt werden. Alkohol hat den Vorteil, dass er abtrocknet, während wasserbasierte Schimmelmittel die Durchfeuchtung verstärken.

Zweiter Schritt: Einschätzen der Ursachen

Vorgehen bei Feuchteproblemen
- Schaden aufnehmen
- Einschätzen der Ursachen
- Auswahl der Lösungen
- Erste Schritte selbst angehen

Bei geringen Belastungen von aufsteigender Feuchte kann z. B. der Einsatz von Wärme in der Wand, wie in den voranstehenden Kapiteln beschrieben, schon eine ausreichende Abhilfe darstellen. Besonders bei kalten Ecken mit Schimmel sollte an Wärme gedacht werden, weil das Entschimmeln weitere Feuchte in die ohnehin schon belastete Wand bringt. Wird die Ecke trocken, dann kann das Problem mit einem überschaubaren Aufwand schon auf Dauer gelöst sein. Ebenso können leicht feuchte Stellen bei aufsteigender Feuchte mit Wärme behandelt werden.

Bei massiven Schäden wie erdanliegenden Wänden, Kellern etc. wird Wärme allein nicht helfen. Hier sind bautechnische Maßnahmen gefragt, wie Sanierung der Isolierungen, nachträgliche Sperren, Hinterlüftungen und dergleichen mehr. Diese Eingriffe übersteigen die Möglichkeiten der meisten Betroffenen; die Maßnahmen sollen auch von entsprechenden Firmen durchgeführt werden. Mit Wärme lassen sich die Zeiten für das Trocknen erheblich abkürzen, aber die Hauptlast des Feuchteschutzes liegt bei den Sperren.

Dritter Schritt: Auswahl der Lösungen und Unternehmen

Praktisch alle Unternehmen garantieren einen fast 100-prozentigen Erfolg mit ihrer Methode. Eigene Fachkenntnisse erlauben Fachgespräche mit den Unternehmen, die Lösungen werden zielgerichtet angestrebt. Von patentierten Zauberkästchen, die mit Umweltenergie aus dem Weltall, mit Wellen, Erdstrahlung etc. arbeiten, darf verzichtet werden. Die häufigsten Lösungen betreffen gegenläufige Spiralen, einfache Spiralen, Kästchen mit Bienenwachs, Kästchen mit einem Spiegel, der die Erdstrahlen reflektiert, Kästchen mit Aluminiumfolie, Schwingkreise von 10 kHz bis 250 MHz (Patentschriften AT370813, AT379183, AT397681, AT380047, EP152510, WO9420702).

Versuche mit einem Ziegel im Wasserbad und aufgelegten Schwingkreisen zeigten keinen signifikanten Unterschied zu einem abseitsstehenden Ziegel im Wasserbad. In beiden Fällen stieg das Wasser gleich hoch. Zusammengerollte Kugeln aus Stanniol, in einer Flasche abgefüllt, lassen ebenfalls ein eher bescheidenes Ergebnis erwarten.

Höhere Entwicklungen spielen mit blinkenden Anzeigen, Leuchtdioden in Rot und Grün und Ähnlichem. Bauen Sie die Geräte selbst und versuchen Sie, damit Ihr Problem zu lösen. Die Materialien sind zwischen einem und 10 Euro zu bekommen, die Schaltungen gibt es gratis im Internet, während der Kunde ab 5000 Euro dafür zahlt, nach oben offen.

Ebenfalls nicht sehr hilfreich ist das Trocknen des Mauerwerks durch das Einfüllen von Salz in Bohrlöcher (wie z. B. Speisesalz), wie es in der Patentschrift DD93417 beschrieben wird. Das Salz löst sich zwar in der Mauer auf, aber anschließend ist das ganze Mauerwerk versalzen, und zwar mit einem höheren Feuchtegehalt als vorher.

Vorsicht gilt auch für die Feuchtebehandlung mit z. B. Infrarot-Strahlplatten. Der Grundgedanke ist schon richtig, Wärme treibt die Feuchte nach außen. Nur die Energiequelle wird ziemlich teuer; der Bedarf an elektrischem Strom geht hier in den Bereich von mehreren Megawattstunden, die der Kunde zu zahlen hat. Die Infrarot-Heizplatten werden auch als Spezialkonstruktionen gegen Feuchte angeboten.

Andere Lösungen haben in der Regel einen Festpreis, wie Luftentfeuchter oder die Leistungen von Bauunternehmen, die eine Kalkulation nach den Aufwendungen durchführen. Mit dem notwendigen Fachwissen von Ihrer Seite werden angepasste Lösungen verhandelt, leere Versprechungen haben dann deutlich weniger Chancen.

Vierter Schritt: Erste Lösungen selbst angehen

Sind die Ursachen weitgehend bekannt, dann heißt es, die richtigen Mittel mit dem notwendigen Aufwand einzusetzen. Ein Entfeuchtungsgerät kostet ein paar hundert Euro. Das sind überschaubare Kosten, um einen ersten Erfolg zu erreichen oder um einen Versuch zu starten, ob man mit einer Maßnahme richtigliegt. Auch das Verlegen von Heizleitungen in der Wand und das Anschließen an eine bestehende Heizungsanlage erfordern noch einen beschränkten Mitteleinsatz.

Erst mit massiven bautechnischen Verfahren, wie Ausschachtungen, Durchtrennen, Sperrschichten und Einbauen von Entlüftungen, geht es an die Substanz und verursacht deutlich höhere Kosten. Diese Schritte sollten dann erwogen werden, wenn alle anderen kostengünstigen Möglichkeiten keine Wirkung zeigen oder, aufgrund des Schadensbildes, nicht infrage kommen.

Die nachfolgende Liste soll helfen, die Situation selbst zu analysieren und auch zu beurteilen:

CHECKLISTE

Tab 8-1

Datum der Aufnahme: ....

Uhrzeit der Aufnahme: Beginn ....
Ende ....

Besitzer des Objekts	**Adresse des Objekts**

Tel., Mobil, Mail

Bilder Außenansicht, Schäden

Skizze zur Lage des Gebäudes, Nord-Südrichtungen, Hauptschäden in die Skizze eintragen (Norden ist oben!)

Umgebung:

- Geologie: Sand, Lehm, Schotter, Fels
- Grundwasser, Oberflächenwasser
- Klima: Nebellage, feucht, windig, schattig – trocken, sonnig
- Pflanzen – Feuchtezeiger: Moos, Schilf, Sauerampfer, Sauergräser, Flechten
- Bilder dazu!
- Bewuchs generell
- Tierhaltung

Baualter, historische Bewertung, Baugeschichte

Beschreibung des Baukörpers, Ableitungen, Wände, Dach, tragende Teile

Nutzung: Wohnhaus, Betrieb, Lager …

Bauteil	Zustand + Feuchtemessungen	
Dach		
Material		
Außenwand		
Material	Stein + Mörtel Beton Ziegel voll Lochziegel …	cm
Putz außen: Sockelbereich	Dicht / porös – Zement / Kalk-Sand / Sanierputz / Thermoputz….	cm
Putz außen: oberer Bereich		cm
Putz innen: Sockelbereich		cm
Putz innen: oberer Bereich		cm
Farben Sockel		
Farben Wand		
Feuchteschäden		
Salze / Schimmel		cm
Wärmedämmung	Keine / Thermoputz / Polystyrol / biologische Dämmstoffe	cm
Sperren	Keine / Bleche / Tränkung / Trennung	

Innenwände	
Fenster	Bauweise, Dichtungen
Türen	
Lüftungen	
Kamine / Abluft	
Decken	
Böden	
Ableitungen	
Installationen	

Ableitung Regenwasser vom Gebäude weg:
Zustand Versickern / Kanal / Vorfluter

Bauschäden Wand, Holz, Stahl, Ableitungen, Wände, Dach, tragende Teile:

Bauteil	Schaden	Wertung

Bilder zu den Schäden

Heizung

- Art der Heizung: Einzelofen / Gaskonvektor / Elektroheizung / Kachelofen / Luftheizung
- Warmwassersysteme: Etagenheizung / Zentralheizung / Brennstoff, Verbrauch
- Adaption für thermische Trockenlegung möglich – Skizze, Fotos
- Aufwand: Skizze

Solarenergie Nutzung: Lage der Dächer / Freiflächen / Platz für Speichertank

Beschreibung der einzelnen Räume, Bildbericht dazu, Messungen aufnehmen

Raum, Nutzung:

Bauteil	**Zustand**	**Wertung**
Dach		
Außenwand, Oberfläche		
Innenwände, Oberfläche		
Fenster		
Türen		
Lüftungen, Kamine		
Decken		
Böden		
Ableitungen, Installationen		

Empfehlungen:
Bauliche Maßnahmen: Drainagen / Wände / Boden / Lüftungen / Kamine
Sanierungen / Abdichtungen / Trocknung / Luftwechsel, Lüftungssystem, Lüftungsart

Fallbeispiel 1: Bildarchiv in Wien

Aufgabenstellung

Die Aufgabenstellung war völlig konträr: Einerseits waren Bilder gefährdet durch Feuchteschäden, während gleich daneben Bilder durch die große Lufttrockenheit von oft nur 20 % rel. Feuchtigkeit und weniger in den hoch oben gelegenen Gebäudeteilen versprödeten.

Nutzen der im Gebäude vorhandenen Möglichkeiten für einen klimatischen Ausgleich kann erhebliche Kosten einsparen.

Gleichzeitig litt das Bildarchiv unter massiven Klimaschwankungen mit nicht einmal 10 °C im Winter und über 40 °C im Sommer. Die Lage unter dem Dach brachte zusätzliche Belastungen durch die Sonneneinstrahlung.

Eine der Vorgaben war, ohne Geld und ohne bauliche Maßnahmen eine Verbesserung zu finden.

Beurteilung

1. Schritt:
Erhöhen der Luftfeuchte, natürliche Klimatisierung

Die Situation konnte nur schrittweise und mit einer guten Kenntnis des Gebäudes beeinflusst werden. Hochwertige Altbauten des 18. und 19. Jahrhunderts wurden in der Regel aus Vollziegel gebaut. Die tragenden Wände waren mit 1,5 m und mehr sehr massiv, womit das Austrocknen der Baufeuchte, bei den üblichen Methoden, auch bis zu zehn Jahre braucht. Aus diesem Grund haben die damaligen Baumeister sogenannte **Lüftungskanäle** durch diese massiven Mauern gezogen: Kanäle, die vom Keller bis über das Dach reichen. Details werden in den Patentschriften in der Literaturliste erwähnt. Diese Kanäle wurden bei den Sanierungen nach dem Zweiten Weltkrieg und, später, bei den Energiesparmaßnahmen ab 1980, zugemauert.

Als unmittelbare Folge hat sich das **Klima in den Kellern in** wenigen Jahren deutlich **verschlechtert**; sie wurden dumpf und feucht; Schimmel wurde zum täglichen Begleiter in den dortigen Archivräumen. Nach mehr als 100 Jahren waren die seinerzeitigen Isolierungen gegen Feuchte ebenfalls angegriffen und die Lage der Keller unter der Erde hat, vor allem im Sommer, mit Kondensation ein Übriges dazu getan.

Maßnahmen: Als Lösung wurde, angesichts der extremen Sparauflagen, vorgeschlagen:

- Suche der Lüftungskanälen in den Wänden und Feststellen des Verlaufs in der Nähe vom Bildarchiv.
- Wiederherstellen der Öffnungen im Keller.
- Schaffen von Öffnungen zum Bildarchiv, damit die kühle, feuchte Luft aus dem Keller das Bildarchiv kühlen kann und die notwendige Feuchtigkeit liefert.
- Filterung und Ionisation der Luft vor dem Eintritt in das Bildarchiv, um die Keime zu binden.
- Nutzen der Ausgleichfunktion der Ziegelwände vom Keller bis zum Dach, keine Feuchtespitzen in der Luft, wenn sie oben ankommt.
- Schaffen eines **Luftverbundes**, um der Luft auch die Möglichkeit zu geben, über die innere Erschließung des Gebäudes wieder zurück in den Keller zu gelangen.
- Kontrolle des Luftflusses und der Luftzustände mit Sensoren und Regeltechnik.
- Unterstützung der Luftströmung mit Gebläsen.

Die Effekte wären, für die geringen Aufwendungen, ganz beachtlich:

- Entlastung der Kellerräume, geregelter Luftwechsel und Abbau der Feuchte,
- Abbau der Klimaspitzen im Bildarchiv,
- Gewinn der fehlenden Feuchte,
- Verringerung des Feuchtegehalts in den Wänden,
- einfachste Regeltechnik, leicht überschaubar.

2. Schritt:
Analyse der lokalen Feuchteprobleme

Das zweite Problem hatte völlig andere Ursachen: Die Regale für die Lagerung der Bilder wurden auch an kalten Außenwänden mit einem u-Wert von ca. 1 (Feuermauern) aufgestellt. Damit konnte sich hinter den Regalen ein Kaltluftpolster bilden. Die niedrigste Temperatur fand sich im Bodenbereich, weshalb im Winter die Luftfeuchte dort auch über 60 % ansteigen konnte. Lichtbilder auf der Basis von Gelatine und Glas oder Papier als Träger können bei diesen Feuchtewerten auch von Schimmel befallen werden.

Die erste Maßnahme war, die untersten Regale sofort räumen zu lassen, damit die Bilder aus dem Gefährdungsbereich herauskommen. Als weitere Entlastung wurde vorgeschlagen, in die Rückwände der Regale Löcher mit ca. 50 mm Durchmesser zu bohren, damit die dahinterlagernde kühlere Luft abfließen kann.

Es wurde auch eine leichte Luftumwälzung vorgeschlagen, um die **Temperaturschichtungen** in der Raumluft aufzuheben. Eine künstliche Bewegung der Luft birgt natürlich die Gefahr der Staubablagerungen und des Verkeimens mit sich, weshalb auch eine Ionisation der Luft vorgeschlagen worden ist. Ziel der Ionisation ist, die Partikel elektrisch aufzuladen und möglichst nahe am Gebläse/Ventilator niederzuschlagen.

Die Maßnahmen wurden noch im Beisein des Autors diskutiert, wobei ein zentraler Punkt der Denkmalschutz für die Karteiregale wurde. Dürfen Regale im staatlichen Eigentum, womit sie automatisch unter Denkmalschutz stehen, mit Löchern für die Belüftung durchbohrt werden? Die Entscheidung zwischen dem Bildarchiv, der Verwaltung des Gebäudes und dem Denkmalamt wurde dem Autor nicht mehr mitgeteilt, auch nicht die alternative Lösung, das Hochstellen der Regale auf Holzstaffeln, damit die Luft unten abfließen kann.

Exkurs: Gedanken zu und Erfahrungen mit historischen Bauten

Historische Bauten leiden besonders unter der Feuchte. Alle Maßnahmen müssen auf eine möglichst schonende Erhaltung ausgelegt sein, womit massive Baumaßnahmen nur im äußersten Notfall infrage kommen werden.

Tab 8-2 Kriterien für eine Sanierung sind:

Kriterium	Bewertung
Konstanz der Luftfeuchte bei organischen Materialien	Die Luftfeuchte hat in historischen Bauten einen sehr hohen Stellenwert: Einmal darf sie nicht zu niedrig sein, weil damit organische Stoffe wie Holz, Gewebe, aber auch Bildmaterialien austrocknen, schrumpfen und reißen. Jeder Feuchtewechsel bewirkt eine Schwächung der organischen Substanz. Zum anderen bewirkt eine zu hohe Feuchte das Wachsen von Schimmel und Pilzen, womit die Objekte ebenfalls zerstört werden.
Zu niedrige Luftfeuchte	Bei einer zu niedrigen Feuchte können unerwünschte Salztransporte im Mauerwerk stattfinden, weil mit dem verdunstenden Wasser Salze mitgenommen werden. Die Salze bleiben in der Verdunstungszone liegen und bewirken eine Zerstörung des Mauerwerks.
Zu hohe Luftfeuchte	Ein zu hoher Feuchtegehalt führt zu einem erhöhtem Wassertransport im Mauerwerk und einem entsprechenden Abbau.
Kondensation	Ein spezielles Thema ist die Luftfeuchte in historischen Bauen und die Möglichkeiten zur Kondensation an kalten Stellen. Besonders gefährdet sind hier die Fenster, weil sie nur aus einer Scheibe und historischen Gläsern bestehen, und allfällige Metallteile, die durch die Feuchtigkeit einer erheblichen Korrosion ausgesetzt sind.

8-1 Dom der hl. Barbara in Kutná Hora/Kuttenberg (Tschechien): gotische Fresken und Mauerschäden

Die aufsteigende Feuchte und die Kondensation im Inneren von kulturhistorischen Gebäuden hinterlassen erhebliche Schäden am Kulturgut. Maßnahmen sind notwendig, aber mit Bedacht zu treffen, um die Folgeprobleme gering zu halten.

Schadensbild: Fresken auf Kalkputz, im unteren Bereich durch Kondensat und aufsteigende Feuchte beschädigt. Das Mauerwerk darunter zeigt die typischen Versalzungszonen. Ein Sanierungsversuch ist unterhalb des Schubkarrens mit einer glatten Schicht erkennbar, hat aber nicht lange gehalten.

Die Flecken in der Grenzzone zwischen dem Bild und den Schäden stammen von Versuchen, die Wand mit dem Hammer aufzuraueN, damit ein Sanierputz besser hält. Diese Eingriffe können auch schon ein paar hundert Jahre alt sein.

Für die Erhaltung bieten sich mehrere Maßnahmen an:

- Defekte Wandteile abtragen und die Steine darunter freilegen. Ziel der Maßnahme soll eine Verringerung des Feuchtetransports von unten sein. Der Eingriff kann auch danebengehen, wenn es sich um **Kondensat** handelt, das vor allem im Frühjahr und im Sommer in die Wand kommt und als Nässefilm auf den Steinen sichtbar wird.

- **Sanierungsputze**, um eine optische Rekonstruktion zu ermöglichen: Diese Methode ändert nichts am Problem, es sieht nur besser aus. Wird der falsche Putz gewählt, dicht, mit Zement etc., dann wird das Bild oberhalb weiter von der Feuchte zerstört, weil die Feuchte nicht abtrocknen kann.
- **Kalte Verfahren** zum Trockenlegen: Tränkungen, Durchschneiden, Bohrungen, Elektroosmose etc. können Verbesserungen bringen, sind aber wirkungslos bei Kondensat. Offen bleiben die chemischen Reaktionen zwischen den Materialien der Wand und der Trockenlegung: Nicht selten bleiben sichtbare Löcher oder Ränder als Merkmal der Sanierung erhalten.
- **Wärme zur Sanierung:** Wärme kann den Zutritt von Wasser in die Wand verringern, weil die Wand jetzt wärmer ist und das Wasser von einem Wärmerohr wegtreibt. Auch die Kondensation wird geringer, weil die Wand wärmer ist. Bei zu viel Wärmeeintrag wird auf der anderen Seite ebenso viel Wasser in die Luft abgegeben, womit die Feuchte im Raum steigt. Wärme darf nur kontrolliert verwendet werden, um Folgeschäden an ganz anderen Stellen zu vermeiden (siehe oben).

Der Einsatz von Wärme kann empfohlen werden, doch muss im kulturhistorischen Bereich eine Überwachung aller Parameter vorgesehen werden. Wärme darf nicht unkontrolliert und zu jeder Zeit eingesetzt werden.

Entwurf einer nachhaltigen Sanierung

Wird eine Sanierung der Feuchteprobleme angestrebt, dann soll schon im Vorfeld eine **ausreichende Messtechnik** installiert werden. Ziel der messtechnischen Überwachung und Regelung ist, das Innenklima auf einem annähernd konstanten Feuchtewert zu halten, auch wenn mehr Feuchte frei wird oder das Außenklima für Schwankungen sorgt.

Liegen die ersten Ergebnisse über das Innenklima und die Reaktionen auf die Änderungen des Außenklimas vor, dann kann ein **Sanierungskonzept** angedacht werden. Eine schonende Maßnahme besteht in der kontrollierten Erwärmung des Mauerwerks, um das Verdunsten zu fördern. Die bisherigen Erfahrungen haben gezeigt, dass mit ausreichenden Wärmequellen leicht Luftfeuchtewerte von bis zu 80 % erreicht werden können; ein Wert, der in kulturhistorischen Bauten unbedingt vermieden werden sollte. Da es immer kalte Stellen gibt, spätestens in der Nacht bei den Fenstern, muss mit einem massiven **Kondensatanfall** gerechnet werden.

Genauso kontraproduktiv wäre der unüberlegte Einsatz von warmer, trockener Luft zum Trocknen. Wird die Außenluft bei 0 °C und 50 % rel. Feuchte auf z. B. 40 °C aufgeheizt, dann hat die Luft nur mehr 5 % rel. Feuchte. Zumindest in den direkt von der warmen Luft angeströmten Bereichen sind Schwindungen durch das lokale Austrocknen und die damit verbundenen Schäden zu erwarten. Die Trocknung eines historischen Mauerwerks wird daher unter ständiger Beobachtung des Raumklimas erfolgen müssen. Der Einsatz von Lufttrocknern oder Entfeuchtern kann die Situation kontrollieren, wobei die Trockner in ein größeres Regelkonzept eingebunden sein sollen. Unter anderem geht es dabei auch um eine **Optimierung des Energieeinsatzes**, da zumindest die Trockner mit elektrischem Strom betrieben werden.

Die Regelstrategie muss an die zu schützenden Objekte und an die baulichen Gegebenheiten angepasst werden. Auch soll die Luftführung bekannt sein, um Überraschungen durch Kältenester, Kondensat, unkontrollierte Verfrachtungen etc. zu vermeiden. Wegen der meist erheblichen Baumassen, den unterschiedlichen Werkstoffen und den bedeutenden Wassermengen im Mauerwerk wird die Trocknung ein mehrjähriges Projekt darstellen, im Gegensatz zu den üblichen Wohnbauten mit den wesentlich geringeren Massen.

Fallbeispiel 2: Feuchter, dumpfer Keller 1

Aufgabenstellung

Ebenfalls bei einem Altbau konnte die Situation schon am Telefon geklärt werden: Es ist eine **neue Außentür** eingebaut worden, mit dem weniger erwarteten Effekt, dass die Luft im Keller dumpf-feucht zu riechen begann.

Beurteilung

Durch die neue Tür wurde der bisherige **Luftwechsel** erheblich verringert. Die Feuchte in den Wänden und die Bodengase konnten sich im Keller sammeln und ein unangenehmes Klima verursachen.

Maßnahmen

Der Gesprächspartner wurde gefragt, ob die Kamine auch noch, wie bei alten Häusern üblich, bis in den Keller gehen und wo die Putztüren liegen. Die Antwort kam umgehend: Die **Kamine** gehen bis in den Keller, und die Putztüren liegen ziemlich weit unten. Es wurde auch ein nicht benutzter Kamin gefunden. Der Auftrag war jetzt, die Putztüre zu öffnen und den natürlichen Zug des Kamins zu prüfen. Diese Aufgabe wurde auch umgehend erledigt und die Putztüren offengelassen. Nach wenigen Tagen war die Luft neutral und der Keller wie gewohnt zu benutzen. Über die sonstigen Fugen strömte genug Luft nach, während die belastete Luft durch den Kamin entweichen konnte.

Fallbeispiel 3: Feuchter, dumpfer Keller 2 und die Grenzen

Aufgabenstellung

Der Keller zeigte bereits **Algenbewuchs** im oberen Bereich, die Putzreste waren nur mehr abzukehren. Bei feuchter Außenluft gab es **Kondensat** auf den Steinen, aus denen der Keller gebaut war. Mit der Sanierung der Tür und des Fensters wurde die Situation – wie befürchtet – nicht besser. Im Winter war Kondensat an der Tür und am Fenster üblich.

Beurteilung

Die Beurteilung war ziemlich einfach: Jede der natürlichen Feuchtequellen war im Keller anzutreffen: Bodenfeuchte, weil der Keller nur aus Natursteinen, mit sandigem Lehm, aufgebaut war und kondensierende Feuchte aus der Außenluft hinzukam. Üblicherweise muss ein derartiger Keller als sehr kritisch eingestuft werden, weil zumindest die Bodenfeuchte nicht ausgeschaltet werden kann. Das Grundwasser ist ca. 3 m unter der Erdoberfläche, es kommt aber andauernd Bodenfeuchte von der Seite. Der Boden ist dicht (Beton auf Folie).

8-2 Keller und die Grenzen der Sanierung

Die Kellerwände [1] bestehen aus Steinen, mit Kalk und Lehm aufgebaut. Zwischen den Fugen der Steine wurden die **Wärmerohre** [2] verlegt und mit offenporigem Thermoputz 50 mm tief geputzt. An einer Stirnseite des Kellers befindet sich eine Öffnung [4] zum benachbarten Heizkeller, womit ein **ständiger Luftwechsel** gegeben ist. Die Öffnung war für weitere Installationen vorgesehen und blieb daher offen. Entgegen den Erwartungen, dass die Wärme in den Wänden für eine vollständige Umwälzung der Luft sorgen wird, hat sich unten eine **nichtdurchlüftete, kühlere Zone** [5] ausgebildet, der Bereich [6] oberhalb der Zone [5] wurde hingegen trocken. Im Keller befinden sich Regale und Ablagen [7], gegenüber ein Fenster [8].

Ergebnis

Durch die Erwärmung der Wände und den Luftwechsel konnte der obere Bereich [6] des Kellers, bis zur Mitte, weitgehend trockengehalten werden. Der Algenbefall gegenüber vom Fenster [8] trat auch nach 20 Jahren nicht mehr auf, wobei der Thermoputz [3] durch die große Porosität auch für einen Ausgleich der Feuchte sorgt.

Der untere Bereich [5] des Kellers, unterhalb der gerissenen Linie in der Mitte, wurde nicht vom Luftwechsel erfasst, mit den zu erwartenden Folgen: **Wärme und Feuchte** bringen den **Schimmel** [9] zum Wachsen.

Wärme allein, ohne ausreichenden Luftwechsel oder eine Entfeuchtung der Luft, führt zu keinem brauchbaren Ergebnis. Die feuchte Luft muss abgeführt werden, sonst sind optimale Bedingungen für Schimmelwachstum.

Als Versuch wurde der Keller mit einer offenporigen Kalkfarbe ausgemalt, um die Reaktionen zu sehen. Die Kalkfarbe ist laut Beschreibung zwar atmungsaktiv, aber sie hat organische Anteile als Bindemittel. Im trockenen oberen Bereich des Kellers kam es zu einem Quellen der Farbe durch die Feuchte der Rückseite der Kellerwand. Im unteren Bereich fielen die Reaktionen wesentlich heftiger aus: Das organische Material war ein guter Träger für Schimmelbewuchs [9]. Durch die Einrichtungen im Keller (Werkstatt, Arbeitstische und Maschinen) wurde der Luftwechsel im unteren Bereich zusätzlich behindert, womit der Schimmel zwingend auftreten musste. Eine bodennahe Absaugung der Luft wurde noch nicht installiert, weil damit ein gröberer Umbau verbunden ist.

Fallbeispiel 4: Abluftleitungen für feuchte Wände

Aufgabenstellung

Bei der Sanierung eines alten Hauses wurden die Mauern mit Blechen in den Fugen gegen aufsteigende Feuchte abgedichtet. Nachteilig ist bei der Maßnahme, dass die **Bleche** 2…3 Scharen oberhalb des Rohbetons liegen, weil sie sich weiter unten nicht einbauen lassen. Die Feuchtesperre muss daher über den ganzen Rohbeton gehen und bis über die Bleche durchgezogen werden.

Das Haus steht im Übrigen in einem Gebiet mit erhöhter **Radonbelastung**.

Beurteilung

Die feuchte Außenwand wird bis zur Sperre durch die Bleche sehr feucht sein oder auch werden, weil es keine Ableitung für den Dunst gibt. Zusätzlich kann Radon durch die immer vorhandenen Fugen vom Boden in den Innenraum eindringen, wie die Messungen mit einem Geigerzähler gezeigt haben. Eine Ableitung der Bodengase (Feuchte und Radon) sollte daher eingeplant werden.

Ein Ziel der Maßnahmen ist, die Feuchte von den Grundmauern weg, nach allen Seiten abtrocknen zu lassen. Die Drainagen und Entlüftungen schaden auch dann nicht, wenn eine Sperre eingezogen wird.

8-3 Abluftleitungen für Wände

[1] Feuchte Ziegelmauer, [2] Trockene Ziegelmauer, [3] Rohboden (Beton), [4] Unterboden, [5] Ableitung, Drainagerohr, [6] Putz zum Auffüllen, grob, [7] Putz im Trockenbereich, [8] Sperrbleche, [9] Boden außen, [10] Schotterlage, [11] Luftdrainage, [12] Außenputz, [13] Dampf- und Feuchtesperre

Maßnahmen im Innenbereich: Es wurde ein **Drainagerohr** [5] in die Kehle zwischen dem Rohbeton [3] und der Wand [1] gelegt und anschließend mit der Feuchtesperre [13] abgedeckt. Das Drainagerohr [1] wurde durch die Außenwand geführt und im kälteren Bereich mit Gefälle nach außen verlegt.

Maßnahmen im Außenbereich: Der bereits ausgeschachtete Graben entlang der Wand wurde mit einem Drainagerohr für landwirtschaftliche Drainagen (ca. 100 mm Durchmesser) verlegt und an beiden Enden nach oben gezogen, damit die Luft durchströmen kann. Die **Schotterlage** [10] dient als kapillarbrechende Schicht und zur **Durchlüftung** bis zum Drainagerohr. Zwischen der Schotterlage [10] und dem Boden [9] kann eine Sperre eingelegt werden. Obligat ist die Abdeckung der Schotterlage gegen Staub, Laub, Grasschnitt, Erde etc.

Wirkung

Mit dem Einschalten der Heizung im Herbst 2015 wurde das Drainagerohr aktiv: Über einen längeren Zeitraum ist Kondensat von der Feuchtigkeit in der Wand und im Rohboden als Wasser abgelaufen, wie die Spuren im Putz zeigen. An einem windstillen Tag 2015 konnte am Ende des Rohres eine leicht erhöhte Aktivität durch **Radon** festgestellt werden. Im ersten Winter waren auch massive Vereisungen an der Rohrmündung festzustellen. Die im Gebäude installierte Fußbodenheizung hat durch die Wärme den Dampfdruck für das Wasser erhöht. Der höhere Partialdruck reicht aus, um eine Bewegung zur Drainage zu erreichen. Ohne Drainageleitung würde sich der Wasserdampf mit schwer abzuschätzenden Folgen ungeregelt, sprich „irgendwie“, bewegen. Die Fugen zwischen den Edelstahlblechen sind nicht dicht genug, um den Wasserdampf vollständig abzuhalten.

8-4 Abluftleitung 5 im Winter 2017 mit massiver Eisbildung entlang der Rohrmündung

Feuchteprobleme bei einer Sanierung

Geologie: Donausande, Lehm, Schutt

Wandmaterial: Die Außenwand besteht aus einem **Mischmauerwerk**, aus lokalen Steinen und einem geringen Ziegelanteil im Sockelbereich, wobei die Steine als Feuchtesperre gedacht waren. Aufgehendes Mauerwerk: Ziegel, weitgehend trocken.

Problembereiche

Wohnung gassenseitig: Aufsteigende Feuchte in den alten Außenwänden entlang der Gasse; Putz in den betroffenen

Bereichen abgeschlagen, alte Trockenlegung mit sog. **Mauerlungen** freigelegt.

Fenster und Türen sind neu, mit Doppeldichtungen.

Innenseite der Räume bereits bis 1 m unter Fußboden Niveau ausgeräumt, mit Entfeuchtern vorgetrocknet.

Boden in Richtung Bad ist deutlich feuchter, Entlüftung soll in die Rollierung gelegt werden.

Durchgang: Aufsteigende Feuchte in den Mauerkehlen, Boden und Randfliesen intakt, Putz abgeschlagen.

8-5 Wandseite gassenseitig: Aufsteigende Feuchte trotz der Entfeuchtung mit Geräten

8-6 Wand hofseitig: Mischmauerwerk, Feuchtespuren

8-7 Küche hofseitig: Boden feuchter als oberes Mauerwerk, Effekte der Trocknung bis unter Niveau

8-8 Boden unter dem Bad: Feuchter als die anderen Bereiche, Entlüftungsleitung empfohlen

8-9 Fassade gassenseitig: Putz abgeschlagen, unregelmäßige Löcher von den Mauerlungen

8-10 Fassade gassenseitig: Geschäft, Ausbrüche in der Fassade, Mauerlungen liegen am Boden

8-13 Fußbodenkante unter den Zählern, leichte Durchfeuchtung nach Abtrocknen

8-11 Durchgang zur Straße: Aufsteigende Feuchte oberhalb der Fliesen, oben stillgelegte Kamine

8-14 Hofseite: Abdeckung der Wand mit Zementputz, Feuchteschäden durch den Putz, keine Fugen

8-12 Durchgang: Gaszähler, Kamine, unten Feuchte

Sanierungsvorschlag

Wohnung gassenseitig: Durchlüften des Bodens mit einer Luftdrainage [2], die von einer Außenwand [16] zur anderen führt. Das Ziel ist, den Dampfdruck des Wassers unter dem Bodenaufbau nach außen abzuleiten. Ebenso wird eine Durchlüftung der Außenseite der Wände vorgesehen, damit die Feuchte leicht nach außen abziehen kann.

Die Feuchte aus dem Boden soll über **Entlüftungskästen** [9] mit einem Abdeckgitter (z. B. Kästen für die Elektroinstallation, mit einem Gitter anstelle des Deckels) nach außen abgegeben werden. Die Entlüftungskästen sollen so geplant werden, dass natürliche Druckunterschiede durch Wind, Dichte, Wärme etc. zu einer **ständigen Strömung** führen. Damit wird ein erheblicher Teil der Feuchte entfernt. Die Entlüftungskästen und die Ableitungen sind so anzuordnen, dass Kondensat ablaufen kann und dass sich bildendes Eis im Winter keine Schäden anrichtet. Eine **Abtropfkante** für das Kondensat soll über dem Putz liegen, sonst gibt es Schäden durch das Wasser. Die Unterkante der Entlüftungskästen soll mindestens 20 cm über dem Niveau liegen. Sie sollen nicht durch Schnee etc. belastet werden.

An der Innenseite der Wände liegen Wärmerohre [1], die ganzjährig mit Wärme versorgt werden sollen. Diese Rohre treiben die Feuchte nach außen, wo die Verdunstung durch die bereits beschriebenen Entlüftungen begünstigt wird. Das Wärmerohr soll ca. 50 mm in der Wand verlegt werden. Es ist als getrennter Heizkreis zu sehen, der auch in den Sommermonaten mit Wärme versorgt wird. Besonders vorteilhaft wirkt die **Verbindung mit einer Solaranlage**, um in der warmen Jahreszeit die Wärme der Sonne gratis zum Trocknen zu verwenden.

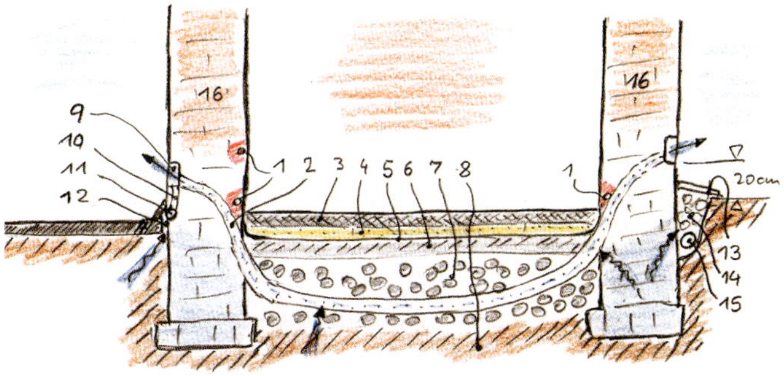

8-15 Querschnitt durch die Sockelzone des Gebäudes:

Detail Außenwand, Straßenseite: Speziell an der Straßenseite ist die **Entlüftung im Spalt** [12] zwischen dem Asphalt und der Wand sinnvoll, da sich unter dem Asphalt [18] ein beachtlicher Dampfdruck aufbaut, vor allem, unter Sonneneinfluss, im Sommer. Dieser Überdruck soll in der Fuge [12] geregelt abgeleitet werden, bevor der Wasserdampf im kühleren Mauerwerk [16] kondensiert und die Durchfeuchtung verstärkt. Die gereinigte Fuge soll mit grobem Material, 5...15 mm Korngröße, verfüllt werden, um ein Verlegen durch Sand (Straßenreinigung, Regen, Wind) zu verhindern oder zumindest zu verzögern. Oberhalb der Fuge [12] soll ein Drainagerohr [11] eingebracht werden, das mit den Lüftungskästen [9] über die Leitungen [10] verbunden ist.

Von erheblichem Vorteil ist eine **Ablaufkante** [19] im Asphalt, mit einer Überhöhung von ca. 50 mm über das Niveau des Asphalts. Hier ist ein dichtes Material zu verwenden, um das Regenwasser nicht kapillar weiterzuleiten. Zwischen dem neuen Putz der Außenwand und der Ablaufkante [19] soll eine Fuge von einigen Millimetern bis 10 mm eingehalten werden, um auch den Putz von kapillaren Saugeffekten von der Straße fernzuhalten.

Als Außenputz kann jeder atmungsaktiver Sanierungsputz verwendet werden. Auch bei einer Färbelung der Fassade sind die Poren zum Putz und in den Putz offenzuhalten. Kunststoffgebundene Farben und Putze sind absolut kontraproduktiv, sie verhindern den Feuchtetransport nach außen. Von Vorteil sind eventuell grobe Putze, weil bei ihnen nur die obenliegenden Bereiche mit Farbe abgedeckt werden und die tieferliegenden für die Verdunstung frei bleiben.

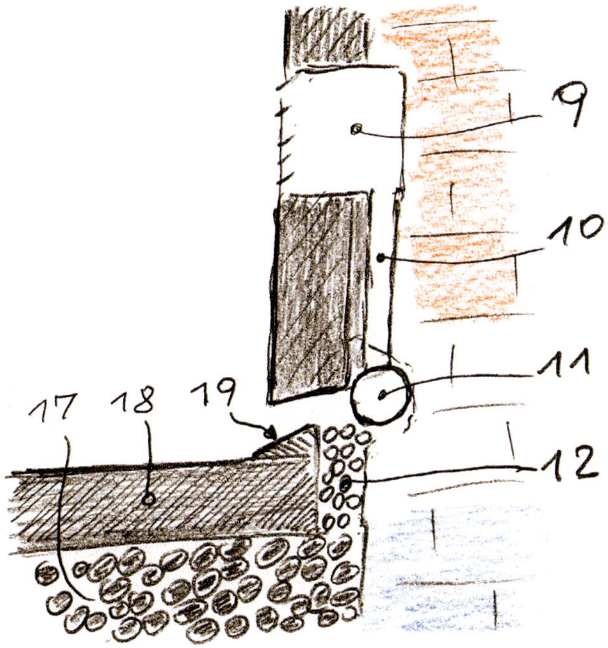

8-16 Straßenseite mit Asphalt: Detail

Der Feuchteanfall im Durchgang ist nicht sehr groß, weshalb der Einbau von zwei Wärmerohren [1] bereits eine beachtliche Entlastung mit sich bringen kann. Von Vorteil sind die vorhandenen Kamine [24], die für eine **Dauerentlüftung** verwendet werden können. Diese Entlüftung ist notwendig, weil alle Türen zum Durchgang neuwertig sind und hochwertige Dichtungen aufweisen. Günstig wäre es, die Absaugöffnung der Kamine nach unten zu verlegen, um die schwerere feuchte Luft zu entfernen.

Legende für die Bilder 8-15, 8-16 und 8-17 (Folgeseite):

1 Wärmerohre
2 Luft-Drainagerohr
3 Estrich
4 Wärmedämmung
5 Feuchtesperre
6 Rohbeton
7 Rollierung (30...100 mm Korngröße)
8 Mutterboden
9 Luftkasten
10 Anschluss für die Luft-Drainage der Außenwand
11 Luft-Drainage zur Straße
12 Fuge zwischen Asphalt und Wand
13 Traufenpflasterung mit Fugen
14 Rollierung (30...100 mm)
15 Luftdrainage hofseitig
16 Mauerwerk
17 Unterbau Straße
18 Asphalt, Decke
19 Ablaufkante
20 Fliesen
21 Randfliese
22 Beton
23 Abdeckgitter
24 Kamin

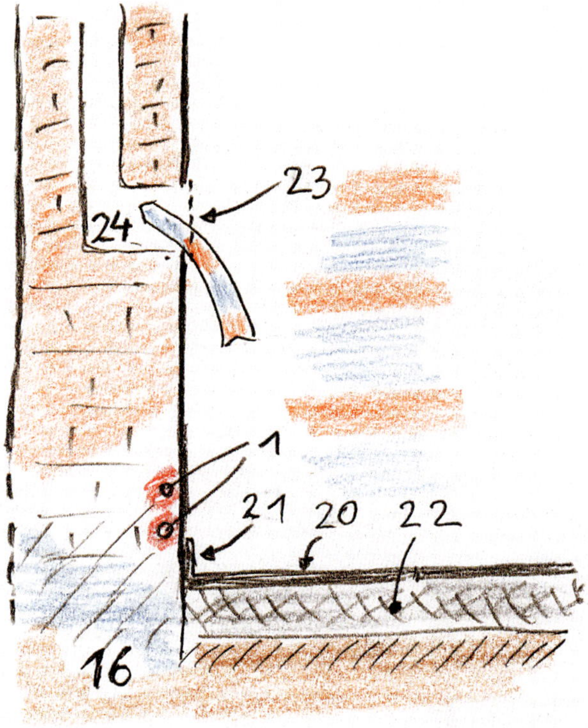

8-17
Detail Durchgang: Der Aufwand für eine Sanierung des Durchganges soll wegen der bestehenden Oberflächen (Fliesenboden [20], Randfliesen [21] ...) gering gehalten werden.

Wenn vorhanden, dann sollen bislang stillgelegte Kamine oder Abluftleitungen wieder aktiviert werden. Sie waren ursprünglich für diese Aufgabe vorhanden.

Die **Betriebskosten** für die Temperierung mit den Wärmerohren sollen gering gehalten werden, weshalb hier ein reiner Solarbetrieb vorgeschlagen wird. Damit fallen nur die überschaubaren Investitionen für die Anlage und der Strom für den Pumpbetrieb an. Selbst der Strom für die Umwälzpumpen kann solar bereitgestellt werden, mit einer kleinen Photovoltaik. Es kann ein Thermoputz für die Oberfläche verwendet werden, aber auch ein offenporiger Sanierungsputz. Farben sind so anzubringen, dass die Poren offenbleiben.

Hofseite: Hofseitig sollen die Wände 16 mit einem Graben 14 freigelegt werden, um eine kapillare Verbindung zwischen der Wand und dem Erdreich zu unterbinden. Der Graben erhält zweckmäßigerweise eine grobe Rollierung [14] und eine **Luftdrainage** entlang der Wand. Auch diese Leitungen sollen über Entlüftungskästen nach oben gezogen werden. Der mit grober Rollierung versehene Graben wird mit einem Traufenpflaster [13] mit Fugen (10 mm) abgedeckt, um das Eindringen von Schmutz zu verhindern.

Aufwand für die Sanierung

Wird die Sanierung in Eigenleistung durchgeführt, dann sind Materialkosten um einige tausend Euro zu erwarten. Das Material betrifft die Rohrleitungen, Verschraubungen, Regelorgane und Rollierung für die Trockenlegung außen.

Werden Fachleute eingeschaltet, dann sind die Stundensätze mit ca. 100 Euro für ca. eine Woche einzuplanen, zuzüglich zu den Materialkosten. Zu empfehlen ist eine Beratung bzw. Kontrolle der Arbeiten durch eine Fachkraft, um eventuell notwendige Anpassungen und Adaptionen rechtzeitig durchführen zu können. Diese Aufsicht würde mit ca. 1000 Euro zu veranschlagen sein.

Erwartungen

Die thermische Sanierung von Feuchteproblemen kann bezüglich der Isolierungen gegen aufsteigende Feuchte und Wärmeschutz nicht mit einem Neubau nach den heute geltenden Regeln verglichen werden. Durch die Zufuhr von Wärme an die besonders von Feuchte betroffenen Regionen der Wand erfolgt jedoch eine Trocknung, die mit einer wesentlichen Verbesserung des Wärmeschutzes verbunden ist. Der Wärmewiderstand kann dabei um den Faktor 3 verbessert werden, was sich unmittelbar im Wärmebedarf, in den Heizkosten und in der Behaglichkeit niederschlägt.

Mobiliar muss mit einem Abstand von min. 50 mm aufgestellt werden, weil die Wand trotz der Wärme ständig etwas Feuchte abgibt. Ein Abdecken der Wand führt unmittelbar zu Schimmelproblemen, weil sich die Feuchte zwischen der Wand und der Abdeckung staut.

Unklare Feuchteschäden bei einem Haus

Schadensbild

Bei einem Einfamilienhaus wurden Feuchteschäden an verschiedenen Stellen beobachtet. Trotz verstärkten Lüftens etc. wurden die Probleme stärker; es kam in den angrenzenden Räumen zur Nasszelle (WC, Dusche, Waschbecken, Waschmaschine) vermehrt zu aufsteigenden Feuchtezeichen mit Schimmelbildung in den Wänden. Das Klima im Haus wurde zusehends unangenehmer.

Weiters waren an einzelnen Außenecken der Räume ebenfalls erste Schimmelspuren zu sehen. Entgegen aller Pflegemaßnahmen wurden auch diese Erscheinungen stärker.

Bei der Besichtigung waren der Estrich im Bad bereits aufgebrochen und Teile der Wärmedämmung außen (80 mm Styropor) entfernt, weil es darunter ebenfalls feucht war.

Von der Bewohnerin des Hauses wurden die folgenden Schadensbilder angegeben:

- 1. Feuchteschäden in der an das Bad angrenzenden Küche,
- 2. Feuchteschäden im an das Bad angrenzende Schlafzimmer, speziell in der Trennwand,
- 3. Feuchteschäden in der NO-Ecke des Schlafzimmers,
- 4. Feuchte im Eingangsbereich,
- 5. massive Feuchte im bereits geöffneten Estrich und in der Glaswolle unter dem Estrich, teilweise abgetrocknet, in Richtung zur Duschtasse feuchter,
- 6. Feuchte unter dem Wärmeschutz an der Außenwand, wurde teilweise abgetragen, inzwischen gut ausgetrocknet,
- 7. feuchte und dunkle Flächen entlang der Duschtasse, an der Außenwand,
- 8. schwallartig bewegtes Wasser in der Glaswolle unter dem Estrich, beim Spülen des WCs.

Schadensentwicklung

Auf Nachfragen wurde angegeben, dass die **Silikonfuge** bei der Duschtasse nicht mehr dicht wäre. Auf diesen Mangel wies auch die dunkle Färbung der Wand neben der Duschtasse hin. Es konnte bereits länger Wasser durch die Fuge in Richtung Wand gelaufen sein.

Der genannte Fehler konnte nur dann diese Auswirkungen haben, wenn der Estrich bzw. die Feuchteisolierung des Nassbereichs nicht den Richtlinien der Bauordnung entsprachen. An der Wand zur Duschtasse konnten keine Spuren einer Dichtfolie entdeckt werden, d. h., dass die Estrichfolie (PE-Folie) nur bis zum Estrichrand gereicht hat, nicht darüber hinaus. Damit war der Weg in die Glaswolle unter dem Estrich und oberhalb der dichten Flämmpappe für das Wasser geebnet. Eine Wassermenge von einigen 100 Litern reicht aus, um die genannten Schäden zu hinterlassen.

Über die Glaswolle kann sich das Wasser an alle anstehenden Wände verteilen und somit die genannten Schäden in der Küche, im Schlafzimmer und an der Außenwand erzeugen. Die Ziegel der Wände wirken hier auch kapillar saugend und haben das Wasser einige 10 cm in die Höhe gebracht, sodass die Feuchte deutlich sicht- und spürbar geworden ist.

Die Betonfundamente unter der Flämmpappe sind trocken, wie die **gravimetrische Feuchtebestimmung** gezeigt

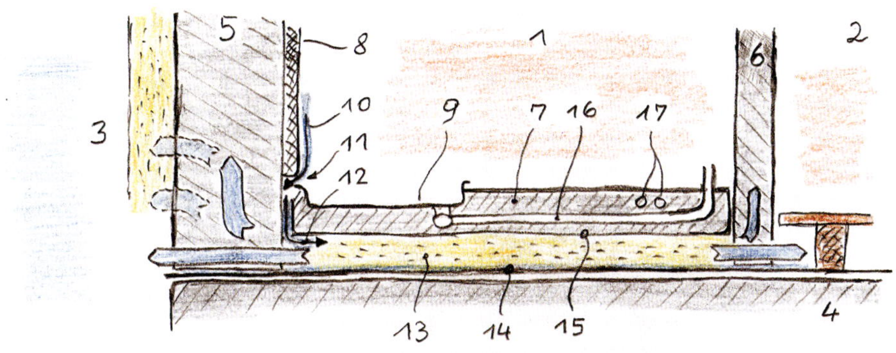

8-18 Querschnitt durch die Nasszelle mit den relevanten Leitungen

hat. Dieser Defekt an den Silikonfugen, zusammen mit den Baumängeln, reicht aus, um die Feuchteschäden Nr. 1, 2, 5, 6 und 7 zu bewirken.

Eine schwallartige Wasserbewegung in der Glaswolle unter dem Estrich, bei Betätigen der WC-Spülung, Nr. 8, weist auf einen weiteren Mangel bei der Ableitung hin. Denkbar sind Undichtheiten durch Setzungen des Estrichs, womit Bewegungen im Bereich des Ablaufrohres verbunden sind. Diese Bewegungen können zu Rissen, Fugen und Verlagern von Dichtungen führen. Bei der Sanierung sollte auf diese Schadensmöglichkeiten geachtet werden.

Eine sichere Ausführung zeigt das folgende Bild. Um Schimmelflecken im Silikon zu vermeiden, soll im Bereich der Duschtasse ein Heizrohr in der Wand verlegt werden, damit das Wasser rasch abtrocknen kann. Bei Undichtigkeiten in der Silikonfuge kann das Wasser entlang der Folie 20 unter die Tasse laufen, aber nicht mehr weiter. Bei größeren Wassermengen würde es sich bei der Serviceöffnung unter der Duschtasse bemerkbar machen, aber nicht weiter verteilen.

Ebenfalls von Vorteil ist eine leichte Temperierung des Fußbodens (Estrich), damit die Feuchte nach der Benutzung rasch abtrocknen kann. Eine Entlüftung fehlt im Bad, es sollte deshalb eine Dauerentlüftung vorgesehen werden. Es ist eine tägliche Wassermenge von ca. 1 Liter abzutrocknen. Bewährt hat sich die Verwendung des Rücklaufs von einem Handtuchtrockner für das Erwärmen des Fußbodens.

Legende für die Bilder 8-18 und 8-19 (Folgeseite):

1 Bad
2 Nebenräume mit Wasserschaden – Küche, Schrankraum
3 Außenbereich (Styroporwärmedämmung)
4 Fundament
5 Außenwand Ziegel
6 Innenwand (Ziegel?)
7 Estrich
8 Fliesen
9 Duschtasse
10 Ablaufendes Duschwasser an der Wand
11 Undichte Silikonfuge
12 Wasser zwischen Duschtasse und Außenwand
13 Glaswolle (teilweise nass)
14 Flämmpappe mit Al-Schicht
15 PE-Folie für den Estrich
16 Ablaufleitungen im Estrich
17 Wasserleitungen im Estrich
Wasser in den Fugen
Feuchte in den Bauteilen und Richtung

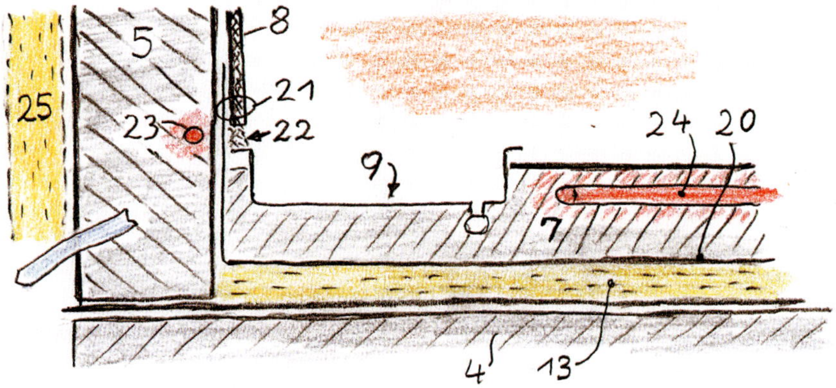

20 Dichtfolie
21 Dichtfolie bis unter die Fliesen 8 gezogen
22 Silikonfuge
23 Heizrohr in der Wand
24 Estrich mit leichter Fußbodenbeheizung
25 Wärmedämmung saniert, mit Hinterlüftung
Feuchte in den Bauteilen und Richtung

8-19 Ausführung einer sicheren Wanne nach Bauordnung

Andere Feuchteschäden

Die Schäden [3] und [4] im Eingangsbereich bzw. in der NO-Ecke des Schlafzimmers können auch aufgrund von Kondensation an kalten Außenwänden entstehen. Eine Tränkung gegen aufsteigende Feuchte ist in diesem Fall nicht zielführend, günstiger ist eine Erwärmung mit einem Heizrohr.

Aufsteigende Feuchte im Fundament

Das Fundament des Hauses steht ca. 30 cm unter Niveau bereits im Grundwasser. Es besteht aus Beton-Hohlblocksteinen und porösem Beton. Bei diesem Baustoff steigt Wasser einige Zentimeter hoch, aber nicht weiter. Empfohlen wird eine Drainage, um eine höhere Sicherheit gegen Grundwasser zu bekommen.

Messung der Feuchtegehalte nach der Darr-Methode

Auf Wunsch der Bewohnerin wurde eine **gravimetrische Bestimmung der Feuchte** vor Ort durchgeführt. Es wurde dafür das Verfahren verwendet, wie im Kapitel „Analytik" beschrieben, nämlich mit Aluminiumfolie, einer heißen Herdplatte und einer empfindlicheren Waage.

Die Probestücke wurden unmittelbar nach der Entnahme gewogen, dann mit 105 °C getrocknet und wieder gewogen. Jene Proben, bei denen fast kein Gewichtsverlust durch Feuchte festzustellen war, wurden nicht mehr weiter untersucht. Die Proben wurden nicht zerkleinert, weil damit ein Materialverlust möglich wäre und die weitere Messung der Sättigungsfeuchte erheblich beeinflusst wird.

Tab 8-3	Fundament außen	Ziegel außen	Fundament Bad	Estrich Bad
Probengewicht	30,6 g	73,5 g	45,2 g	51,0 g
Gewicht n. Darren	30,2 g	73,0 g	44,8 g	48,6 g
Änderung	–0,4 g	–0,5 g	–0,4 g	–2,4 g
Verlust Gew. %	—	—	—	5,0 %
Sättigungsgew.	—	—	—	64,5 g
Wasseraufnahme	—	—	—	15,9 g
Max. Aufnahme	—	—	—	32,7 %

Alle Bauteile zeigen eine geringe Feuchtebelastung, im Bereich der Gebrauchsfeuchte. Nur der Estrich im Bad ist, wie erwartet, feuchter. Die maximale Wasseraufnahme der Estrichprobe ist von der Körnigkeit geprägt, womit in den Kapillaren zwischen den Körnern größere Wassermengen gespeichert werden. Bei dichtem Beton kann schon 1 Gew. Prozent den Unterschied zwischen völlig trocken und tropfnass bedeuten.

Das Fundament unter dem Dichtkarton im Bad kann als trocken angesehen werden; es gibt keine Hinweise für eine aufsteigende Feuchte.

Weiterer Verlauf

Der Estrich in der Nasszelle wurde komplett abgetragen, wobei drei Löcher in der Ableitung vom WC festgestellt wurden. Zusätzlich war das Rohr vom WC weg zu 2/3 mit einer festen Masse verlegt. Diese Masse kann auch von vorherigen Bauarbeiten stammen, z. B. einer nicht fachgerechten Entsorgung von Beton- oder Mörtelresten in das WC.

Die empfohlenen Wärmeleitungen wurden nicht eingebaut, aber der neue Estrich hat eine Fußbodenheizung erhalten. Damit konnte das Raumklima deutlich verbessert werden.

Für die Außenecken mit leichten Schimmelschäden sieht die Prognose ebenfalls günstiger aus, weil die erhebliche Feuchtebelastung der Luft seit der Sanierung weggefallen ist. Das Raumklima kann sich auch so wieder erholen und auf normale Werte einspielen. Eine Verlängerung der Heizleitungen in die Ecken wäre trotzdem von Vorteil gewesen.

Sanierung eines Lokals

Lage im Ort

Die Gebäude in einem denkmalgeschützten Ort weisen durchwegs Feuchteschäden auf. Die Gebäude sind zwischen

400 und 600 Jahre alt, Teile sicher noch älter. Jeder größere Eingriff in die Bausubstanz ist mit dem Denkmalamt zu koordinieren. Die Maßnahmen sollen daher so gewählt werden, dass sie den Umfang einer üblichen handwerklichen Arbeit (Heizungsbau, Fassade wiederherstellen) nicht überschreiten.

8-20 Fassade außen, Sockelzone

8-21 Außenwand innen: Feuchte bis 80 cm oberhalb des Fußbodens

8-22 Sockelzone innen

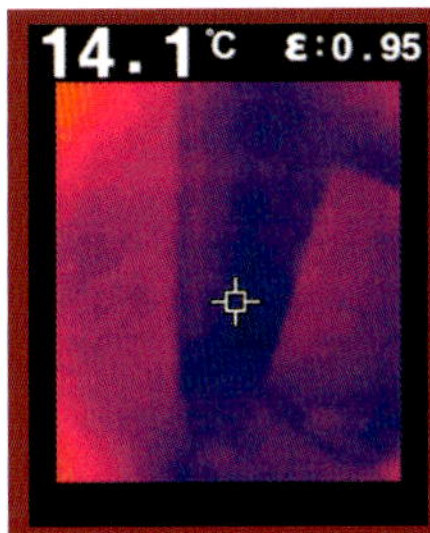

8-23 IR-Bild zu 8-22

8-24 Eingangstür: Ziegel und Putz entkalkt

8-25 (oben)
8-26 (rechts)
Gang:
Farbe fällt ab

Nachbarhaus (Polizei, Amt):

8-27 Aufsteigender Feuchte, ca. zwei Jahre nach einer Sanierung (oben)
8-28 Sanierung mit Noppenfolie, Anschluss vom Sockel bis zur Pflasterung offen (unten)

Wertung des Zustandes

Die Straßenfront weist im Sockelbereich Schäden durch **aufsteigende Feuchte** auf. Der Fußboden in den straßenseitigen Räumen liegt durchwegs über dem Niveau der Straße, womit ein drückendes Wasser ausgeschlossen werden kann. Die Wände in der Einfahrt sind ebenfalls feucht, wobei in diesem Bereich mit Frost zu rechnen ist. Die südseitige Wand zur Polizei und zum Amt ist wegen der höheren Lage trocken.

Der Zustand des Fußbodens im Schauraum scheint auf dem ersten Blick noch intakt, Details können sich während der Arbeiten zeigen. Das Gebäude weist die üblichen Spuren geringer Beheizung und Belüftung auf.

Maßnahmen

Neben den üblichen Trennverfahren kann eine thermische Behandlung der feuchten Wand zu einer wesentlichen Verbesserung führen. Der Transport der Feuchte scheint nicht sehr groß zu sein, es sind aber erhebliche Mengen an Wasser im Mauerwerk gespeichert. In Summe kann mit einer Wassermenge von einigen 1000 Litern gerechnet werden. Dieses Wasser kann durch den Einfluss von Wärme rascher verdunsten, womit das Mauerwerk sowohl trockener als auch der Abfluss der Wärme erheblich geringer wird. Das Wasser in der Ziegelwand erhöht den Wärmeverlust bis zum Dreifachen gegenüber derselben Wand im trockenen Zustand.

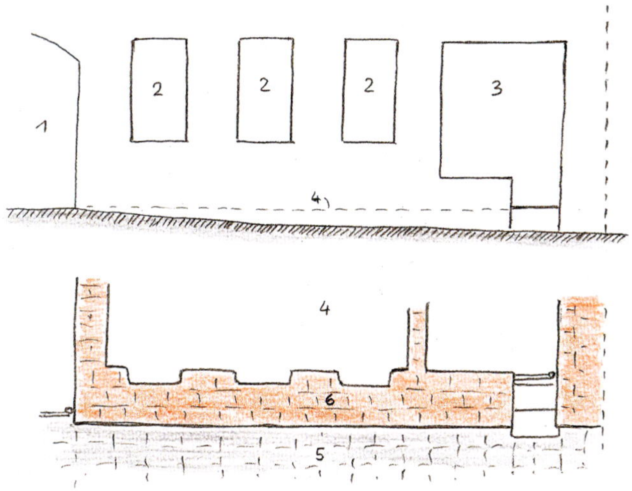

8-29 Seitenansicht der Fassade und Grundriss der betroffenen Mauern

Tab 8-4: Bezeichnungen in den Bildern		
1	Tor	Door
2	Fenster	Window
3	Schaufenster und Tür	Showcase and entrance
4	Fußboden innen	Floor inner side
5	Pflasterung außen	Pavement outside
6	Mauerwerk	Wall
7	Heizrohr	Heating pipe
8	Heizkörper	Heater
9	Außenseite der Wand	Outer side of the wall
10	Spalt gegen Kapillare und für Durchlüftung	Gap against capillary draw and for ventilation
11	Abtropfnase	Water nose (rainwater)
12	Stein mit Ablauffläche	Stone with water drain
13	Luftspalt	Ventilating gap
14	Drainage und Betonwand zum Gehsteig	Drain tube and concrete wall to pavement
15	Drainagerohr	Drain tube

Bei der Besichtigung am 25. September 2015 wurden in der Raummitte 16,8 °C gemessen, in den von Feuchte betroffenen Ecken nur 13,8 °C. Diese geringere Temperatur reicht auch aus, um aus der Umgebungsluft die Feuchtigkeit durch Kondensation in das Mauerwerk zu bringen. Eine sinnvolle Maßnahme besteht darin, an diesen Stellen Wärme zuzuführen, um anstelle der Kondensation eine Trocknung zu erreichen.

Der Fußboden [4] liegt über dem Niveau der Straße [5]. Der Querschnitt der Außenwand [6] beträgt zwischen 75 und 90 cm.

Verlegen der Beheizung

Die folgenden Skizzen zeigen eine sinnvolle Verlegung der Heizleitungen [7] in der Wand. Sie sollen an die 5 cm in der Wand liegen. Die unterste Leitung liegt knapp über oder auf dem Niveau des Fußbodens, die Rückleitung liegt ca. 30 bis 40 cm oberhalb, ebenfalls in der Wand. Als Leitungen sollen Kunststoff-Verbundrohre verwendet werden, eingeputzt mit einem porösen Thermoputz.

Auf die Wand werden die üblichen Heizkörper in den Fensternischen montiert, wobei auf die Leitungen in der Wand zu achten ist. Die Rohrleitungen werden getrennt zum Heizraum geführt, und zwar zwei Leitungen für die Wandheizung und zwei Rohre für die Heizkörper.

Eine geringe Erhöhung der Temperatur in den feuchten Wänden bringt erhebliche Effekte mit sich: Die Feuchte wird ausgetrieben und das Raumklima deutlich verbessert, bei gleichzeitiger Verringerung des Energiebedarfs für die Raumwärme.

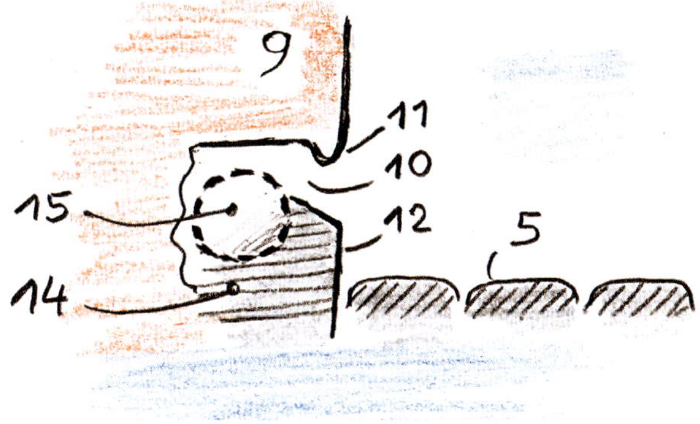

8-30 Randfuge zwischen Fassade und Gehsteig

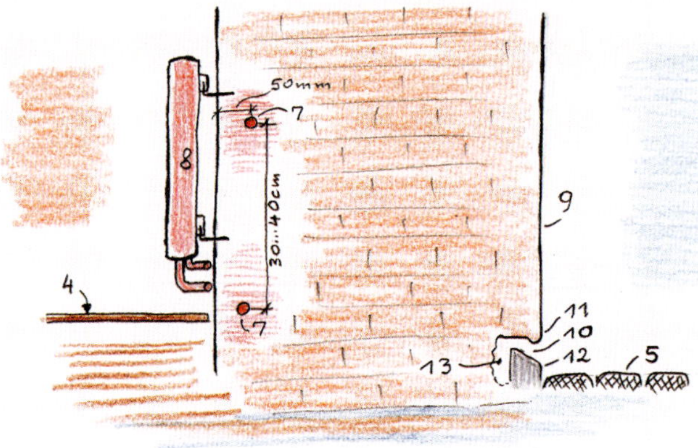

8-31 Schema der Beheizung

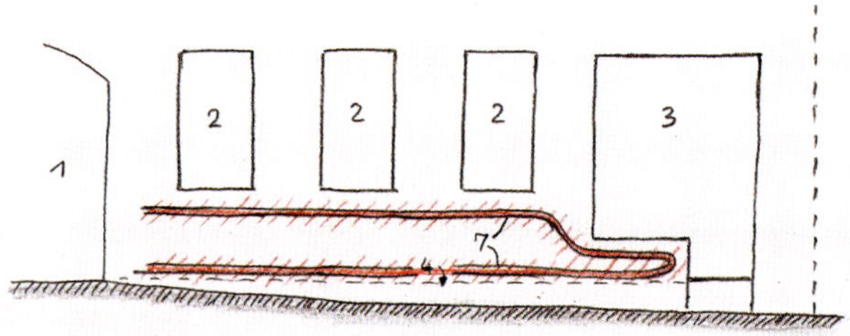

8-32 Verlegung der Heizleitungen in der Wand, ca. 50 mm tief

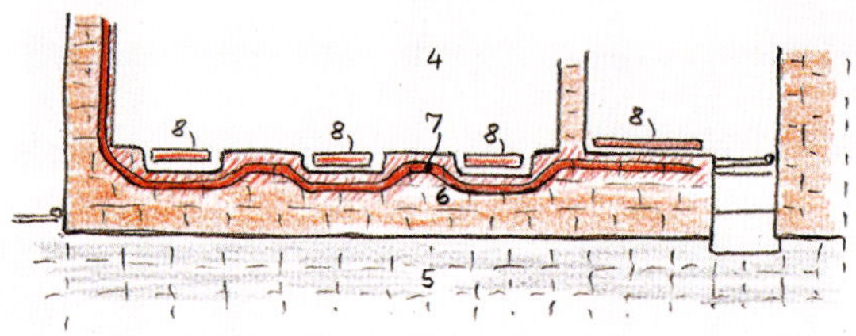

Der bauliche Aufwand hält sich in Grenzen, gegenüber einem Durchschneiden der Wände. Das Verlegen von einem oder zwei Rohren mit Warmwasser reicht.

Ableitung der Feuchte außen

Eine wesentliche Maßnahme besteht auch darin, die Feuchte außen an die Atmosphäre abzuleiten. Dazu soll der Sockel im Bereich der Straßenpflasterung eine **offene Verdunstungszone** [13] **aufweisen**. Die folgende Zeichnung zeigt zwei Varianten für die Ausführung. Von besonderer Bedeutung ist der Luftspalt [10] zwischen dem Aufbau [12] und der Außenwand [9], um einerseits die feuchte Luft entweichen zu lassen und andererseits den Weg zum Putz für die Feuchte zu unterbrechen. Die Drainage kann als vorgeformter Stein [12] eingesetzt werden. Wird ein Drainagerohr [15] verwendet, dann kann die Ablauffläche der Drainage [14] auch mit einem wasserfesten Putz vor Ort realisiert werden. Für die Abtropfkante [11] im oberen Bereich können auch fertige Bleche oder Kunststoffleisten eingesetzt werden, wie sie für die Wärmedämmungen bei Fassaden üblich sind. Das optische Ergebnis der Verdunstungszone sollte günstiger sein, gegenüber den häufig zu sehenden, einfachen Schlitzen zwischen der Wand und dem Bodenbereich. Für die Reinhaltung reicht ein einfaches Aussaugen der Schlitze, einmal pro Jahr.

Heizung

Die Wahl der **Wärmequelle** wurde hier behandelt, da ein kostengünstiges System gefragt ist. Die folgende Tabelle orientiert sich an den Normen zum Bestimmen der Heizkosten und der Heizsystemkosten, um eine erste grobe Abschätzung durchführen zu können. Es wurden nur drei Wertungen anstelle von Zahlen verwendet, aber bei ernstem Interesse können anstelle der Worte auch die aktuellen Kosten eingesetzt werden.

Die Auswahl der Heizung hängt vorrangig von folgenden Faktoren ab:

- von den zur Verfügung stehende Brennstoffen,
- von der Nutzung des Gebäudes und dem Komfort,
- von den Kosten für Brennstoffe,
- von den Kosten der Heizsysteme sowie von den
- zusätzlichen Aufwendungen für Kamine und Anschlüsse.

Die Tabelle auf der Folgeseite zeigt Erfahrungswerte, spezielle Angebote können die Wertung beeinflussen. Auf alle Fälle muss die Heizung an die Nutzung angepasst sein. Wegen der Berufstätigkeit kommt nur ein Heizsystem infrage, bei dem der Zeitaufwand für den Betrieb gering ist.

Im Haus ist Gas bereits vorhanden, daher sollte dieser Energieträger auch genutzt werden. Die weiteren Betrachtungen gehen von wenig Zeit für ein Heizsystem aus.

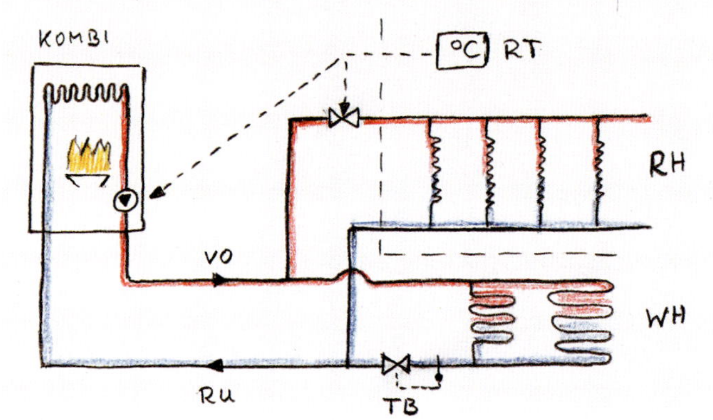

8-33 Kombigastherme zur Versorgung

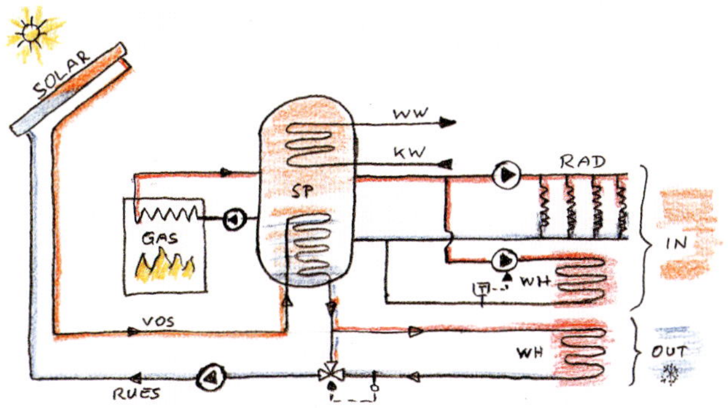

8-34 Solare Unterstützung der Trocknung

Tab 8-5: Bezeichnungen in den Zeichnungen

Kombi	Kombitherme	Combination heater for water and floor
Vo	Vorlauf	Foreflow
Ru	Rücklauf	Returnflow
RT	Raumthermostat	Room Thermostat
ZV	Zonenventil	Zone ventil
RH	Raumheizung	Room heating
WH	Wandheizung	Wall heating
TB	Temperaturbegrenzer	Temperature Limiter
SOLAR	Solarwärme	Solar Heat Collector
Gas	Gasheizer	Gas Heater
SP	Warmwasserspeicher	Hot Water Storage Tank
WW	Warmwasser	Warm Water
KW	Kaltwasser	Cold Water
RAD	Radiatoren	Radiators
VOS	Vorlauf Solarwärme	Foreflow
RUES	Rücklauf Solarwärme	Returnflow
IN	Wohnen Arbeit	Living, Work
OUT	Gang Frost	Cold area aisle

Eine einfache Schaltung ergibt sich mit einer Kombigastherme. Der Vorteil liegt in der geringen Anpassung der Standardschaltung mit der Beheizung der Wand. Regeltechnisch kann die Schaltung so erweitert werden, dass die Aufheizung der Wand täglich mehrfach erfolgt, über das ganze Jahr. Der Nachteil liegt in einem anfangs erhöhten Energieverbrauch, weil das Wasser in den Wänden erst verdunsten muss.

Brennstoff Kosten	Kohle	Holz	Pellets	Gas	Sonne	Öl	Strom	Fernwärme
Zeitaufwand	Hoch	Hoch	Mittel	Gering	Gering	Gering	Gering	Gering
Kosten Brennstoff	Gering	Mittel	Mittel	Mittel	Keine	Mittel	Hoch	Mittel
Kosten Heizsystem	Mittel	Mittel	Hoch	Mittel	Mittel	Hoch	Gering	Mittel
Zusätzliche Kosten: Kamin, Lager	Mittel	Mittel	Hoch	Mittel bis Hoch	Keine	Mittel bis hoch	Stromanschluss	Anschluss

8-6 Auswahlkriterien für Heizungssysteme

Die **solare Unterstützung** erlaubt das Nutzen der Wärme von der Sonne über die Hälfte eines Jahres. Damit halbieren sich die Heizkosten. Die Schaltung entspricht dem Standard für Solarwärme, wobei als zweite Wärmequelle ein Gasheizer verwendet wird. Bei diesem System können auch weitere Wärmequellen wie Festbrennstoffkessel mit eingebunden werden.

Wegen der frostgefährdeten Bereiche OUT, z.B. in der Einfahrt, wird die Wärme vom Sonnenkollektor auch in den Gangbereich geleitet, wobei die Rohre mit Frostschutzmittel gefüllt sind. Damit wird ein Auffrieren vermieden.

Regeltechnisch wird die Wärme für die Räume mit einem Raumthermostat gesteuert, die Wärme für die Wände mit einer Uhr. Wenn im Sommer die Wärme von der Sonne zu einem erheblichen Aufheizen des Speichers führt, kann dieser **Überschuss in die Wände** geleitet werden. Die Praxis hat gezeigt, dass selbst erhebliche Wärmemengen von den Wänden aufgenommen werden können.

Eine Unterstützung der Trocknung durch die Sonne spart erheblich an Heizkosten. Im Sommer ist die Wärme gratis und die Feuchte geht hinaus.

Lüftung

Durch die Beheizung der feuchten Wände kommen erhebliche Wassermengen in die Luft. Es ist anzuraten, die Luftfeuchte mit einem handelsüblichen Hygrometer (20…50 Euro) zu kontrollieren und bei steigender Feuchte zu lüften. Nach einigen Monaten der Beheizung soll sich mit deutlich geringerer Wand- und Luftfeuchte ein Gleichgewicht einstellen.

Feuchteschaden bei einer Stützmauer

Bei einer Stützmauer, die gleichzeitig die Grenze zwischen zwei Grundstücken darstellt, wurde eine zunehmende Durchfeuchtung festgestellt. Ältere Bilder zeigen eine noch helle Wand, mit punktueller Feuchtebelastung. Zum Zeitpunkt der Untersuchung war die Wand bereits gleichmäßig feucht.

8-35 Schadensbilder der Wand beim offenen Abstellbereich: Südseite der Wand vollständig durchfeuchtet, Feuchte auch in der Trennwand zum Lagerraum, Boden auf ca. 1,5 m ab der Wand feucht. Quelle: Schmiderer

8-36 Schadensbilder der Wand beim offenen Abstellbereich:

Aufbau der Wand mit Natursteinen und Kalkmörtel, älter als 100 Jahre. Dahinter der Mutterboden mit eingelagerten Steinen, ebenfalls feucht. (links)

8-37 Weitere Schadensbilder im angrenzenden Lagerraum (rechts)

Aufgrund der Durchfeuchtung wurde eine Beschädigung der südseitigen Wände des angrenzenden Lagerraumes vermutet. Die Bilder zeigen eine Durchfeuchtung der südseitigen Wand ab dem oberen Bereich sowie der **Kappendecke** im Auflagerbereich.

Das Bild zeigt die Durchfeuchtung der Wand auf der gesamten Fläche, aber auch ein Eindringen der Feuchte in die Kappendecke mit mehr als 1 m von der Wand weg. Die Eisenträger weisen im feuchten Bereich bereits Rostspuren auf. Ca. 1 m von der Wand weg zeigt die Kappendecke bereits weiße Ausblühungen von Salzen. Die schwarze Fläche in der rechten oberen Ecke kann durch Schimmel verursacht sein.

Die Feuchte zieht sich auch in die rechte Abschlusswand, in einem Winkel von 60 Grad nach unten. Die Feuchteschäden sind mit Salzausscheidungen und flächigen Ablösungen der Farbe im oberen Bereich der Wand ausgeprägter als unten.

Bestimmen des Feuchtegehalts

Das Material ist sehr inhomogen, mit Natursteinen und grobkörnigem Sand durchsetzt. Eine analytische Messung der Feuchte mit der Darr-Methode liefert, wegen der Begleitmaterialien, kein vergleichbares Bild wie beim Ziegel, da der Stein weniger bis kein Wasser aufnimmt und damit den Wassergehalt der Probe massiv nach unten drückt. Damit entstehen keine Vergleichswerte wie bei Ziegel oder Beton.

Aufgrund dieser Einschränkungen wurde die Handmethode gewählt: Ein Teil des Materials wird in der Hand gepresst und das Ergebnis ausgewertet. Dabei zeigen sich die Bindigkeit, der Porengehalt und die Feuchte. Im vorliegenden Fall hält das Material zusammen; es fühlt sich feucht an, aber befeuchtet noch nicht die Haut. Die Poren waren gut zu erkennen. Der Wassergehalt kann, unter Berücksichtigung des Steinanteils, mit 10 Gewichtsprozent im Vergleich zu Ziegeln, angenommen werden.

Methodik der Schadensanalyse und Zielsetzung

Für die Analyse des Feuchteschadens sind zwei Methoden möglich:

- **Bauphysikalische Methode:** Bei dieser in der Technik weit verbreiteten Methode werden Bodenproben gezogen, der Feuchtegehalt bestimmt und die Zahlenwerte als Ergebnis ausgegeben. Es handelt sich bei der Untersuchung um eine momentane Bestandsaufnahme zu einem Zeitpunkt, dessen Zahlenwerte schon einen Tag später nicht mehr stimmen. Für eine aussagekräftige Analyse müssten die Messungen in regelmäßigen Abständen über mindestens ein Jahr durchgeführt werden, wobei die Einflussgrößen möglichst nicht verändert werden sollen. Die Kosten sind sehr hoch, viele Proben müssen im Labor getrocknet und analysiert werden, um über die Dauer der Messungen ein Feuchteprofil zu bekommen.

- **Naturräumliche Methode:** Bei dieser Methode werden die Messgeräte durch die Analyse des natürlichen Bewuchses, der Pflanzendecke, ersetzt. Damit die Pflanzen wachsen können, ist ein Minimum an Niederschlägen erforderlich. Die Methode hat den Vorteil, dass sie ohne teurere Messgeräte auskommt, die Pflanzen selbst zeigen an, wie der Wasserhaushalt über einen längeren Zeitraum ausgesehen hat.

Im Sinne einer kostengünstigen Analyse wird das zweite Verfahren verwendet, das mit Hilfe von Klimadaten, die öffentlich verfügbar sind, sehr genaue Aussagen zulässt.

Wesentliche Klimadaten für den Ort

- Niederschläge 2012: 454 mm Jahressumme, Normjahr 500 mm/Jahr
- Temperaturen 2012: 10,4 °C im Jahresmittel
- Temperatur Monatsmittel:

Tab 8-7

Jan	Feb	Mrz	Apr	Mai	Jun	Jul	Aug	Sep	Okt	Nov	Dez
2,0	–3,3	7,4	10,2	16,6	19,9	21,0	21,0	15,5	9,0	5,6	–0,5

Quelle: Hydrographisches Jahrbuch von Österreich 2012, herausgegeben vom Bundesministerium für Land- und Forstwirtschaft, 2014; Messstelle Nr. 664, 204 m über dem Meer, Daten seit 1895

Die Klimadaten weisen auf ein **arides, kontinentales Klima** hin, mit hohen Temperaturen im Sommer, aber mäßig kalten Wintern. Eine Schneedecke mit geringer Höhe besteht im Mittel nur für wenige Tage im Jahr.

Die naturräumliche Methode liefert einen Einblick in längere Zeitreihen, wenn man die Flora und Fauna interpretieren kann. Hier hat der Nadelansatz einen deutlichen Hinweis zur Wasserversorgung gegeben.

Die Niederschläge liegen mit 454 mm/Jahr (Regeljahr 500 mm) im untersten Bereich von Niederösterreich, während in den Voralpen Niederschlagswerte bis zu 2000 mm gemessen werden. Auf die Monate umgelegt kann mit 38 mm (Regeljahr 42 mm) gerechnet werden, wobei Starkniederschläge ein häufiges Ereignis darstellen. Damit werden wesentliche Wassermengen abgeleitet, entweder in den Untergrund, zum Grundwasser oder in die Kanalisation. Im Regelfall bringt ein Niederschlagsereignis nicht mehr als 10…20 mm, wobei ein nicht geringer Anteil auch nach oben verdunstet. Wiederholte Bodenprofile nach Niederschlägen haben in der Nähe (590 m Jahresniederschlag) nur eine Eindringtiefe um 50 mm gezeigt. Von besonderer Bedeutung war die Tageszeit des Niederschlages: Nur die Niederschläge vor und in der Nacht konnten den Boden tiefer und nachhaltig durchfeuchten.

Bewuchs in ungestörten Lagen um den Ort

Wesentlich für die verwendete Methode ist aufgrund des Wasserhaushalts die Bewertung von ungestörten Lagen zum Feststellen des ursprünglichen Bewuchses. Ungestörte Lagen sind z. B. trotz der intensiven Nutzung der Region für den Weinbau in den Rainen und Hängen entlang der Grundstücksgrenzen oder auch im extensiv genutzten Wald zu finden. Ein wesentliches Merkmal sind die Trockenrasen auf den Rainen bzw. am Manhartsberg, im Bereich der Zöbinger Warte. Diese Rasenflächen sind im Sommer in der Regel braun, es ist kein Grün zu sehen.

Aus den genannten Niederschlagsmessungen (Hydrographisches Jahrbuch 2012) und dem natürlichen Vorkommen von Bäumen kann der Wasserbedarf für einen natürlichen Bewuchs abgeschätzt werden:

Tab 8-8 Niederschlag

Baumart	Niederschlagsmenge
Kiefer, Robinie, Eichen	450–550 mm (eigene Beobachtungen)
Buche	über 500 mm
Tanne, Fichte	ab 600 mm

Quelle: http://bfw.ac.at/050/pdf/englisch_bfw_praxistag06.pdf

8-38 Tanne mit büschelartigem Nadelbesatz, der ein Zeichen von Trockenheit ist

Das Bild zeigt im eingerahmten Bereich die büschelartige Wuchsform der Zweige und Nadeln des Nadelbaumes auf dem Nachbargrund. Eine längere Strecke von rund einem halben Meter weist kaum Nadeln auf, während die Enden der Zweige dicht bewachsen sind. Ab diesem Zeitpunkt muss der Wasserhaushalt deutlich verbessert worden sein, z. B. durch eine Bewässerung. Die Zweige mit gutem Nadelansatz sind ebenfalls rund einen halben Meter lang, was für 3–5 Jahre Wasserzufuhr spricht. Zu dem Bild ist anzumerken, dass der Nadelbaum ein erhebliches Standortproblem hat: zu trocken

8-39 Vergleich mit einem Nadelbaum mit gleichmäßigem Wasserangebot. Die Nadeln sind bis zum Stamm dicht gewachsen.

und zu warm, weshalb die Nadeln früher bald abgefallen sind.

Rund um den Ort sind, entsprechend den Niederschlägen, die Trockenzeiger mit der Robinie vertreten. Die Kiefer wächst erst in Gebieten mit ca. 500 mm Niederschlag. Tanne und Fichte finden sich in wesentlich höheren Lagen mit mehr als 550 mm Niederschlag. Eine gesunde Tanne mit ca. 10 m Höhe und dichtem Nadelbestand benötigt im Hochsommer ca. 2000 Liter Wasser am Tag, wobei diese Zahl stark schwanken kann. Ein Baum kann einige Zeit mit auch nur einem Bruchteil der Wassermenge auskommen, was sich dann in den Jahresringen niederschlägt.

Eine Tanne oder Fichte werden, bei den vorhandenen Klimabedingungen, mit einer Wassermenge von 450 mm Niederschlag pro Jahr nicht auskommen. 600 mm gelten für Bäume im dichten Verband als untere Grenze, wobei nur die Krone einen stärkeren Nadelansatz aufweist. Im vorliegenden Fall sind die Bäume bis unten dicht mit Nadeln besetzt, wobei die Dichte für mehrere Jahre Nadelansatz spricht. Der Wasserbedarf liegt daher um ein Vielfaches höher als bei Nadelbäumen im Verband eines Waldes, es kann von einer 2- bis 4-fachen Menge an Nadeln ausgegangen werden. Damit der Baum diese Nadelmenge erhalten kann, benötigt er ebenso die 2- bis 4-fache Menge an Wasser, somit 1200 bis 2400 mm Niederschlag. Dieser Wert stimmt auch mit den Fichten und Tannenwäldern in den Voralpen überein, mit nachgewiesenen Niederschlagsmengen um 2000 mm und mehr.

Damit belegen die Nadelbäume allerdings, dass erhebliche Wassermengen über mehrere Jahre dem Boden zugeführt worden sind.

Die Nadeln der Tanne können bis zu zehn Jahre alt werden. Bei ausreichender Wasserversorgung liefern sie gleichmäßig ausgewachsene Zweige.

Bewertung

Aufgrund der bisherigen Schadensaufnahme scheint eine Bewässerung eher unkontrolliert erfolgt zu sein, ohne Messung des tatsächlichen Bedarfs. Von besonderem Nachteil sind hier automatisierte Bewässerungssysteme, sie schalten auch bei Regentagen das Wasser ein.

Werden in einem Garten Pflanzen gesetzt, die einen höheren Wasserbedarf haben, dann kann nur eine Bewässerung deren Existenz sicherstellen. Bei krautigen Pflanzen wie Gemüse, vielen Sommerblumen, Sträuchern, Himbeeren oder Obstbäumen etc. sind Wasserspenden von 1000 bis 2000 mm erforderlich, sonst leidet die Blüte oder die Früchte vertrocknen. Eine Ausnahme bildet der Wein, der eigentlich deutlich mehr als die 450 mm Niederschlag pro Jahr benötigt. Als Tiefwurzler kann der Wein auch weiter untenliegende Wasserreserven nutzen. Um trotzdem qualitativ hochwertige Weine zu erhalten, gibt es einen Grünschnitt im Sommer, um die Blattmasse an das zu geringe Wasserangebot anzupassen sowie den Ausbruch von überzähligem Fruchtansatz.

Auswirkungen der Niederschläge auf das Mauerwerk

Die Niederschlagswerte sind beim vorliegenden Problem mit einer Steinmauer von besonderer Bedeutung: Die monatlichen Niederschlagswerte von 38 mm bedeuten 1,27 mm Wasser je m^2 Oberfläche und Tag. Diese Menge kann leicht durch Verdunstung in die Luft übergehen, wobei die erdanliegende Wand an der Oberfläche einen trockenen Eindruck macht. Tatsächlich besteht ein absoluter Wassergehalt im Mauerwerk und im Erdreich um 6…8 Gewichtsprozent Wasser, erkennbar an der helleren Färbung. Werden die 10…12 Gewichtsprozent überschritten, dann färbt sich das Material dunkler, obwohl noch lange keine Sättigung erreicht ist. Diese kann bei Lehm und Löss bis zu 40 Gewichtsprozent gehen. Dann ist das Material allerdings eine streichbare Masse.

Die tägliche Wassermenge von ca. 1 mm je m^2 kann in einem offenen, gut belüfteten Raum leicht abtrocknen; die Oberfläche wird, wie bei den zahlreichen Weinkellern im Raum Langenlois, einen trockenen Eindruck hinterlassen.

Speicherfähigkeit des Bodens für Wasser

Zur korrekten Einschätzung der Schadensbilder soll die Wassermenge im Niveau der Wand abgeschätzt werden. Die einfache Druckprobe des feuchten Bodenmaterials hat gezeigt, dass das Material bereits bindig ist, sich mit der Hand formen lässt und nicht von selbst auseinander fällt. Die Haut wurde dabei nicht benetzt, womit ein Wassergehalt von ca. 10…12 Gew.% wahrscheinlich ist. Bei benetzter Haut kann von einem Wassergehalt von 15 % ausgegangen werden, über 20 % würde die Materialprobe bereits zerfließen.

Laboranalytische Messungen bringen keine besseren Werte, weil der Anteil an Strukturmaterial (Sandkörner, die kein Wasser aufnehmen, Reste vom verwitterten Gestein) im Bereich der Wand ziemlich hoch und vor allem inhomogen ist. Würde nur das lösbare Material analysiert, dann kommen die bekannten Werte mit einer oberen Grenze von 40 Gew% Wasser.

Zur schnellen Bestimmung der Bodenfeuchte wurde die Handgriffmethode verwendet. Eine Trocknung nach der Darrmethode ist nur bedingt aussagekräftig, da in der Probe sowohl Lehm, als auch Sand und feiner Kies enthalten waren.

Interessanter ist der Wassergehalt in z. B. 2…5 m Tiefe, der allerdings nur mit erheblichem Aufwand messbar ist. Nachdem die Wand noch standfest ist, die Bäume aber, wie gezeigt, sehr gut wachsen, kann für das gesehene Material ein Wassergehalt von 15 % vermutet werden. Umgelegt auf 1 m^3 Boden sind das 150 Liter Wasser je Kubikmeter Boden. Bezogen auf eine Gartenfläche von 500 m^2 und 3 m Tiefe (Höhe der Wand) muss mit mehr als 200 m^3 Wasser im Boden gerechnet werden. Ein erheblicher Anteil dieser Wassermenge wird langsam in das Grundwasser driften, ein Teil von den Wurzeln der Bäume verbraucht und ein – nicht zu unterschätzender – Teil über die durchnässte Wand abdunsten. Die zu verdunstende Menge wird im nächsten Schritt abgeschätzt.

Ausbreitung des Wassers im Boden und Trocknung

Die Handprobe hat ein Bodenmaterial mit einem hohen Sandanteil (Strukturmaterial) gezeigt. Die Druckprobe war offenporig, was heißt, dass der Lehmanteil kleiner als das Porenvolumen durch den Sand war. Damit bestehen durchgehende Kapillaren mit großem Durchmesser, womit das Wasser leicht nach unten durchlaufen kann.

Wird eine Wasserprobe punktuell auf dieses Bodenmaterial aufgebracht, dann kann ein Ausbreitungskegel erwartet werden. Dieser Kegel ist jetzt, wegen der völligen Durchnässung, nicht mehr zu erkennen.

Bei einer Wandhöhe von 3 m muss von einer zu entfeuchtenden Tiefe von mindestens 2 m ausgegangen werden. Für jeden Laufmeter der Wand ergibt diese Annahme 6 m^3 Wand- und Bodenmaterial, mit einer Wassermenge von 900 Litern. Unter natürlichen Bedingungen, mit 1 mm Wasserabgabe pro Tag, muss mit einer Trocknungszeit von mehreren Jahren gerechnet werden, wenn kein Wasser mehr zugeführt wird. Jeder Niederschlag und jede Bewässerung verlängern die Zeit für eine Trocknung.

Wesentlich kritischer ist die Situation bei der Wand im Lagerraum und der Kappendecke: Die Durchfeuchtung greift bereits die Stahlträger an, sie rosten in diesem Bereich mehr als vorher. Hier besteht langfristig, das heißt, über eine Periode von zehn Jahren, erheblicher Handlungsbedarf, wenn die Kappendecke erhalten werden soll.

8-40 Grenzwand

Ein dritter Schadensbereich besteht bei der gemauerten Grenzwand zwischen den Grundstücken: Die aufsteigende Feuchte beschädigt bereits die Ziegel, eine Sanierung wäre ebenfalls bald anzuraten.

Die vorhandene Abdichtung des Regenablaufs verhindert das Eindringen von Oberflächenwasser, unterstützt aber nicht die notwendige Trocknung der Wände.

Abhilfen

Um die Situation zu verbessern, soll die Wassermenge auf den Boden zumindest auf dem Niveau des natürlichen Niederschlags begrenzt werden. Besser wäre allerdings eine dauerhafte Verringerung, was durch eine Ableitung auch großer Mengen an Regenwasser bewerkstelligt werden könnte.

Regeltechnik

Die Wassermenge wird durch eine Feuchtemessung im Boden geregelt. Während bisher nur nach der Zeit bewässert wird, erfolgt bei einer Regelung das Konstanthalten des Feuchtespiegels durch eine Regelung.

Zu empfehlen ist eine Aufteilung der Bewässerung in mehrere Zonen, um exakt auf den Wasserbedarf eingehen zu können.

Gestaltung des Gartens

Durch den Einsatz von **Pflanzwannen** – mit einem Ablauf des Überschusswassers in den Kanal – kann das Eindringen von Überschusswasser in den Boden grundsätzlich verhindert werden. Die Pflanzwannen gestatten neben der interessanten Gestaltung auch eine leichte Pflege, weil sie höher sind als der Boden. Durch einen Bodenaufbau können auch anspruchsvollere Pflanzen gezogen werden, auch Nutzpflanzen sind möglich und leicht zu ernten.

Der Baumbestand sollte ebenfalls in die Überlegungen eingezogen werden. Nadelbäume sind nicht standortgerecht und werden, wenn die Wasserspende verringert wird, wieder mit einem Abwerfen der Nadeln und einem weniger prächtigen Aussehen reagieren. Denkbar wäre anstelle der Nadelbäume z. B. eine Laube mit trockenresistenter Bepflanzung wie Wein oder tiefwurzelnde Rankpflanzen. Wasser wäre noch genug im Boden vorhanden.

Bauliche Maßnahmen

Die bisherige Untersuchung hat eine größere Wassermenge im Boden gezeigt. Die Wassermengen in den Wänden müssen auf alle Fälle abtrocknen, falls die Wände nicht ausgetauscht werden sollen. Im nächsten Schritt werden verschiedene Maßnahmen diskutiert, um die Feuchtigkeit aus den Bauteilen zu bekommen.

Injektagen mit Dichtschichten

Ein Abdichten der Wand mit Injektagen ist nicht durchführbar, da das Natursteinmauerwerk sowohl eine leichte Verbindung zum Mutterboden aufweist als auch nicht ausreichend dicht ist. Wird Material unter Druck in den Grenzbereich zwischen der Wand und dem Boden eingepresst, dann wird es bei der nächsten Fuge wieder herausfließen. Es gibt keinen Spalt für eine nachträgliche Dichtschicht.

Infiltration und Hydrophobisierung

Eine Infiltration und Hydrophobisierung kann das Wasser nur langsam verdrängen, was mehrere Jahre in Anspruch nehmen kann. Das Material ist nicht unbedingt preiswert, die Bohrlöcher müssen jahrelang nachgefüllt werden.

Wärme zum Trocknen

Abstell- und Lagerräume: Wärme würde das Trocknen sehr beschleunigen, da das Wasser bei Wärmezufuhr wesentlich leichter verdunstet. Für den Einsatz kommt nur natürlich vorhandene Wärme infrage, hier z. B. die **Wärme der Sonne**.

Der Baukörper kann selbst als Wärmespeicher verwendet werden, somit kann an eine sehr einfache Anlage mit einem Primärkreislauf gedacht werden: Die Wärme der Kollektoren wird direkt, mit einem Heizrohr, in die Wand geleitet. Neben den Rohren und dem Kollektor sind nur mehr eine Umwälzpumpe und ein Druckausgleichgefäß notwendig. Die Anlage ist mit Wasser und einem Frostschutzmittel gefüllt, um im Winter keine Schäden zu erleiden. Wegen der erheblichen Wassermenge sollte – mit ca. 50 cm Abstand – eine **dichtere Verlegung der Temperierung** vorgesehen werden.

Ein Anpassen der Gestaltung und Nutzung des Gartens an die klimatischen Vorgaben kann die Situation wieder entspannen.

Für die Kollektoren kann eine der Dachflächen, möglichst in der Nähe der Wände, genutzt werden. Die südseitige Dachfläche des Abstell- und Lagerraumes wäre von Vorteil, falls Veränderungen mit dem Baumbestand erfolgen. Alternativ bieten sich die ost- und westseitigen Dachflächen bei der Durchfahrt an. Es sollten 15…20 m^2 an Kollektorfläche vorgesehen werden.

Auf alle Fälle sind Maßnahmen beim Kappengewölbe im Lagerraum vorzusehen, weil hier die Gefahr einer weiteren Beschädigung der Träger besteht. Die Rostspuren weisen bereits auf einen Abbau der Träger hin, der tatsächliche Zustand im Auflagerbereich ist nicht bekannt. Die Auflager sollten überprüft werden.

Falls Wärme zur Trocknung der Wände installiert wird, kann die geteerte Ablaufrinne zwischen dem Dach und der Gartenmauer erhalten bleiben. Die Wärme sorgt für ein nachhaltiges Austreiben des Wassers, und zwar auch unterhalb der Teerlage.

Gartenmauer: Die Gartenmauer zwischen den Grundstücken sollte ebenfalls bald saniert werden, weil im Sockelbereich erhebliche Schäden durch aufsteigende Bodenfeuchte vorhanden sind. Neben dem Putz zerfallen durch Frost- und Salzsprengung auch die Mauerziegel. Auch hier kann, entgegen den üblichen Sanierungen mit diversen Putzen, das Einbringen von Wärme sehr hilfreich sein.

Sanierung eines Wohnhauses mit feuchtem Keller

Baujahr 1936, Keller feucht.

Zustand

Bei dem Projekt wurden wieder zwei Richtungen angestrebt: Entfernen der Bodengase und Trocknen mit der Wärme von der Sonne.

- Baustelle wegen Sanierung, Keller offen, Mutterboden schieferartig, feucht bis nass.
- Kellerwände aus Beton, feucht, alte Sperren an der Außenseite außer Funktion, nur die Betonwand regelt die Feuchtemenge, die in den Keller hineinkommt. Betonsteine sind denkbar als Mauerwerk – wegen Hohlräumen an einzelnen, aufgestemmten Stellen.
- Drei Kaminschläuche im Keller.
- Alte Feuchtesperre zwischen dem Kellermauerwerk und der Kellerdecke scheint noch zu funktionieren.

Erdgeschoß: Keine Feuchteprobleme sichtbar.

Dachgeschoß: Probleme mit dem Kamin, Versottungen (innere Durchnässung) durch Rauchgase, eventuell Austausch von Ziegeln bzw. Einbau einer Sperrschicht, um die Flecken abzudecken. Bei Versottungen wird üblicherweise das Mauerwerk behandelt oder ausgetauscht oder der Kamin mit Innenrohren oder Ausschleifen saniert; einzelne Flecken können auch lokal behandelt werden. Falls die Kamine nur mehr zur Entlüftung verwendet werden, sollte das Mauerwerk auch trockener werden. Der Zutritt von Regenwasser in die Kamine sollte durch ein Schutzblech verhindert werden.

Verbesserungen im Kellerbereich

Aufgabe der **Drainageleitung** ist, die **Bodengase** inklusive der **Feuchte** nach außen abzuleiten, bevor sie durch den Dampfdruck des Wassers in das Mauerwerk und damit in die Innenräume gelangen.

Die Leitung wird in die Rollierung verlegt, wobei ein Gefälle nach außen von Vorteil ist, falls sich Wasser in flüssiger Form sammeln sollte. Die Rollierung (Schotter, Glasschaum etc.) soll ziemlich grob sein, damit die Bodengase leicht bis zur Drainage finden können. Bei schieferartigen Böden sind einzelne Wasseradern denkbar, die auch im Keller für unerwartete Feuchteflecken sorgen können.

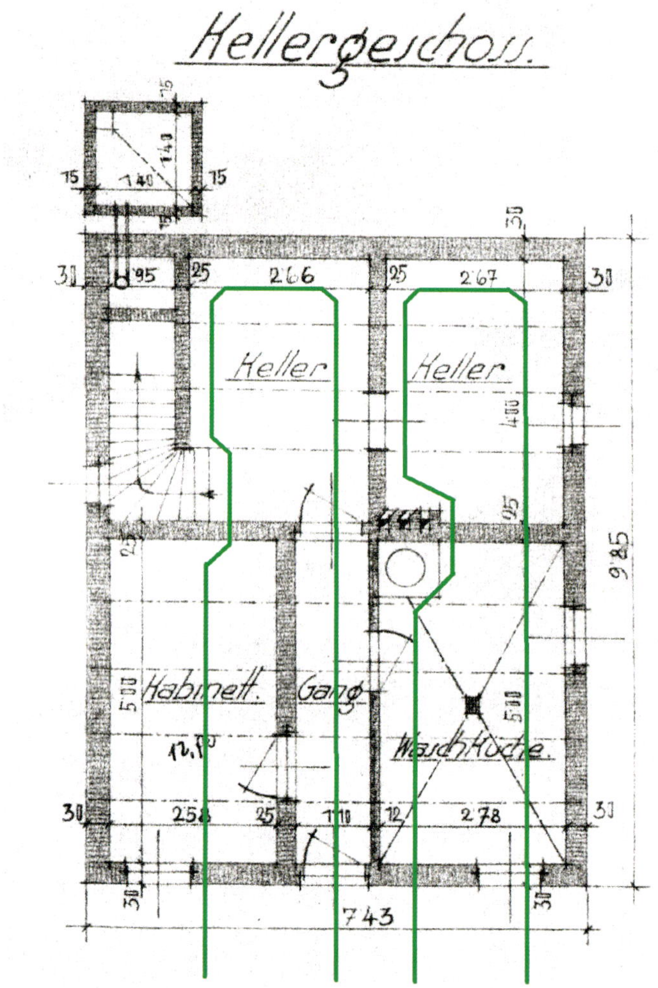

8-41 Grundriss Kellergeschoss: In Grün sind die Leitungen zum Entlüften des Kellerbodens unterhalb der Rohdecke eingezeichnet. Die Entlüftungsleitung ist ein gewöhnliches Drainagerohr für die Landwirtschaft, mit 70...100 mm Durchmesser.

Die Enden der Rohrleitungen führen unter der Terrasse nach außen. Wenn möglich, sollen die Enden an unterschiedlichen Ecken angeordnet werden, damit natürliche Luftströmungen für eine ständige Spülung sorgen. Wegen der Insekten, Laub und sonstiger Getiere sollen die Enden mit einem engmaschigen Gitter abgedeckt sein.

Der neue Rohboden im Keller wird, wie üblich, auf einer Folie betoniert. Günstig ist eine Bewehrung, da sich die Rol-

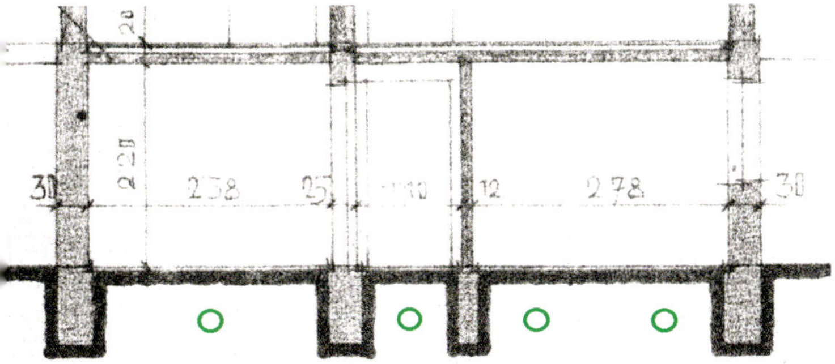

8-42 Querschnitt Kellergeschoss: Die Drainagerohre liegen unter dem Kellerboden in der Rollierung.

lierung noch etwas setzen kann und sonst leicht Sprünge entstehen. Nachdem der Rohboden wahrscheinlich gleichzeitig den **Estrich** darstellt, empfiehlt sich, wie bei einer Fußbodenheizung, der **Einbau eines Wärmerohres** zumindest im Bereich der Mauerkehlen.

Beheizung des Kellerbodens

Die dünneren Leitungen stellen Rohre dar, die jetzt im Beton verlegt werden sollen. Die maximale Länge einer Schleife soll 30…50 m nicht überschreiten.

Bezüglich der **Fließrichtung** sollen die besonders feuchten Teile (Kellerrückseite) mit der höheren Temperatur versorgt werden.

Die dickere orange Linie zeigt einen Kanal für Rohre von Solarkollektoren, die vor dem Haus aufgestellt werden können. Ebenso ergibt es Sinn, z. B. eine Bohrung zur hinteren Terrasse vorzusehen, falls die Kollektoren hinter dem Gebäude aufgestellt werden sollen.

Der **Speicher** für die **Solarwärme** und das **Heizregister** sind im linken Keller vorgesehen, dort enden auch alle Leitungen. Selbstverständlich können die Installationen auch in einem anderen Raum vorgesehen werden, doch würde ein **Speicher** im linken Keller auch den Gang und den Stiegenraum mit erwärmen.

Kellerwand

Der folgende Plan zeigt zum Erwärmen der Kellerwände einen Vorschlag für zwei Heizkreise. Die Schleifen sollen, wie bei der Temperierung der Bodenplatte, zwischen 30 …50 m lang sein. Eine Temperaturbegrenzung im Rücklauf ist denkbar, damit die Wärme gleichmäßiger verteilt wird.

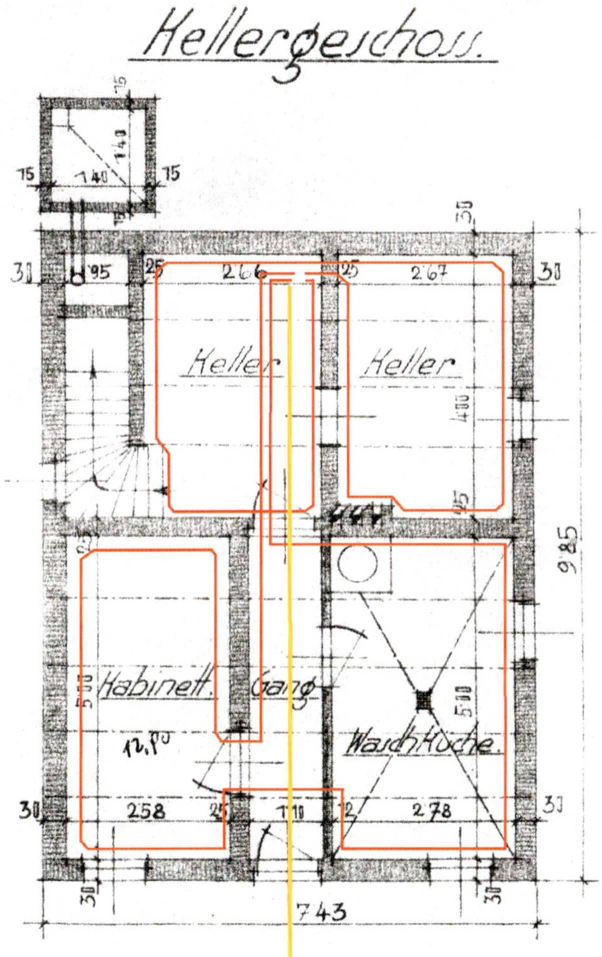

8-43 Voraussetzung: Für einen späteren Ausbau ist eine thermische Trockenlegung mit vorwiegend solarer Wärme vorgesehen.

Die thermische Trockenlegung oder Aktivierung wird hier vorbereitet, weil die Wände von der Sanierung offen sind.

Die Leitungen sollen ausreichend tief in der Wand verlegt werden, und zwar zwischen 20 und 50 mm. Bei einer Betonwand kann alternativ ein dickerer Putz aufgetragen werden. Als Putz zum Verlegen der Rohrleitungen soll ein offenporiges Produkt verwendet werden, damit die Feuchte beim Erwärmen leicht austreten kann. Die hier skizzierte Leitung soll unten, im Bereich der Kehle, zwischen der Wand und dem Kellerboden verlegt werden.

Die hier eingetragene Wärme soll die Feuchtesperre zur Decke in ihrer Funktion unterstützen.

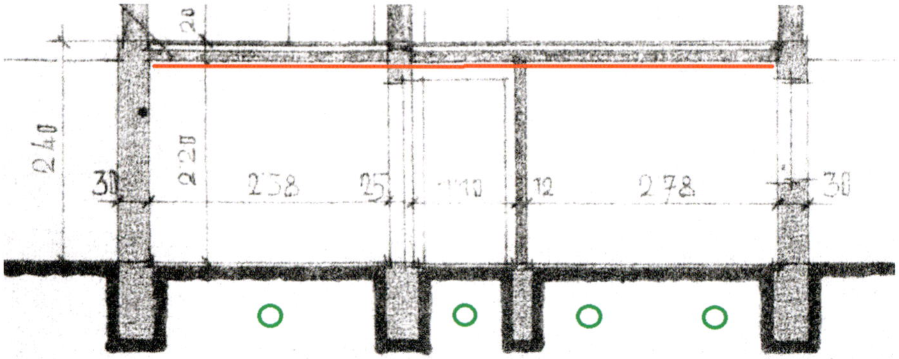

8-44
Kellerdecke, Beheizung der Mauerkehle (oben)

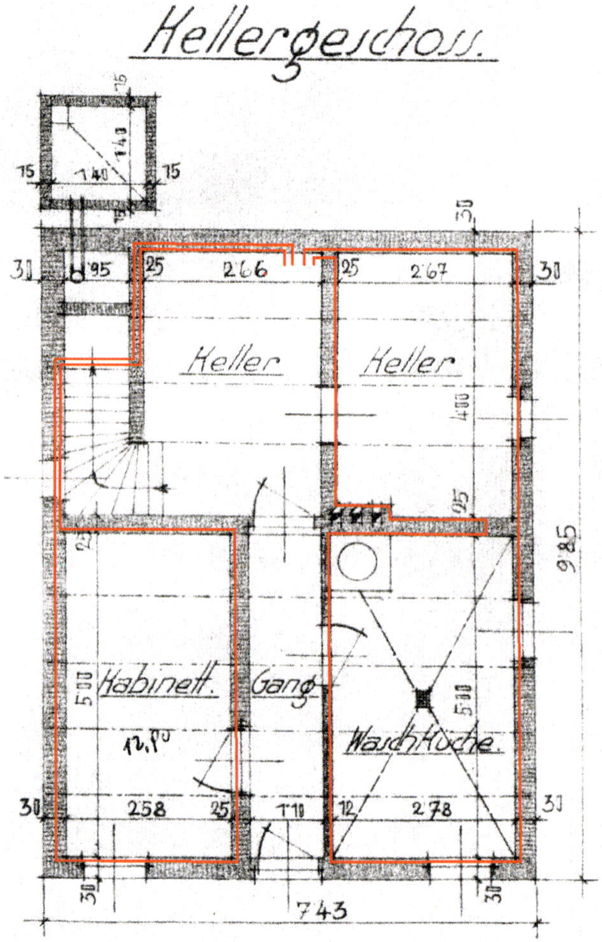

8-45
Temperierung der Kellerwand: Falls erforderlich, kann im oberen Bereich der Rückwand des Kellers eine Wärmeleitung verlegt werden, wie die rote Linie im Bild zeigt. (rechts)

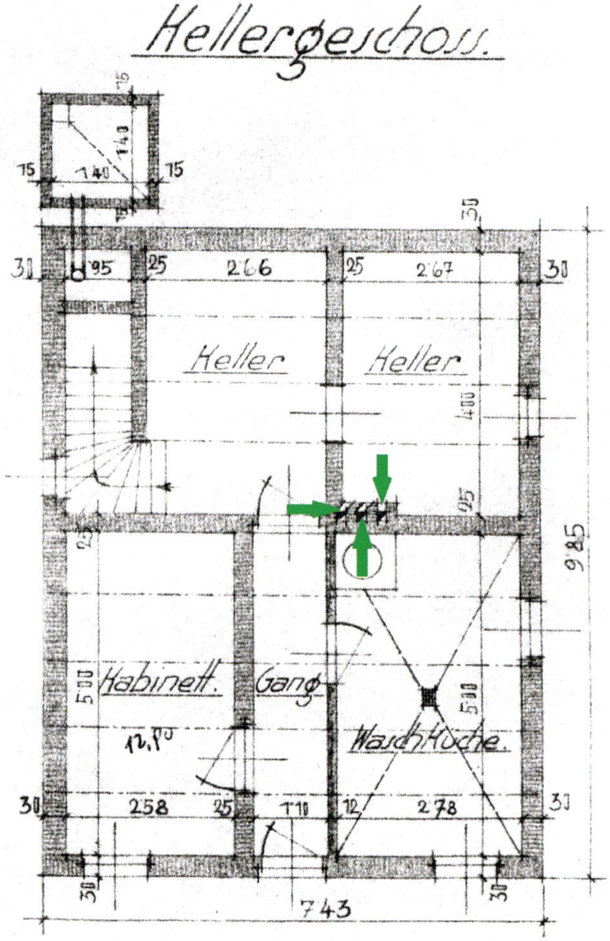

8-46 Die vorhandenen Kaminschläuche gehen bis zum Fußboden des Kellers. Sie werden aufgrund der neuen Beheizung mit Strom (Infrarot-Wärmeplatten) nicht mehr für einen Kessel oder für Öfen benötigt. Damit stehen sie für das Entfernen der Luft im Keller, mit Naturzug, zur Verfügung. Die grünen Pfeile in der Abbildung markieren die Entlüftung der Kellerräume.

Entlüftung der Kellerräume

Die Öffnungen zum Absaugen der Luft im Keller sollen möglichst weit unten liegen, weil sich die Luft beim Verdunsten des Wassers abkühlt und damit etwas schwerer wird. Gerade diese feuchte Luft soll umgehend entfernt werden. Die rückseitigen Räume sind besonders mit Feuchte belastet, weil die Betonwand direkt am Boden anliegt. Deshalb ist eine **sepa-**

rate Luftabfuhr für jeden Raum anzuraten. Eine Entlüftung der ehemaligen Waschküche bietet sich an, sollte daher auch genutzt werden. Die Öffnungen für die Kamine sollen mit den üblichen Gittern abgedeckt werden, damit keine tierischen Besucher herein können.

Nutzung der Kellerräume

Bei der Sanierung des Gebäudes werden alle Voraussetzungen für eine thermische Sanierung mit dem Einbau aller Leitungen geschaffen. Die späteren Nutzer des Gebäudes entscheiden über die Aufwendungen für eine Beheizung der Wände und des Fußbodens im Keller. Vorgesehen ist eine Solarthermie, sprich die Nutzung der Wärme von der Sonne. Es handelt sich dabei um eine Lösung mit den geringsten betrieblichen Aufwendungen, weil nur der Strom für die Umwälzpumpen anfällt. Gleichzeitig kann die Wärme von der Sonne zumindest für die Erwärmung des Brauchwassers herangezogen werden.

Eine **solare Unterstützung von Wandheizungen** ist in jedem Fall anzustreben, weil das Verdunsten des Wassers eine Mindestenergiemenge von 2700 kJ/kg Wasser benötigt. Das Erwärmen der Wände bewirkt ein schnelleres Verdunsten des Wassers. Gleichzeitig wird die Feuchtigkeit von den Rohren weggetrieben. In Summe kommt es zu einer deutlichen Verbesserung der Situation, wenn gleichzeitig die feuchte Luft entfernt wird.

Das Erwärmen von Bauteilen, sprich das „Aktivieren", ersetzt nicht eine bautechnische Sanierung, kann aber in vielen Fällen ausreichen, um Räume dauerhaft nutzbar zu machen. Die Maßnahme ist wesentlich günstiger als ein nachträgliches Aufgraben aller Fundamente, Durchschneiden und Abdichten gegen Feuchte von außen.

Generell sollen **Einrichtungsgegenstände**, Möbel, Regale etc. nur mit einem **Abstand** von 50...100 mm von der Wand aufgestellt werden, damit die noch eindringende Feuchte leicht wieder an die Luft abgegeben werden kann. Diese Regel gilt übrigens für alle Außenwände, auch in Hochbauten, weil z. B. ein Kasten, der dicht an einer Wand steht, dahinter eine kühlere Fläche hinterlässt. Dort bilden sich nicht selten, selbst unter besten Bedingungen, die bekannten Flecken.

Bei dem Gebäude ist eine solare Erwärmung der Wände vorgesehen. Die Kellerräume gehen daher in ihrer Temperatur mit den Einstrahlungsbedingungen der Sonne mit. Wenn die Solaranlage noch nicht eingebaut ist, dann wird der Keller im Winter die Bodentemperatur von ca. 4...8 °C annehmen.

Das Projekt nutzt die Möglichkeiten bei einem Umbau, mit offenen Wänden. Über eine Blindverrohrung im Fußboden können die notwendigen Leitungen von einem Sonnenkollektor zu einem Pufferspeicher gezogen werden. Alle Wärmerohre laufen zu einer zentralen Stelle, wo später auch der Speicher stehen kann.

Anhang

Das Geheimnis der Streifen bei Wärmedämmungen

Bei den früheren Wärmedämmungen, vor allem mit dem weitgehend diffusionsdichten Polystyrol, fallen immer wieder Streifen und runde Flecken in der Fassade auf. Das Geschehen dahinter ist etwas komplexer als ursprünglich gedacht.

Nach gängiger Lehre sind zwei Faktoren ausschlaggebend: Bei den Nägeln zum Befestigen der Platten wurde die höhere Wärmeleitfähigkeit des Kunststoffes angegeben, weil hier Wärme nach außen verloren geht und das bildet sich an der Oberfläche als dunkler Fleck ab.

Dieselbe Lehre wurde auch bei den Fugen zwischen den Platten verbreitet: Weil die Luft schlechter isoliert bzw. weil der Kleber zum Fixieren der Platten die Wärme besser leitet, bilden sich durch die Wärmeabgabe die bekannten dunklen Flecken.

Die tatsächlichen Ursachen liegen in der Konstruktion und den Klimabedingungen: Bei den Wärmedämmungen mit Polystyrol wurden die Platten [1] zusätzlich mit Kunststoffnägeln [2] fixiert, damit die Verklebungen [3] mit der Wand entlastet werden. Die Kunststoffnägel werden nach dem Verkleben der Platten durch das Polystyrol bis in die Wand gebohrt. Dann wird durch das Loch [4] der Nagel [2] gesteckt und mit einem innen liegenden Keil oder einer Schraube in der Wand fixiert. Abgedeckt wird die ganze Konstruktion mit einem Kleber [5], einem Glasfasernetz [6] und einer diffusionsoffenen Fassadenbeschichtung [7].

Bei dieser Bearbeitung bleiben allerdings Kanäle [4] zwischen dem Kunststoffnagel [2], der Wand [8] und dem Polystyrol, durch die ein Gaswechsel [9] möglich ist. Diesen Spalt nutzt der Dampfdruck der Feuchte (hängt von der Wassermenge in der Luft und der Temperatur ab) und diffundiert von der warmen Wand [8] zur kalten, äußeren Putzlage [5], [6], [7]. Diese Putzlage soll diffusionsoffen sein, damit allfällige Feuchtereste nach außen abtrocknen können.

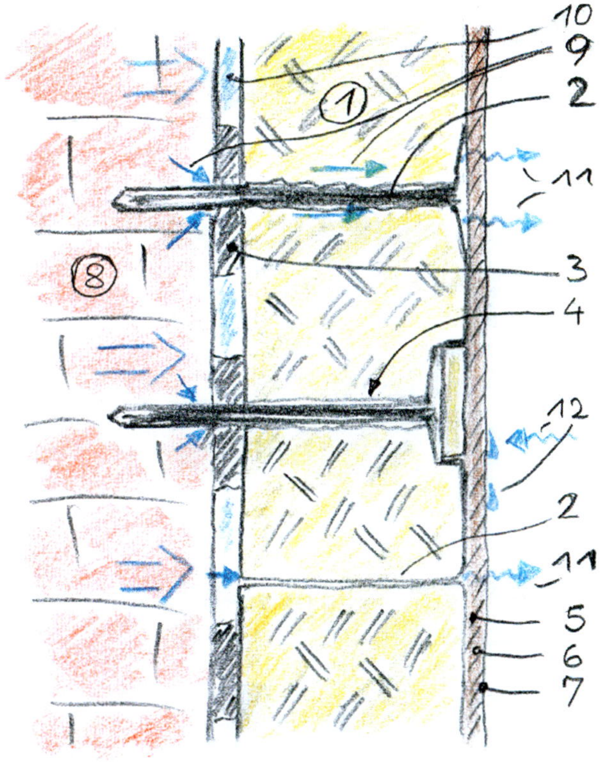

A-1 Querschnitt durch eine Wärmedämmung mit Polystyrol

Tatsächlich kondensiert in der Nacht die Luftfeuchte der Außenluft [12] an der unterkühlten Fassade, bestehend aus der diffusionsoffenen Putzlage [5] bis [7]. Jetzt kommt es zu einem Problem: Bei klassischer, kühler bis kalter Witterung diffundiert die Feuchte in den Kanälen und Spalten [2] zwischen den Platten in die Putzlage. Diese wird damit von innen her feucht, solange keine Wärme von außen dazu kommt. Nachts kommt es zur Kondensation der Außenluft an der unterkühlten Fassade [5] bis [7], womit diese Schicht nicht austrocknen kann. Den Rest besorgen Einzeller, die mit der erhöhten Feuchtigkeit gut zurecht kommen und siedeln sich im feuchten Bereich an. Allein die Feuchte würde schon für eine dunklere Farbe sorgen, mit den Einzellern wird die Färbung dauerhaft.

Bei den Nägeln [2] bestehen genügend Kanäle bis zur Putzlage [5] bis [7], womit der Bereich der Köpfe ebenfalls deutlich sichtbar wird. Die Effekte sind die Gleichen wie bei den diversen Fugen.

Wird die Wärmedämmung hinterlüftet, womit die Feuchte von der Wand zwischen dem Putz und den Platten entweichen kann, dann drehen sich die Verhältnisse um: Die Fugen sind jetzt hell, weil die Feuchte von der Kondensation in der Nacht nach 2 Seiten abtrocknen kann: nach außen tagsüber und nach innen, während der ganzen Zeit. Die Einzeller haben damit schlechtere Lebensbedingungen und die Fugen zwischen den Platten erscheinen hell, während die übrige Fläche nach 15 Jahren besiedelt ist.

A-2 Streifenbildung bei einer hinterlüfteten Wärmedämmung

Aus diesem Grund wurden zwei Dinge erfunden: Die Nägel werden wegen der Fleckenbildung, woher auch immer, vertieft eingesetzt und mit Schaumstoff abgedeckt. Bei den Fugen zwischen den Platten ist es inzwischen Stand der Technik, diesen Bereich mit Montageschaum zu verkleben. Der Schaum ist 100%ig diffusionsdicht, weshalb hier keine Feuchtigkeit mehr wandern kann. Auch die Abdeckungen der Nägel werden gelegentlich mit Montageschaum eingeklebt.

Im Bild „Moderne Wärmedämmung" sind die verschiedenen Lösungsschritte gut zu sehen:

Im untersten Bereich des Gebäudes wurde eine diffusionsdichte Schicht mit EPS (rosa) installiert, wobei die Fugen mit Schaum (gelb) verschlossen sind. Die Nägel zum Fixieren sind tiefer gesetzt und die Wannen werden später mit Schaummaterial abgedeckt.

A-3 Moderne Wärmedämmung

Darüber befindet sich eine Lage Mineralwolle, als Diffusionszone. Die Nägel sind ebenfalls tiefer gesetzt, um eventuelle Wärmebrücken zu vermeiden.

Oben wurde Polystyrol eingebaut, mit Löchern durch das Material für die Dampfdiffusion von innen nach außen. Die Platten sind im Stoß dünn mit Schaum verklebt, hier nicht sichtbar, die Nägel bereits abgedeckt mit Schaumstoff.

Auch die Nägel, die früher einen geraden Schaft aufgewiesen haben, wurden neu entwickelt:

Bei den früheren Nägeln wurde nur ein gerader Schaft verwendet, an dem die Diffusion leicht entlang gehen konnte. Die moderne Lösung ist im Bereich der weichen Dämmplatte kegelförmig aufgeweitet, womit die Spalten verschlossen werden können.

A-4 Neue Kunststoffnägel zum Befestigen der Platten

Literatur

Baehr, H. D., Thermodynamik, Springer Verlag, Berlin 1981
Berties, W., Übungsbeispiele aus der Wärmelehre, VEB Fachbuchverlag, Leipzig 1979
Bollin, E./Huber, K./Mangold, D., Solare Wärme für große Gebäude und Wohnsiedlungen, Fraunhofer IRB Verlag, Stuttgart 2013
Brunner-Hildebrand (Hrsg.), Die Schnittholztrocknung, Brunner GmbH, Ronnenberg/Hannover, 1992
Bundesministerium für wirtschaftliche Angelegenheiten, Sektion Bundeshochbau, Innovative Heizsysteme in Einfachsttechnologie, DI Nesvadba, Wien 1999
Deutscher Verband für Wasserwirtschaft und Kulturbau, Historische Talsperren, Bände 1 und 2, Verlag Konrad Wittwer, Stuttgart 1987
Graefe, R., Kellersanierung, Serie Bauen im Bestand, Rudolf Müller Verlag, Köln 2014
Großeschmidt, H., Beispiele und Anregungen, Büro für Thermische Bauphysik, Bernried
Ders., Das temperierte Haus: Sanierte Architektur – behagliche Räume – „Großvitrine", Wissenschaftliche Reihe Schönbrunn, Band 9, S. 325–381, Wien 2004
Haas-Arndt, D./Ranft, F., Altbauten sanieren, Fraunhofer IRB Verlag, Stuttgart 2009
Grübel, M., Richtig handeln bei Wasser- und Feuchtigkeitsschäden, Fraunhofer IRB Verlag, Stuttgart 2013
Hankammer, G./Resch, M., Bauwerksdiagnostik bei Feuchteschäden, Rudolf Müller Verlag, Köln 2012
Huber A., Fenster und Lichtdach in Museumsbauten, Bundesministerium für Wirtschaft und Arbeit, Sektion V, Abt. V/7, Wien 2003
Kieslinger A., Zerstörungen an Steinbauten, Verlag Franz Deuticke 1932
Krischer, O./Kast, W./Kröll, K., Trocknungstechnik, Bände 1–3, Springer Verlag, Berlin 1992
Maier, J., Energetische Sanierung von Altbauten, Fraunhofer IRB Verlag, Stuttgart 2011
Ders., Handbuch Historisches Mauerwerk, Untersuchungsmethoden und Instandsetzungsverfahren, Verlag Springer Vieweg, Wiesbaden 2012
Neuwald, J., Experimentelle und numerische Untersuchungen zur Mauerwerksfeuchtigkeit beheizter Außenwände, Dissertation, Fraunhofer IRB Verlag, Bochum 2002
Recknagel, H./Sprenger, E./Schramek, E.-R. (Hrsg.), Heizung + Klimatechnik, Verlag Oldenbourg, München 2007
Restauratorenblätter Band 15, Schutz und Pflege von Kunst- und Baudenkmälern, Wien 1995
Richter, W./Schmidt, K., Langwelliges Infrarot – Wärmeübertragung mit hoher Energieeffizienz, Wissenschaftstage der Hochschule Lausitz, Leipzig 2010
Schmidt, R., Welche Heizung braucht das Haus? Fraunhofer IRB Verlag, Stuttgart 2013

Patentrecherche

Beachtlich ist, welches Wissen teilweise bereits vor 100 Jahren vorhanden war, um mit feuchtem Mauerwerk umzugehen:

DE88232 Ofen zur Trockenlegung feuchter Mauern, 1895, J. Gleich, Trocknung mit heißer Luft und mit Chlorkalzium zum Trocknen der Luft.

AT71562 Verfahren zur Trockenlegung von feuchtem Mauerwerk, 1913, I. Bing, Trocknen von Luft durch Abkühlen und anschließendes Erwärmen, typischer Trocknungsprozess für Luft.

AT99998 Einrichtung zur Trockenlegung feuchter Mauern, 1924, L. Motzko, Luft-Sammelkanäle entlang der Fundamente und Absaugungen im Kellerbereich, Luftführung über Dach.

AT102600 Einrichtung zur Trockenlegung feuchter Mauern, 1925, L. Motzko, Absaugen der feuchten Luft über Ventilationsleitungen, die bis unter das Dach führen. Trockenlegung der Fundamente durch Freistellen und Hinterlüftung mit Luftwechsel.

DE549757 Einrichtung zur Trockenlegung feuchter Mauern, 1932, A. Hünich, Sammelkanäle im Mauerwerk für die Feuchte und Ableiten der feuchten Luft über die Regenwasserrohre nach oben.

AT148590 Einrichtung zur Trockenlegung feuchter Mauern, 1934, L. Ambrus, Luftkanäle hinter einer Wärmedämmung und Luftkanäle quer durch die Wand, damit die Feuchtigkeit abtransportiert wird.

DE1433612 Bauplatte für Einrichtung zur Belüftung von feuchtem Mauerwerk, 1935, Gräf, Vorsatzplatten mit Tropfnasen und hinterlüfteten Kanälen.

DE1048008 Aus Platten bestehende, abgedeckte Wärmedämmschicht an der kalten Wand, 1955, Siporex Aktiebolaget, hinterlüftete Wärmedämmung bzw. Abdeckplatten, mit einem Netz aus Luftkanälen).

EP180439 Improved drainage system for basements, 1984, B-Dry-Systems Inc., Hohlblocksteine als Sammelkanäle für die Luft und Ableiten nach außen.

DD280139 Verfahren und Vorrichtung zur Herstellung von Vertikaldichtungen an Bauwerken unterhalb Terrain, 1989, VE Kombinat für Baureparaturen und Rekonstruktion, Einschlagen von senkrechten Dichtwänden entlang der Fundamente, um den seitlichen Zustrom von Feuchte aus dem Erdreich zu unterbinden.

DE102011008527 Verfahren zum Entlasten eines Bauwerkes von eindringendem Wasser, 2011, Costa, Verwenden von handelsüblichen Drainageleitungen zum Trockenlegen von Bauwerken (wurde vom Autor ab ca. 1990 mit handelsüblichen PVC und PE-Rohrleitungen durchgeführt und nie als patentwürdig angesehen).

Eigene Berichte, Entwicklungen, Konzepte, Mitarbeit bei Projekten

Erste Regelungen für Solarthermie entwickelt, 1980

Patent über Trockenlegung mit Elektroosmose, 1980

Vorlesung an der TU Wien, Heizenergiebedarf und Heizenergieversorgung, 1981–1986

Dissertation: Bürgerberatung Heizen – ein Computermodell zum Berechnen des Heizenergiebedarfs in Wohnbauten, mit Berechnung der Investitionskosten und der Rückflüsse, TU Wien, 1986

Studien, Projekte

Klima in der Kapuzingergruft in Wien, 1990, nicht veröffentlicht

Kalte Wand Problematik in Museen, Entwurf der Messtechnik und Analyse der Messdaten in Wien, 1994, nicht veröffentlicht

Querschnittsmessung im Schloss Schönbrunn, 1994, nicht veröffentlicht

Umweltschutz in holzverarbeitenden Betrieben, 1994, WIFI Österreich, Wien

Arbeitsbuch Umweltschutz in holzverarbeitenden Betrieben, 1995, WIFI Österreich der Wirtschaftskammer Österreich

Beratung Schloss Jaidhof, Temperierung der Außenwände, 1995

Musterprojekt Wohnhaus in Gföhl, Temperierung der Außenwände und Wärmedämmung, 1995–2002

Maßnahmen zur Luftreinhaltung im Gastgewerbe – ein Leitfaden für die Praxis, WIFI Österreich der Wirtschaftskammer Österreich, 2004, Nr. 326

Musterprojekt Thermische Sanierung feuchter Wände im Haus Zelec 51, CZ, 2013

Programmentwicklung und technische Unterstützung

Wärmeflussanalyse einer Bauteilheizung im Vergleich zu einer Radiatorenheizung in 2 Zellen der Kartause Mauerbach, Jochen Käferhaus, 1995, Handexemplar

Von 1990 bis 1995 ca. 150 Energieberatungen in österreichischen Betrieben, Schwerpunkt Energietechnik, Belastungen durch Staub, Lösemittel und Lärm.

Innovative Heizsysteme in Einfachsttechnologie, Bundesministerium für wirtschaftliche Angelegenheiten, Sektion Bundeshochbau, Abt. 3, Haustechnik, Hrsg: MR DI Nesvadba, Wien, April 1999

Fenster und Lichtdach in Museumsbauten, Alfons Huber (Habilitationsschrift), Hrsg: Bundesministerium für Wirtschaft und Arbeit, Sektion V, Abteilung 7, Wien 2003

Von 1996 bis laufend: ca. 4000 Kurzberatungen zu Innovationen und Energie, ca. 500 Studien zu speziellen Themen aus Industrie und Gewerbe.

Zum Autor

Studium Elektrotechnik und Städtebau (Raumplanung) an der TU Wien, Diplomarbeit über Energiepolitik und Chancen dezentraler Versorgungseinheiten, Dissertation über Die Wirtschaftlichkeit von Maßnahmen an Gebäudehülle und Heizsystemen – ein Modell zur Bürgerberatung. Mehrere leitende Positionen im Bereich Elektronik und Entwicklung, seit 1990 Berater für Umweltfragen in Gewerbe und Industrie, ab 1995 Berater für Innovationen. Autor und Co-Autor mehrerer Studien in den Bereichen Energie und Umwelt. Entwurf und Programmierung von Software zur Berechnung thermodynamischer und wirtschaftlicher Effekte im Hochbau. Mit der Liebe zu alten Bauten sind auch deren speziellen Probleme, die Erhaltung und weitere Nutzung zu einem Schwerpunkt geworden, wie das vorliegende Buch zeigt.

Bildverzeichnis

Liste der Tabellen

Stichwortregister*

* Angeführt sind die jeweils wichtigsten Stellen

Aus unserem Programm

ISBN 978-3-7020-1595-4

ISBN 978-3-7020-1354-7

ISBN 978-3-7020-1451-4

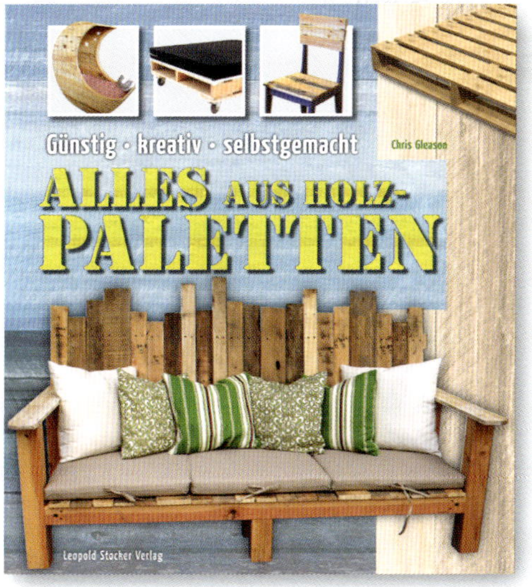

ISBN 978-3-7020-1425-4

Aus unserem Programm

ISBN 978-3-7020-1408-7

ISBN 978-3-7020-1452-0

ISBN 978-3-7020-1352-3

ISBN 978-3-7020-1594-7